本书由国家蜂产业技术体系东营综合试验站提供资助

蜜蜂机械化生产技术

庄桂玉　李　英　李泽产　主编

中国农业科学技术出版社

图书在版编目（CIP）数据

蜜蜂机械化生产技术 / 庄桂玉，李英，李泽产主编 .-- 北京：中国农业科学技术出版社，2023.8

ISBN 978-7-5116-6155-5

Ⅰ. ①蜜…　Ⅱ. ①庄… ②李… ③李…　Ⅲ. ①蜂具—机械化生产　Ⅳ. ① S894.5

中国版本图书馆 CIP 数据核字（2022）第 247078 号

责任编辑　张国锋
责任校对　贾若妍　李向荣
责任印制　姜义伟　王思文

出 版 者　中国农业科学技术出版社
北京市中关村南大街 12 号　邮编：100081
电　　话　（010）82109705（编辑室）（010）82109702（发行部）
（010）82109709（读者服务部）
网　　址　http: // castp.caas.cn
经 销 者　各地新华书店
印 刷 者　北京富泰印刷有限责任公司
开　　本　148 mm×210 mm　1/32
印　　张　9.25
字　　数　284 千字
版　　次　2023 年 8 月第 1 版　2023 年 8 月第 1 次印刷
定　　价　58.00 元

编者名单

主　　编　庄桂玉　李　英　李泽产

副 主 编　丁永明　齐　超　付文秀　黄学家　崔　平
宋　杰　张珍珍　张兴波

顾　　问　宋心仿

参编人员　王加众　王素珍　王惠霞　孔凡虎　刘　锴
刘晓萌　江　晖　李本科　李兆峰　李国志
李　娜　张燕芳　付元明　徐连欣　张守波
解　娟　庄　琳　王海洲　徐敬恩　娄祥军

前 言

我国是养蜂大国，尽管养蜂总量居各国之首，但单体养蜂的现状是规模小、效益低，其中主要原因之一是我国养蜂机械化程度相对较低。据悉，养蜂发达国家每名养蜂人可饲养几百乃至几千群蜂，其收入相当丰厚，而我国每名养蜂人只能养几十群，收入不高且不稳定，基本靠天吃饭，缺乏抗风险能力，缺少发展后劲。这就在一定程度上折射出差距与落后，尽管我国与外国的饲养方式不尽相同，但我国在机械化程度及养蜂设备、工机具上的先天不足是显而易见的。

蜂业属于劳动密集型产业，传统的养蜂由于蜂场规模小、蜜蜂良种化程度不高，蜂螨、白垩病、中蜂囊状幼虫病和爬蜂综合征等疫病还比较突出，蜂群健康状况、蜜蜂育种以及机械化生产水平与国外相比差距较大，抵御自然灾害和市场风险能力弱。同时，由于养蜂有流动放养的特点，养蜂人长年野外作业既苦又燥，缺水无电，远离人群和现代生活，特别是机械化程度低，劳动强度大，收入又不稳定，导致年轻人不愿从事养蜂业，严重存在后继乏人问题。据调查，我国养蜂队伍老龄化问题十分突出，直接威胁蜂业的发展。

近年来，随着国家对养蜂业的重视和养殖规模化程度的提高，一大批先进实用技术应运而生，如标准化蜂箱、摇蜜机、养蜂移动平台等。特别是养蜂专用车在山东省的研制成功，被誉为养蜂业的“革命性”创举。它集中当前国内外最先进的养蜂设备、技术，尤其适合我国追花夺蜜的养蜂实践，在解除“运蜂难”的同时，提高养蜂生产机械化、现代化水平，改善养蜂人的工作与生活条件，使养蜂人过上安逸舒适的生活，还省工省力，每年可赶十几个乃至二十多个场地，养蜂经济效益大大提高，深得养蜂人的青睐，养蜂界对养蜂机械化进程的期待也日益高涨。

为贯彻落实《全国养蜂业“十二五”发展规划》，提升养蜂业机械化水平，促进养蜂业持续健康稳定发展，农业部（现“农业农村部”）办公厅发布了《关于促进发展养蜂业机械化的通知》（农办机〔2013〕22号），号召以实现养蜂机械化作为促进养蜂业发展的突破口来抓，鼓励机械专家（单位）加速养蜂机具研发与示范，推进养蜂机械化进程，大力缩短养蜂机械化生产水平与国外差距，尽快使养蜂人从繁重的体力劳动中解脱出来，全面改善工作、生活环境与条件，提高工作效率与经济效益，吸引更多的年轻人从事养蜂业，解除后继无人等被动局面，促使我国养蜂业尽快走出困境，早日实现机械化、规模化、现代化。

实践证明，加速养蜂机械化研发与示范推广，是实现养蜂规模化、标准化、现代化的必由之路。没有养蜂的机械化，就不可能实现养蜂的规模化、标准化、现代化。当前我国的养蜂机械化进程尚处于起步阶段，亟须进一步加大实施步伐，重点是开展养蜂专用车相配套的先进设备和适应我国蜜蜂饲养特点的先进生产机具、管理仪器的研发与示范推广。

实现养蜂机械化生产要不断更新观念。高品质的产品是需求，高效率是动力，观念的更新是保证。养蜂业实行机械化是一项新的产业革命，问题的关键在于观念的更新，广大的蜂农除了有传统的养蜂经验外，还应进一步学习掌握许多新知识。特别应该认识到自己辛苦养蜂多年积累的知识经验就是一笔不小的财富，是一种生产力，决不能以小农经济思想保守行事，应解放思想，实行机械化养蜂，摆脱繁重的手工作业，提高劳动效率，将自己的事业做强做大，共同为蜂业的振兴而努力奋斗。

实现养蜂机械化生产需要各级领导的大力支持。推广机械化养蜂是一项新的事业，同时又是新时期解决“三农”问题，分流农村剩余劳动力、安排城市就业的一项有效措施，会给环保、生态农业、人体健康带来不可估量的社会效益，这其中离不开各级领导与蜂业主管部门的大力扶持，需要全社会的呵护和培育，才能成功。实现机械化养蜂必将为蜂业的崛起迈出关键的一步，后继无人的状况即可改变，蜂农群体知识结构发生变化，将使蜂业形成良性循环，为人类健康及高质量的生活作出不可磨灭的贡献。

本书还以图文结合的形式，介绍了养蜂的许多先进生产机具。读者通过看图学习技术，提高养蜂兴趣，更新思想观念，了解掌握现代化养蜂生产技术，早日实现我国现代机械化养蜂。

本书在编写过程中，参考了一些国内外养蜂专著，在此向原作者表示深深的谢意。

由于笔者水平有限，本书疏漏之处在所难免，敬请广大读者批评指正。

编　者

2023 年 5 月 26 日

目　录

第一章　概　论

第一节　现代养蜂业的发展

蜜蜂，是一种从野生状态经人类驯养后而成为家养状态的有益昆虫。人类饲养蜜蜂已有几千年的历史，养蜂业是现代生态农业的一个重要组成部分，在国民经济中占有一定的地位。我国养蜂业最早是从土生土长的中蜂开始的。作为当家品种，从野生到家养又发展到过箱新法饲养，经历了漫长的历史阶段，发挥了积极的作用。

新中国成立以来，我国的养蜂技术经历了探索、研究、成熟和高精等阶段，由养活蜂发展为养好蜂、养强群，产品产量和品质也有很大幅度的提高。“移虫卵育王法”的研究成功，为在全国范围内进行良种推广和选育闯出了一条新路；饲养技术的提高获得了优质高产的效果；双王群、多箱体的研究与推广，追花夺蜜，转地放养，笼蜂的饲养与运输，高产蜂种的选育和提纯，幼虫病、成蜂病的防范和治疗，养蜂专用机具的推陈出新，特别是养蜂专用车的问世，改变了蜜蜂饲养方式，改善了养蜂人的工作、生活条件，减轻了劳动强度，并大大提高了生产主动性。这些新技术、新设备的推广，使我国养蜂业的科技含量显著提高，养蜂经济效益也大大提高。尤其是养蜂业越来越为广大国人所认识，各级蜂业组织蓬勃发展，各种相关标准也相继颁布实施，特别是蜂业发展已步入法制轨道，国家制定了《“十二五”蜂业发展规划》，《畜牧法》提出了“国家鼓励发展养蜂业”，农业部颁布了《养蜂管理办法》，国家领导人分别对养蜂作出批示，可以说我国养蜂业已步入新的发展春天。

农业农村部及有关部门，多次召开全国性的养蜂会议，出台了一系列发展养蜂的政策和措施。在福建农业大学、云南农业大学等高等学府创建了蜂学系或蜂学专业，加大了专业技术人员的培养培训工作，从组织、技术、管理、服务等方面，为发展科学养蜂创造了良好的环境和条件，促使集体与国营养蜂场如雨后春笋般发展壮大起来，蜜蜂数量与蜂产品产量快速提高，我国成为世界第二养蜂大国（仅次于苏联），蜂产品产量及出口量跃居世界第一位。

第二节　养蜂业在国民经济中的作用与地位

养蜂业不仅生产出大批量的各种蜂产品，为人类保健和工业发展提供了宝贵产品和原料，而且为促进国民经济建设起到了不可替代的作用。养蜂业可以安排大批劳动力就业，使一部分人靠养蜂及蜂产品加工、经营走上富裕路，出口可换取大量外汇，尤其通过授粉能促进农业增产，对发展国民经济、改善提高民众生活等起着积极的作用。

一、蜜蜂是“农业之翼”

农业是国民经济的基础，党和政府把发展农业作为一项长期发展战略来抓，而养蜂是大农业生产的重要组成部分。据长期实践证实，通过蜜蜂授粉，棉花可提高产量 12%～38%；向日葵可提高产量 32%～50%，出油率提高 10%以上；油菜籽可增产 37.4%～40%；荞麦可提高产量 25%～45%；苹果、梨、荔枝可分别提高坐果率 100%、160%、248%；油茶可提高产量 2.4 倍。

近年来，随着设施农业的迅速发展，越来越多的果蔬植物在温室内广泛栽培，而许多大棚作物的增产是离不开蜜蜂的。由于温室与外界环境隔绝，棚内无风流动，只有借助可供管理的蜜蜂为之传花授粉。据试验证明，棚内西葫芦通过蜜蜂授粉，雌花坐果率可达 92%以上，每亩（1 亩 ≈ 667m^2）大棚作物可节省授粉工时 30 ～ 60 个。大棚草莓若无蜜蜂授粉，其产量极低且多为畸形果，通过蜜蜂授粉，不仅果实周整饱满，提高产量 2.8 ～ 10 倍，而且可缩短发育期，提前 7 ～ 12d 上市，大大提高了市场竞争力和经济效益。

养蜂是一项不必要扩大耕种面积，不需要增加生产投资的增产措施，这一点早就被社会实践所证实。诸多农业发达国家，均对养蜂实行保护和扶持政策，许多国家制定了《养蜂法》，以法律形式确定了蜜蜂的地位和作用。并且明文规定，蜂群在采集授粉时，农场主须得付给蜂场主一定的授粉费。据美国农业部统计，美国的蜜蜂授粉增产值，是蜜蜂产品总值的 143 倍。很多国家均把养蜂作为促进农业增产的重要措施来抓，可收到事半功倍的效果。

二、养蜂是一项一举多得的致富项目

发展养蜂，具有投资少、见效快、用工省、收益高的特点，既不与养殖业争饲料，又不与种植业争水土，一举多得，百利而无一害。靠养蜂脱贫致富的事例屡见不鲜，南方、北方、山区、平原、城市、农村，均有一些农民、职工、离退休干部，乃至一些在职人员，在不影响本职工作的情况下，每年养蜂收入上万元甚至数万元。对于专职流动养蜂者，其收入会更高。发展养蜂是山区民众脱贫致富的一项好门路，养蜂成为发家致富的首选项目，成为主导产业之一，被誉为流动的“银行”。

三、繁荣市场出口创汇

蜂蜜等蜂产品市场，经过几千年的市场认证和选择至今依然长盛不衰。如今人们崇尚“天然”，“天然绿色”食品是人们生活中的首选，蜂蜜、花粉等蜂产品的原料是蜜蜂从植物花朵中采集而得，是真正天然绿色的产品。各种各样的蜂蜜制品，五花八门的蜂王浆制品，还有许多蜂花粉产品、蜂胶产品、蜂幼虫产品的生产和上市，为繁荣我国城乡市场，改善和提高民众生活，发展我国国民经济，均起到了积极的作用。

自 20 世纪 70 年代起，蜂产品一直是我国出口创汇的大宗商品之一，蜂蜜、蜂王浆、蜂胶、蜂蜡、蜂花粉的出口量长期雄居世界第一位，给国家换取了大量外汇，为增强我国外汇储备及综合实力作出了不可磨灭的贡献。

第三节　养蜂动态与展望

一、广阔的发展前景

近些年，个体私营蜂场发展迅猛，规模化、现代化养蜂已显现出巨大优势，学技术、养强蜂、购机械、夺高产已成为人们的共识，这必将进一步促进养蜂生产的快速发展。

我国的养蜂潜力是巨大的，仅从饲养密度来看，墨西哥、罗马尼亚等国家以及我国台湾省，每平方千米国土有蜂 5 群以上，而我国大陆目前每平方千米平均不足 1 群蜂，且主要集中在浙江等几个重点地区。有的省、自治区，尽管养蜂条件很好，由于对养蜂重视不够，蜜蜂饲养量则跟不上。例如新疆地区，166 万 km^2 的疆土，蜜粉源条件极为丰富，蜂群单产比较高，但全疆仅有蜜蜂 5 万余群，平均每 33 km^2 拥有 1 群蜂，大面积的蜜粉资源有待开发和利用。

从市场潜力来看，目前我国人均蜂蜜占有量仅在 200g 左右，且多用于出口和制药，远远低于发达国家生活消费水平。如要达到中等发达国家的消费水平（德国、韩国人均年消费蜂蜜 5kg 左右），照此水平计算，我国蜂蜜产量在现有基础上，再上升 24 倍方可满足国内销售需要，足可以证明我国蜂产品市场潜力之大，发展养蜂生产的前景之广。

二、不断开发新的产品、新的财源

以前养蜂，人们主要用来生产蜂蜜和蜂蜡，基本依赖大自然的恩赐，靠天吃饭，只有在花源好、天气晴暖的情况下，方可开展生产获取蜜、蜡，收入不稳定，难以有新的作为。加之当时的生产及饲养技术不够发达，产量无法提高，效益也就不可能很高。

随着生产技术的提高，蜜蜂科技工作者和生产者积极开展了养蜂新产品的开发工作，首先对蜂王浆的生产技术及应用进行研究。蜂王浆生产已成为当今养蜂场的主要收入之一。

蜂花粉早有利用，但未作为商品加以大量生产，自 20 世纪 80 年代初有生产记录以来，短短十几年间其产量已达几千吨，成为出口创汇重要蜂产品之一。开发速度之快令人吃惊的是蜂胶，10年前很多人尚不知蜂胶为何物，短短几年间蜂胶已称雄保健品市场，成为许多人首选的强体祛患珍品。与此同时，又先后开发生产了蜂毒、蜂粮、王胎、蜂蛹等多种蜂产品，为养蜂人开辟了多条财源及创收之路。当前，新的蜂产品仍在不断涌现。巢蜜生产技术的推广与普及，很有可能成为养蜂者的一项新经济增长点，其出口势头向好。另外，巢脾、蜂尸等产品，尚有待进一步开发和利用，还会给养蜂业带来新的契机和财富。

蜂疗，是医疗领域中的一种新型疗法，目前正处于方兴未艾的蓬勃发展势头，已得到广泛推广和认可，这是蜜蜂报效人类的另一条重要途径，也是养蜂人大有开发前景的又一条致富路。

三、服务于大农业

随着改革开放程度的不断深入，加之人们对商品及服务意识的逐渐增强，蜜蜂服务于大农业的黄金时期已经到来。蜜蜂为农作物授粉可增产的事实，在全国范围内已被广泛证实并得到公众认可。习近平总书记提出“重视蜜蜂的月下老人作用”，农业农村部下发了《关于加快蜜蜂授粉技术推广 促进养蜂业持续健康发展的意见》，出台一系养蜂促农的政策措施，大大激发养蜂人发展养蜂、服务于大农业的积极性，农作物种植者也逐渐欢迎蜜蜂为之服务，并同意付给养蜂人一定的服务费，这种有机结合使农民与养蜂人形成相辅相成的互惠关系，既促进农业的增产，也为养蜂人开辟一条新的财路。

蜜蜂有偿授粉，在全国范围内已比较通行，授粉作物主要是经济林木（苹果、梨、枣等）、大田油料作物（油菜、向日葵等）、大棚作物（草莓、樱桃、西葫芦等）、蔬菜瓜果（西瓜、香瓜、番茄等），以不同品种确定不同的价格。一般提前讲好条件、价格等并签订合同，进场前预付部分授粉租金，退场时一次性结清租金和其他费用，力求取得农作物主和养蜂人双方皆大欢喜的效果。

第二章　养蜂基础知识

蜜蜂在分类学上属于节肢动物门，昆虫纲，膜翅目，蜜蜂科，蜜蜂属，有着独特的生活规律和生理特性。蜜蜂为孤雌性生殖动物，不仅有雌性、雄性，还有亚雌性个体。各型蜜蜂各具特有的技能和职责，成千上万只聚集成一个个生机盎然的群体，各尽其能，分工合作，相互依存，共同发展。各型蜜蜂的生理形态有着明显差异，分别生有高度特化的器官、腺体，最大限度地发挥着各自的作用，顽强适应着变化多端的自然环境，勤奋操持着蜂群中繁杂纷纭的诸多事务。

了解熟悉蜜蜂的生活规律和生理特性，是每一位养蜂人员均应做到的。只有较好地掌握这些知识，才能遵循其原理，做好管理，更好地适应自然环境，以便获得更大的收成，取得更大的成就。

第一节　蜂群的组织

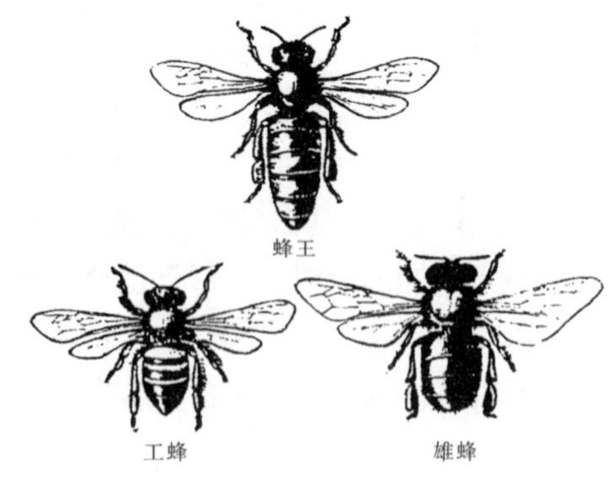

图 2–1　三型蜜蜂

蜜蜂是群居性昆虫，蜂群是一个有机体，通常由 1 只蜂王、几千到几万只工蜂、几十到几百只雄蜂（繁殖季节）组成。3 种蜜蜂（图 2–1）各负其责，分工合作，相互依存，结合成一个不可分割的整体。

蜜蜂属孤雌性生殖昆虫。蜂王所产两种卵，即受精卵和未受精卵。两种卵之所以能发育成三种蜜蜂，或者一种受精卵可发育成两种蜜蜂，主要原因可能是营养结构与发育巢房不同而致。产在王台内的受精卵受到哺育蜂的特殊照顾，自始至终饲用蜂王浆而发育成蜂王；产在工蜂房内的受精卵，前期 3d 内哺育蜂喂给蜂王浆，3d 后改喂蜂花粉与蜂蜜的合成物——蜂粮，发育成工蜂；产在雄蜂房内的未受精卵，得到与工蜂相同的待遇，发育成雄蜂。蜜蜂的整个发育过程，经过卵、幼虫、蛹、成虫 4 个阶段（图 2–2），各阶段需要天数见表 2–1。

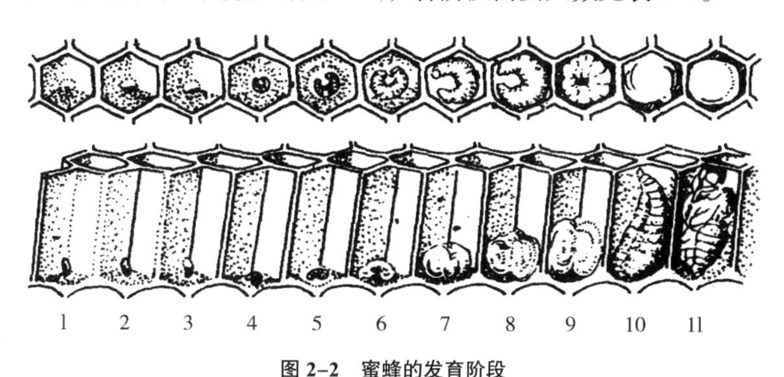

图 2–2　蜜蜂的发育阶段

1–3. 卵；4–9. 幼虫；10. 预蛹；11. 蛹

表 2–1　蜜蜂发育日期表　（单位：d）

蜂别	卵	幼虫	蛹	总天数
工蜂	3	6	12	21
蜂王	3	5.5	7.5	16
雄蜂	3	7	14	24

数万只不同性别的蜜蜂有节奏地生活在一起，有着周密的分工并相互配合，共同贮备饲料，哺育后代，守卫蜂巢。

1. 蜂王

蜂王是蜂群中唯一生殖器官发育完全的雌性蜂。它的终身任务是产卵，担负着繁衍后代的重任，是整群蜜蜂的母亲，它的身体比工蜂长 1/4 ～ 1/3；腹部约占体长的 3/4，翅较短，仅盖有腹部的一半。蜂王的上颚腺能够分泌一种油状物质，通常也被称为“蜂王物质”，通过工蜂传递给整个蜂群，以稳定蜂群情绪，控制工蜂卵巢发育和筑造王台，使蜂群保持安定状态，并加速工蜂的结团。蜂王的产卵力取决于蜂种、蜂群状况、自身体质、外界气候、蜜粉源等。一只优良品种的蜂王，在产卵旺期每昼夜可产卵 1 500 ～ 2 000 粒，特殊情况下甚至更多，其总重量超过蜂王本身的体重。由此也可以看出蜂王食用蜂王浆的内在功能。蜂王性好妒，敌视其他蜂王，除个别情况（如母女交替）可以与另一只蜂王同巢生活短时间，通常不容忍另有蜂王存在。若一群内有两只蜂王，一旦相遇则势必决斗，最后只剩 1 只。

刚羽化出房的蜂王，体色浅淡且柔弱，健全的新蜂王出台后，表现十分活跃，常巡行于各个巢脾间，寻找破坏其他尚未出台的王台并寻机将之破坏，用上颚从王台侧壁咬开孔洞，用螯刺杀死王蛹。处女王出台 1 ～ 2d 后，其腹部收缩，体重逐日下降，变得矫健活泼，3 ～ 5d 便开始发情并出巢试飞，4 ～ 7d 性发育成熟。处女王在婚飞前，通常要作若干次认巢飞翔，熟悉蜂巢位置及其周围的环境。蜂王婚飞多发生在 13:00—17:00，而 14:00—16:00 更常见。交尾活动几乎都发生在气温高于 20℃以上、无风或微风（风速在 20km/h 以下）时。气候条件越好、空中飞翔的雄蜂越多，则越有利于处女王交配，通称交尾。蜂王婚飞的空间范围很大，交配常发生在离蜂场 10km 以外的地方。在平原地区，处女王与雄蜂相距 18.5km 还能发生交尾现象。处女王交配大部分发生在 6 ～ 10 日龄，高峰期为 8 ～ 9 日龄。20 日龄以上的处女王就不再婚飞，可予以淘汰。一般处女王交尾 2 ～ 3 次，24 ～ 60 小时便开始产卵，之后终生不再交配。交配后的蜂王约有百万个精子贮存在受精囊中，供蜂王一生产卵受精之用，从此开始了终生的巢内生活，不经自然飞逃或其他不正常现象，蜂王是不轻易出蜂巢的。在自然条件下，蜂王的寿命可达 4 ～ 5 年，最长也有生存 8 年的，但其产卵力以前 1 ～ 2 年最旺盛，之后逐渐下降。生产性用蜂王一般第二年就需更换。

2. 工蜂

工蜂是生殖器官发育不完全的雌性蜂，个体比蜂王和雄蜂都小，占蜂群蜜蜂总数的绝大多数，负责除产卵以外的巢内外一切工作。如分泌王浆、筑造巢脾、哺育幼虫、哺饲蜂王、清理蜂巢、酿造蜂蜜、守卫巢门、调节巢内温湿度以及出巢采集蜜、粉、水、树脂等工作。每只工蜂从事的具体工作，通常是依其日龄和有关生理机能的兴衰而本能地进行的。工蜂的一生可划分为幼、青、壮、老 4 个阶段。幼年蜂和青年蜂等低龄工蜂，主要从事巢内工作，为内勤蜂；壮年蜂和老年蜂等高龄工蜂从事巢外采集工作，为外勤蜂。

羽化出房 1 ～ 8 日龄蜜蜂称为幼年蜂。刚羽化出房的幼蜂，身体柔弱、灰白色，经数小时后，便逐渐硬挺起来。幼蜂 3d 内主要担负蜂箱内保温、扇风和清理巢房等工作；4 日龄后能调制蜂粮，饲喂大幼虫，并开始重复多次地认巢飞翔及第一次排泄。青年蜂主指 8 ～ 18 日龄的蜜蜂，这一日龄段的工蜂咽下腺和蜡腺发达，主要担任饲喂小幼虫和蜂王、清理蜂巢、拖弃死蜂或残屑、夯实花粉、酿蜜、筑造巢脾等工作。壮年蜂是指从事采集工作的主力工蜂。采集蜂主要从事采集花蜜、花粉、树脂或树胶、水和无机盐等。老年蜂是指采集后期，身上绒毛已磨损，呈光秃油黑的工蜂。老年蜂巢外工作经验丰富，多从事寻找蜜源、采蜜、采胶等工作。工蜂所从事的工作具有较大灵活性，可根据蜂群需要适当调节，并且可在同一段时间内从事多种工作。在群内长期失王又无虫卵的情况下，个别工蜂经其他工蜂哺喂蜂王浆其生殖器官也会发育起来，产下未受精卵，发育成毫无用途的雄蜂。工蜂产卵的特点是一房数粒，东倒西歪，十分零乱。

飞行活动的范围主要与蜜粉源有关，蜜粉源丰富，范围小，常在 500m 以内；蜜粉源稀少，采集半径可扩大到 3 ～ 4km，甚至能飞到 13.7km 的地方采集。一般情况下，蜜蜂飞行活动半径，意蜂为 2.0 ～ 3.0km；中蜂为 1.0 ～ 1.5km。飞行范围还与蜜蜂日龄有关，随着日龄增长，飞行范围逐渐扩大。蜜蜂飞行的最高高度约 1 000m。蜜蜂的采集活动主要受外界蜜粉源、气候条件、巢内需要等因素影响。在外界蜜粉源丰富、巢内粉蜜缺乏时，蜜蜂积极出巢采集；天气寒冷、酷热，或大风阴雨等不利于蜜蜂出巢。工蜂采集飞行的最适温度为 18 ～ 30℃，气温低于 9.5℃意蜂停止巢外活动。

工蜂的寿命很不一致，即使同一蜂种，也因身体状况、营养条件、劳动强度的不同而异。在正常情况下，繁忙采集期间的工蜂寿命仅

5～7周；在蜜粉源衔接期，寿命可达10～15周，北方越冬期蜜蜂结团冬眠，工蜂寿命可延长到20～26周。

3. 雄蜂

雄蜂是蜂群中的雄性个体，由未受精卵发育而成。它的唯一职责就是与蜂王交配，别无他用，故而雄蜂只有在分蜂季节或老劣蜂王群内及有分蜂情绪时才产生少量。因为培育1只雄蜂，要花费相当于培育3只工蜂的饲料，并且雄蜂不承担蜂群的工作，所以养蜂的传统观点认为，生产群在正常繁育期中应采取措施限制培育雄蜂。雄蜂出房7d开始出巢试飞，进入性成熟青春期，之后半个月内为与处女蜂王最佳交配期。分蜂育王时必须考虑处女王与雄蜂青春期相适应，以便能使处女王正常交尾。在生产实践中，养蜂生产者总结出"见到雄蜂出房，才可着手移虫育王"是有科学依据的。雄蜂无群界限，可以自由出入各个蜂群。

雄蜂体壮腰粗，复眼特别发达，没有螯针，食量很大，因其上颚退化，吻舌短小，不能自食，其命运完全取决于工蜂能否照顾，而工蜂的照顾程度又取决于蜂群的需要。一般在外界蜜粉源缺乏或蜂群即将停止活动时，工蜂便不再饲喂雄蜂，甚至驱逐到箱底或箱外饥寒而死。雄蜂的正常寿命为13～17周，个别有幸与蜂王交配的，因其生殖器官损伤，而当即死亡。

第二节　蜂群的生活

蜜蜂在一年中，随着气候的变化和蜜粉源植物的兴衰，进行着不同的群体活动。我国绝大部分地区的蜂群，每年度有7～9个月的繁殖期，5～6个月的生产期，还有3～5个月的冬眠期，南方地区可长年处于活动状态，其生产季节随时间相应提前和延长。在正常情况下，春天天气转暖，有自然蜜粉源或人工给予喂饲，蜂王逐渐扩大产卵圈，蜜蜂吐浆育仔，进入全年最重要的繁殖复壮期。随着新蜂出房，老蜂逝去，越过新老更替期，蜂群也就逐渐强壮起来，投入繁忙的生产阶段。夏季是全年群势最旺盛的时期，也是生产大忙季节。采蜂蜜、取王浆、收花粉、产蜂蜡、集蜂胶、生产蜂王幼虫和雄蜂蛹等收获工作多在春末开始，通过整个夏季至中秋结束。夏季，气温高、群势强，是分蜂季节，故此，遮阴、降温、人工分蜂、控制分蜂热、及时收获是夏季蜂群的管理特点。秋季气温逐渐下降，蜜粉源渐渐减少，群势的活动情绪渐渐低落，蜂群开始培育越冬适龄蜂，贮备越冬饲料。并严守巢门，以防盗蜂和敌害，直到蜂王逐渐停止产卵。做好越冬准备工作是秋季蜂群管理的重点。冬季，蜜蜂进入冬眠时期，为来年早春繁殖养精蓄锐。冬季天寒，蜂群以蜜为食，通过密集结团和个体间相互运动，产生热量，恒定巢温，抗御严寒，保证生存。

蜜蜂的生存与生产和其他动物一样，需要一定的条件。其中有大自然的赏赐，如光源、气候等；也有人为的创造，如蜂巢的制备、蜜粉源的多少等；还有蜂群自身的努力，如巢内温、湿度调整等。蜜蜂的饲养涉及生物、植物、气象、营养、医药等多门学科和领域，细究起来学问甚深，这里仅就营养、气候条件作以简叙。

一、营养

蜜蜂所需要的营养必须从饲料中摄取。蜜蜂的饲料主要是蜂蜜、蜂花粉，还有水分和盐类。蜂蜜是蜜蜂的主要饲料，是蜂群的热能源泉；蜂花粉，是蜂群饲料中蛋白质、脂肪、维生素、矿物质的主要来源，处于发育阶段的大幼虫、幼蜂依靠蜂花粉与蜂蜜的合成物“蜂粮”生活；水是蜜蜂新陈代谢过程中的重要媒介，蜜蜂体液中的矿物质靠盐类来补充，诸如种种，缺一不可，如有一种供应不足，均会使蜂群患病、弃虫或死亡。一个中等蜂群每年自食需要 40kg 蜂蜜和 25kg 蜂花粉，多余的产物才为生产者所获。蜜蜂消耗了蜂蜜、蜂花粉，方能生产出蜂王浆、蜂蜡等蜂产品。如果饲料不充足，蜜蜂的营养供应不上，成年蜂为了哺喂蜂王及育虫，不得不大量消耗体内的蛋白质，从而造成体质下降、体重减轻、寿命缩短，严重影响蜂群的繁殖和生产，所以充足的饲料是蜜蜂赖以生存的物质基础。蜜蜂的饲料来源于蜜粉源植物，即蜜蜂通过蜜粉源植物采集到所需要的饲料；蜜粉源植物通过蜜蜂采集得到授粉而提高产量和质量，这种良性循环的关系是相辅相成的。

二、温、湿度

温、湿度是蜜蜂生活的重要条件。幼虫发育最适宜的温度是34～35℃，相对湿度65%～75%。温度低于32℃或高于35℃都会影响幼虫发育，推迟或提前出房期，羽化出的蜜蜂器官发育不良，体质较差，生产能力降低。所以，蜂群需要付出极大的努力保持巢内（尤其是子脾之间）的恒温和恒湿。蜂巢内各部位的温、湿度不同，这是蜜蜂根据需要和自身的力量来调整的。在一般情况下，蜂群外围温、湿度偏低。蜜蜂主要是通过增减子脾覆盖密度和加强活动量来保持巢温。在夜间寒冷时，蜜蜂离开边脾和空脾以及巢脾下部，密集地聚集在中间的子脾上，以减少热量散失，集中力量保持幼虫发育所需要的恒温。当巢内温度过高时，蜜蜂又在子脾外围形成一道御热层，通过振翅扇风、取水增湿等方式将热量排出。蜜蜂还利用基本相同的方式调节巢内湿度，例如在流蜜期，通过振翅扇风将巢内湿度降低，使刚采进的花蜜汁中的水分变为蒸气排出巢外。蜜蜂增湿的措施，主要是将采集来的水和饲料中的水分蒸发为水蒸气，其效果是比较显著的。

蜜蜂群体有较强地保持恒温恒湿的能力。由于蜜蜂的社会性群居生活，蜂群对环境的适应能力极强，其蜂巢温度相对比较稳定。具有一定群势和充足饲料的蜂群，在–40℃低温下能够安全越冬，尽管外界气温时高时低，巢内始终保持一个相对稳定的温度。

蜜蜂本身却是地道的变温动物。单只蜜蜂个体的体温基本接近于周围环境的温度，其临界温度根据蜂种不同一般在10～13℃，温度再低便会冻僵。蜜蜂最适宜的飞行温度在15～25℃，外界气温超过28℃时，飞行蜂减少；气温升高到40℃时，飞行基本停止；达到46℃以上，蜜蜂便难以生存。

雨量、风力、光照等自然因素以及病源等因素，均对蜂群的生存和生产产生直接或间接的作用，养蜂人员的责任就是为蜜蜂创造适宜的生存条件，促使或保证蜂群繁殖旺盛、生产顺利。

第三节　蜜蜂的生理结构与特性

蜜蜂的身体由头、胸、腹三部分组成，体表为几丁质的坚硬外壳，也称外骨骼，上面生长着比较密实的绒毛，这些绒毛有实心毛和空心毛两种，前后节骨板之间有膜相连，形成一个完整的外壳，把内脏器官包藏在内。蜜蜂体表的颜色随品种的不同而异，是区别不同蜜蜂品种的重要标志。蜜蜂躯体各部器官具有极强的适应性和高度特化的结构，分别发挥着独特的功能与作用（图 2–3）。

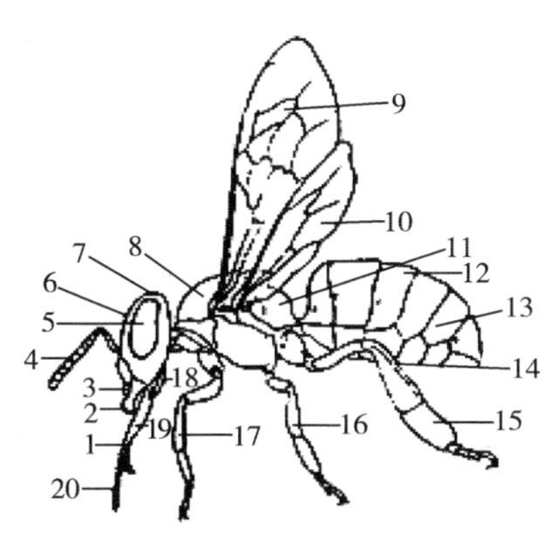

图 2–3　蜜蜂的外部形态（除去被毛）

1. 喙；2. 上颚；3. 唇基；4. 触角；5. 复眼；6. 头部；7. 单眼；8. 胸部；9. 前翅；10. 后翅；11. 并胸腹节；12. 腹部；13. 气门；14. 螫针；15. 后足；16. 中足；17. 前足；18. 下唇；19. 下颚；20. 中唇舌

一、头部

蜜蜂的头部是感觉和取食的中心，生有三只单眼、两只复眼、一对触角和口器。工蜂、蜂王、雄蜂的头部有明显区别，工蜂头的正面呈三角形，蜂王的头呈心脏形，雄蜂的头部近似圆形。

1. 眼

蜜蜂的眼有单眼和复眼两种，一对复眼位于头的两侧，由若干六角形的小眼组成。蜂王的每只复眼有 3 000 ～ 4 000 个小眼，工蜂有 4 000 ～ 5 000 个小眼，雄蜂有 8 000 个小眼。3 只单眼呈三角形分布于 2 只复眼之间，类似于小眼。复眼用来观察远处物体，有观看物像的作用。单眼用于观察近处物体，为辅助视觉器，起感光作用。蜜蜂的眼只能辨认黄、青、蓝、紫等颜色，它是红色盲，常把红色看成灰色，白色则视为近紫色。根据蜜蜂是红色盲的特点，在夜间或室内，可以用红光照明来检查蜂群。

2. 触角

蜜蜂有 1 对触角，着生于头面中央，由柄节、梗节和鞭节构成，属典型的膝形触角。蜂王和工蜂的鞭节分 11 节，雄蜂分 12 节，触角上密布众多感觉嗅觉器（图 2–4），是蜜蜂最主要的触觉与嗅觉器官，能协助寻找蜜粉源。工蜂触角上的嗅觉器有 5 000 ～ 6 000 个，蜂王触角上有 2 000 ～ 3 000 个，而雄蜂触角上却多达 3 万多个，所以对蜂王的性引诱物质特别敏感。

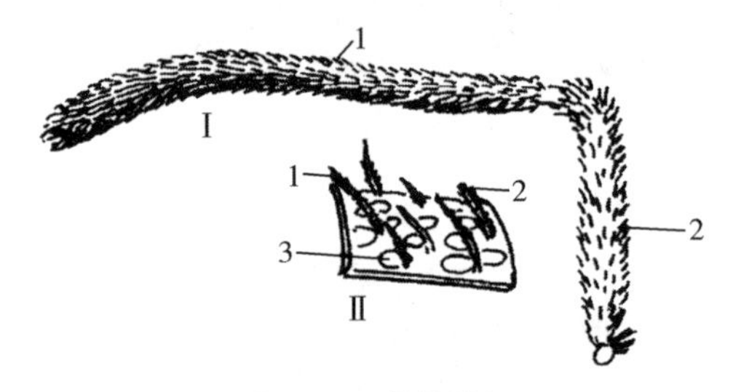

图 2–4　工蜂的触角

I. 触角（1. 鞭节；2. 柄节）

Ⅱ . 触角上的感觉器（1. 感觉刺；2. 感觉毛；3. 感觉板）

3. 口器

蜜蜂的口器属嚼吸式口器，由上唇、上颚、下颚、下唇四部分组成，既能咀嚼花粉，也能吮吸花蜜。上唇与唇基相连，两侧有一对上颚，坚固并具有小齿，能左右移动，产生咀嚼作用。蜂王的上颚最发达，雄蜂的上颚则弱小退化。吸吮部分称为喙（又称"吻"），是由一对下颚和一对下唇须组成的长管子，管内有一根遍生绒毛的细管，形成长而多节的舌，末端有唇瓣，蜜蜂就是利用吻来吸取花蜜和水等液体（图 2–5）。

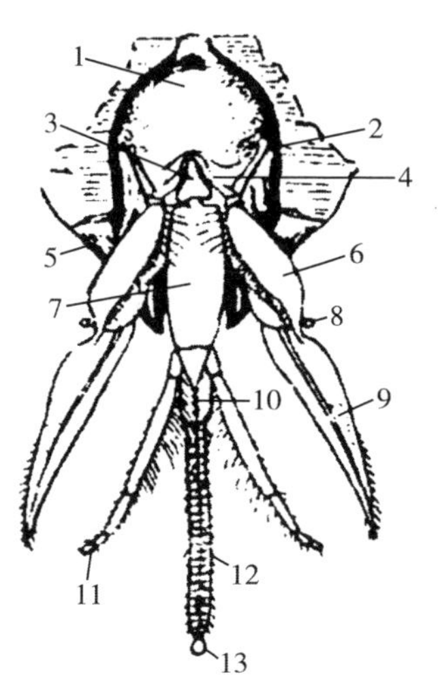

图 2–5　工蜂的喙（后面观）

1. 喙窝；2. 轴节；3. 后颌；4. 亚颌；5. 上颚；6. 茎节；7. 前额；8. 下额须；9. 外额叶；10. 侧唇舌；11. 下唇须；12. 舌（中唇舌）；13. 中舌瓣

二、胸部

蜜蜂的胸部由前胸、中胸、后胸和并胸腹节四部分组成，前胸节有管状膜与头部相连，后胸节通过并胸腹节与腹部相接，中胸节和后胸节的背板分别着生一对膜质的翅，前、中、后胸的腹板分别着生着一对前足、一对中足和一对后足，胸部的骨骼和肌肉非常发达，控制足和翅的活动，是运动的中心。

1. 足

蜜蜂有前、中、后 3 对足，每一只足都是由基节、转节、腿节、胫节、跗节组成。跗节又可分为 5 个小节，包括 1 个较大的基跗节和 4 个小节，在最末一节上连接着前跗节，由悬垫和一对爪构成，各节间以肌膜连接，有利于灵活的运动。

每一对足的形状、大小都不相同，功能也不一样，前足基跗节内侧生有一列刚毛，称为跗刷，用以清理头、眼、口器和头部的花粉和尘土；由基跗节基部的槽和胫节端部的瓣构成的一个半圆形清角器，内有短毛，可以清扫触角上的花粉；胫节外侧的刚毛长而分支，用以清扫口器和收集全身的花粉；胫节末端的内侧，生有一根能活动的胫距，用以清洁翅、气门和帮助把后足上的花粉团铲落巢房内。

后足最长，构造也最复杂，胫节端部比较宽大，外侧表面略有凹陷形状，边沿有长毛，形成一个携带花粉的特殊装置——花粉篮；胫节末端与跗节的上部共同组成一个夹钳，借助于夹钳把采集来的花粉或树脂形成团粒，装入花粉篮；第一跗节内侧着生有整齐的刚毛，称为花粉刷，能帮助集中花粉；基跗节上着生有“刺”，能将腹部蜡腺分泌的蜡鳞摘取下来，用于修筑巢房（图 2–6）。

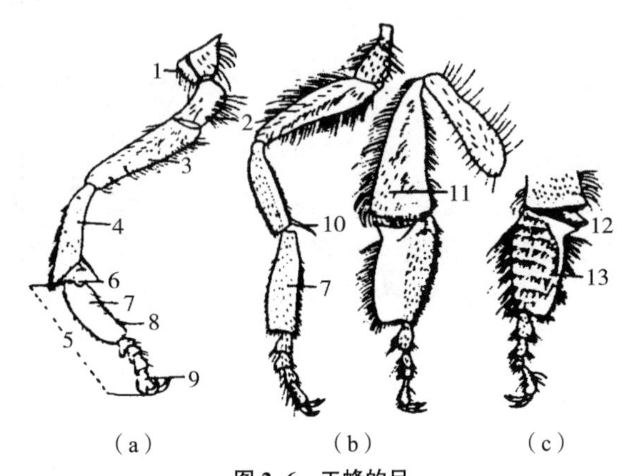

图 2–6　工蜂的足

（a）前足　（b）中足　（c）后足

1. 基节；2. 转节；3. 腿节；4. 胫节；5. 跗节；6. 清角器；7. 基跗节；8. 毛刷；9. 跗端节；10. 距；11. 花粉篮；12. 夹钳；13. 刚毛刷

蜂王和雄蜂由于职能的原因，其足构造比较简单，只用于爬行，不能采集和携带花粉；工蜂足的构造，属于高度特化的类型，其前中后 3 对足不仅大小、形状不同，而且除具爬行功能外，又适于采集花粉并携带回巢。

2. 翅

蜜蜂在中、后胸两侧着生有前、后 2 对翅，呈透明膜质状，生有网状的翅脉，是翅的支架。前翅大于后翅，前翅后缘有翅褶，后翅前缘有钩，在飞行时，翅钩与翅褶相接。蜜蜂作为昆虫，其翅脉由气管演化而来，在一定程度上能表现出系统发育的亲缘关系，因此翅脉以及纵横翅脉分割形成的翅室是鉴定其品种的重要依据。两翅连成一片，同时运动，以增强飞翔力。翅除用于飞翔外，还能够用来扇风，调节巢内温度、湿度，促进稀薄花蜜浓缩、振翅发声传递信号等。雄蜂的翅最大，工蜂次之，蜂王的翅最小。

三、腹部

腹部是蜜蜂消化和生殖的中心，由多个腹节组成，腹节间由节间膜相连，每一个腹节又由腹板和背板组成，可以自由伸缩、弯曲，有利于采集、呼吸、排泄和螯刺等活动。在每一腹节背板的两侧处，有成对的气门。腹内有血液循环器官、呼吸器官、生殖器官、消化器官、腺体、螯针和感受各种信号的神经系统。

蜂王和工蜂的腹部由 6 个腹节组成，末端有螯针；雄蜂的腹部分为 7 节，末端无螯针。螯针是蜜蜂用于防卫、保护家园的武器，工蜂的螯针发达并具有倒钩，是由已经失去产卵功能的产卵器特化而成的，工蜂的蜜囊位于腹部前半部，有伸缩性，是主要的劳动器官；毒腺、蜡腺、臭腺等重要腺体，分别排列于其腹节或背板内；蜂王的螯针略弯曲稍粗，不如工蜂的螯针发达，主要是作为与其他蜂王斗杀的武器。

四、消化系统与排泄系统

蜜蜂的消化系统包括前肠、中肠、后肠和唾液腺。前肠由咽喉、食道、蜜囊 3 个部分组成。当食物由口进入咽喉，通过食管进入蜜囊。蜜囊富有很强的弹性，平常容积为 14 ～ 18mL，吸满花蜜后可达 55 ～ 60mL，蜜蜂主要用于贮存花蜜；中肠是消化和吸收营养的部分，当食物进入中肠后，在消化液和酶的作用下，分别被消化、分解、吸收；未被消化的食物进入后肠，后肠由小肠和直肠构成，未被消化的食物进入小肠后继续被消化吸收，废物最后由直肠排出体外。

蜜蜂的排泄系统又称马氏管系统，由 80 ～ 100 多条细长的马氏管组成，它们之间相互交错盘曲，开口于胃和小肠的交界处，深入腹腔的各个部位，拦在血液的主要通道上，从血液中分离出尿酸和其他排泄物，并将它们送入后肠，混入粪便，排出体外。

五、循环系统与呼吸系统

蜜蜂的循环系统是开放式的，由血液、背血管和背、腹隔膜组成。血液通过背血管可直接分流到体腔内的各部分组织中，背血管位于蜜蜂背侧体腔中，从第 6 腹节开始，通过胸部进入头部，是循环系统唯一的管状构造，它分为两部分，前部是动脉，后部是心脏。腹腔的血液，在心脏张缩的抽吸作用下，由心门进入心室，同时将血液从后往前推动，经过动脉进入头部，然后再由头部经胸腔流回腹腔，这样往复循环，使血液全身贯通。

蜜蜂的呼吸系统包括气门、气管、气囊和微气管。气门是气管通往身体两侧的开口，共 10 对，2 对在胸部，8 对在腹部，为空气的入口。气管与气门相通，内壁肌肉呈螺旋形，富有弹性，气管成对地在体内呈分支状分布，其分支称为支气管，分支由粗到细，以下的是微气管，其末端封闭，分布于各细胞和组织间，直接将氧送给各组织。气囊是由气管膨大而成的，它的作用是增强管内的气体流通，并有利于增加蜜蜂的飞行浮力。

六、神经系统

蜜蜂的神经系统由神经节和神经组成，分为 3 个部分：中枢神经系统、交感神经系统和周缘神经系统。中枢神经系统由脑和腹神经索组成，是支配全身各部感觉器官和运动器官的中枢；交感神经系统又称内脏神经系统，包括一些位于前肠的小型神经节，以及由它们发出的神经，是支配内脏正常新陈代谢的中心；周缘神经系统又称外周神经系统，包括感觉器官的细胞体和通入中枢神经系统的传入神经纤维，以及中枢神经系统通到反应器官的传出神经纤维，该系统分布面广，遍及蜂体周缘。

七、生殖系统

蜜蜂的生殖器官，几乎完全位于体内。雄蜂和蜂王的生殖器官是发育完全的，而工蜂的生殖器官则已基本退化，仅在特殊情况下才会得到发育。

雄蜂的生殖器官，主要是由一对扁平扇形的睾丸、二条细小扭曲状的输精管、一对长管状的贮精囊、二个膨大的黏液腺、一条细长的射精管和一个能外翻的阴茎所组成，主要完成精子的发育及与雌性蜂的交配、授精功能；蜂王的生殖系统由一对巨大的梨形卵巢（由 100 ～ 150 多条卵巢管紧密聚集在一起形成）、二条侧输卵管、一条短的中输卵管、一个贮精球和一条短的阴道组成，完成卵的发育和交配、受精及产卵功能；工蜂的生殖系统与蜂王相似，但卵巢发育不完全，仅有几条卵巢管，其他附属器官均已退化，失去正常生殖机能，但在蜂群失王较久时，少数工蜂卵巢发育，开始产未受精卵，发育成雄蜂。

八、主要腺体

1. 上颚腺

位于上颚基部，开口于上颚内侧，由一对囊状腺体组成。工蜂的上颚腺能分泌软化蜂蜡和蜂胶的液体，参与王浆组成的生物激素。蜂王的上颚腺最发达，能产生大量的蜂王物质，此物质在蜂群中起信息素的作用；雄蜂的上颚腺不发达，退化成小囊。

2. 王浆腺

又称营养腺、舌腺、口腺，位于工蜂头内两侧，由一对葡萄状腺体组成，能分泌王浆，用以饲喂蜂王、蜂王幼虫以及雄蜂和工蜂低龄幼虫。咽下腺活性最强的日龄，中蜂为 7 日龄，意蜂为 10 日龄。咽下腺小体是合成分泌王浆的器官，由数个分泌细胞组成。咽下腺发育与工蜂日龄有关，初羽化的工蜂未见王浆贮存器，随着工蜂日龄的增加，王浆贮存器逐渐增大；9 ～ 18 日龄工蜂分泌细胞中粗面内质网和线粒体发达，王浆贮存器饱满，尤其 11 ～ 15 日龄分泌细胞发育达高峰，粗面内质网呈密集片层状；16 日龄后片层状的粗面内质网开始隘裂成为球泡形，线粒体基质开始减少；24 日龄后王浆贮存器开始收缩变形成不规则状。

3. 涎腺

又称唾液腺，共 2 对，一对位于头腔背侧，称为头唾腺；另一对位于胸腔腹侧，称胸唾腺。涎腺分泌唾液，唾液中含有转化酶，混入花蜜中，能促进蔗糖转化为葡萄糖和果糖。

4. 蜡腺

工蜂腹部中间环节（第 4 ～ 7 腹节）的腹板内有 4 对蜡腺。蜡腺是已特化的下皮层，成年蜂下皮层的细胞专门分泌蜂蜡，用以筑巢。蜂王和雄蜂没有蜡腺。

5. 臭腺

又称纳氏腺，位于工蜂第 7 腹节背板内，背板外面成平凹面，它的作用是分泌挥发性信息素，产生特殊气味，用以发送信号，招引同类。

第四节　蜜蜂信息的传递

蜜蜂为了生存和发展，必须能够内外协调、有条不紊地进行群体所需的各种活动，每项活动的联络及相关信息的传递，是通过语言来实现的。蜜蜂的语言尤为特殊，其中主要有信息素和舞蹈语言两种信息传递形式，在蜂群中发挥着重要的作用。

一、蜜蜂信息素

蜜蜂的信息素，又称外激素，由蜜蜂个体的特殊腺体分泌产生，借助于个体间的接触或空气传播，作用于同种其他个体，是一种具有特种功能的化学物质，对蜂群的活动和生理反应，有着相互促进和制约的作用。

1. 蜂王信息素

主要包括蜂王上颚腺信息素和背板腺信息素，此外还有跗节腺信息素、科氏腺信息素、直肠腺信息素等。蜂王上颚腺信息素，是最主要的蜂王信息素，由蜂王上颚腺分泌，主要由 3 种不饱和脂肪酸和 2 种带苯环的芳香化合物等组成。通过工蜂之间食物传递和相互接触，在蜂群内得以广泛传播。它具有婚飞时吸引雄蜂、抑制工蜂卵巢发育和控制工蜂筑造王台、分蜂时吸引工蜂安静结团和刺激工蜂饲喂蜂王等作用。

2. 工蜂信息素

即引导信息素，由臭腺所分泌，对蜜蜂具有强烈的吸引力。在自然分蜂的分出群到达新的蜂巢时，或幼蜂认巢飞翔时，或人为在巢前抖蜂时，在巢门前均会出现大量的工蜂翘腹振翅，发出臭腺气味以招引蜜蜂归巢；在自然分蜂过程中，在结团地点蜜蜂释放臭腺气味以招引蜜蜂聚集结团；在处女王即将交尾时，工蜂在巢门前举腹发臭，引导处女王出巢交尾；处女王出巢后，工蜂在巢前继续举腹振翅，以招引交尾后的蜂王顺利返巢。

在配合蛋白质饲料中添加人工合成的引导信息素，可提高蜜蜂的采食量。

3. 报警信息素

主要是工蜂螫针腔柯氏腺和上颚腺分泌的信息素，它包括工蜂上颚腺分泌的2–庚酮和螫针基部分泌的异戊基醋酸酯。报警信息素由蜜蜂上颚腺分泌，其主要成分为2–庚酮。螫刺报警信息素报警强度是口器报警信息素的20～70倍。2–庚酮能够引起其他工蜂的警觉，而乙酸异戊酯则是攻击的信号。当蜂群遇到外来入侵时，工蜂用上颚咬或用螫针蜇刺对方的瞬间，会立即散发报警信息素，以引导发动更多的伙伴围攻入侵者，这是蜂群有效抵抗侵袭者危害、加强自我防卫的一种手段。报警信息素在养蜂生产上有着广阔的应用前景，如用人工合成的报警信息素解决盗蜂问题。因此有人提出利用报警信息素解决蜜蜂农药中毒问题。

4. 雄蜂信息素

是由雄蜂上颚腺分泌的性信息素。雄蜂性成熟婚飞时，在空中释放信息素，可有效促使处女王发情，并引诱新处女王追随与之交尾。

二、蜜蜂的舞蹈

蜂舞是侦察蜂发现食物源以后通知和动员巢内其他工作蜂出巢采集的一种信号，所以也有人把它称为蜜蜂的语言。舞蹈主要有圆形舞和摆尾舞两种（图2–7）。

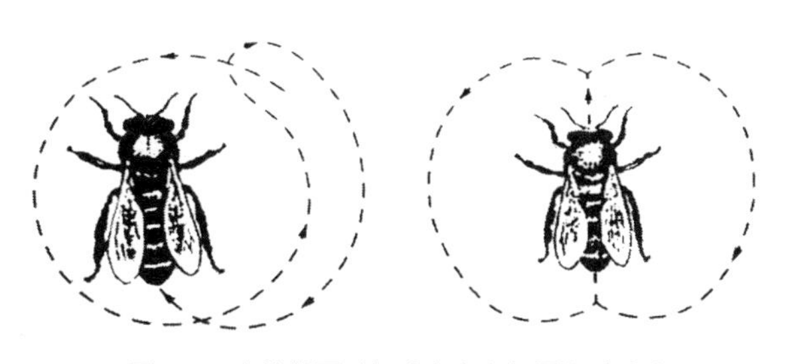

图2–7　蜜蜂的圆形舞（左）和摆尾舞（右）

1. 圆形舞

即侦察蜂在同一位置转着圈子，一会儿向左转，一会儿向右转，并且十分起劲地重复多次，约经半分钟后，又转移到另一位置重复此动作。蜜蜂跳圆形舞只表示离蜂巢 100m 以内发现蜜源，但不指示蜜源所处的方位。

2. 摆尾舞

即侦察蜂一边摇摆着腹部，一边绕着圈子，先是向一侧转半个圆圈，然后反方向向另一侧再转半个圆圈，回到起始点，如此重复同样的动作，就像勾画了一个又一个“8”字。蜜蜂跳摆尾舞表示离蜂巢 100m 以外的地方发现蜜源，而且指示蜜源的方向和距离（图 2–8）。蜜源的距离以一定时间内表演摆尾舞的摆尾频率来表示，即在 15s 内，摆尾 9 ～ 10 次表示蜜源在 100m 左右的地方；摆尾 7 次表示 600m；摆尾 4 ～ 5 次表示 1 000m；摆尾 2 次表示相距 6 000m 以上，摆尾频率越低，

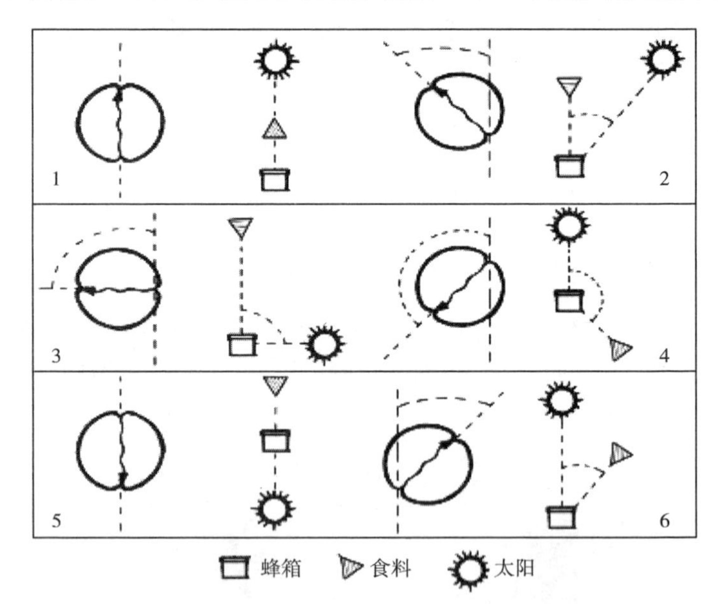

图 2–8　蜂箱、蜜源与太阳方向之间的关系和蜜蜂摆尾舞指示的方向

1. 饲料源与太阳同一方向时，摆尾舞直线爬行时头朝上；2、3、4. 饲料源在太阳左侧时，直线爬行头朝反时针方向转一定角度；5. 饲料源位于与太阳相反方向时，头朝下直线爬行；6. 饲料源位于太阳右侧时，直线爬行头向顺时针方向偏转一定角度

表示相距的距离越远。蜜源的方向是以太阳为准，即在垂直的巢脾上，重力线表示太阳与蜂巢间的相对方向，舞圈中轴直线和重力线所形成的交角，就表示以太阳为准所发现的蜜源相应方向。如舞蹈蜂头朝上，舞圈中轴处在重力线上，表示蜜源朝着太阳方向；如舞蹈蜂头朝下，则表示蜜源位于与太阳相反的方向。即使在阴天，蜜蜂也能透过云层辨出太阳的位置。

蜜蜂的舞蹈还有好多种，例如清洁舞、欢乐舞、按摩舞等，通过不同舞姿向同伴传递不同的信息。

三、蜜蜂的有声语言

蜜蜂是否具有有声语言，目前尚有争议。解剖学家彼·斯诺德戈拉斯对蜜蜂进行解剖后发表报告断言，蜜蜂没有听觉器官，是天生的聋子。而在蜜蜂饲养管理实践中，人们却发现，蜜蜂在不同的精神状态下，能发出不同的声音。蜂学专家陈盛禄、林学珍通过多年的实践观察得出结论，舞蹈是蜜蜂的无声语言，蜂声是蜜蜂的有声语言。有声语言在蜂群分蜂酝酿和造脾营巢过程上，以及在御敌自卫搏击中，均起着相互联系及信息传递作用。他们在著作中举例说明，处女王在达不到破坏其他王台目的时，就会发出“呸……呸……”的怒吼声；自然分蜂前夕，部分蜜蜂发出“嘎吱嘎吱”的声音，似乎就像下达了出发动员令，几分钟内准会发生举群出走的壮举。国外有人发表论文证实，蜜蜂可以发出超声波，这种频率约 2 万 Hz 的弹性波，波长较短，纵然频率达到人耳能听到的范围，一般人却听不清。

第五节　蜜蜂的品种

选择优良的蜂种，是做好养蜂生产的起点。目前，我国除饲养本地特有蜂种——中蜂外，绝大多数饲养的是引进的蜂种：意大利蜂、卡尼鄂拉蜂、高加索蜂、巴尔卡阡蜂和塞普鲁斯蜂等，我国东北地区的黑蜂，也称东北黑蜂，饲养量也比较大。就全国来说，以意大利蜂引进较早，饲养量最大。不同品种的蜜蜂均有其固有的特征和特性，现就不同蜂种的特征与特性列表如下（表 2–2）。

表 2–2 几种主要蜂种的重要特征和特性

特征和特性	中蜂	意大利蜂	东北黑蜂	高加索蜂	卡尼鄂拉蜂
体型（工蜂）	体小，10 ～ 13mm	体细长，12 ～ 14mm	体粗壮，13 ～ 15mm	体细长，12 ～ 14mm	体细长，12 ～ 15mm
体色（工蜂）	背板黑色，有三角形黄斑	头胸部棕色，腹部黄色，有黑环	背板黑色，2、3 节有棕色斑	背板黑色，有棕红色斑	背板黑色，有棕色或红棕色斑
毛色（雄蜂）	棕黑	黄	黑	黑	灰、棕灰
绒毛指数	低	中等（1.5 ～ 2.8）	低（0.5 ～ 1.8）	与卡蜂相似	高（2.0 ～ 3.2）
覆毛长度	短	短（0.2 ～ 0.4mm）	较短	短	短（0.2 ～ 0.4mm）
肘脉指数	较高（3.3 ～ 4.1）	中等（2.0 ～ 2.7）	低（2.6）	低（1.7 ～ 2.5）	低、高不等（1.8 ～ 5.5）
吻长	短（平均 5.0mm）	较长（6.4 ～ 6.6mm）	较长（平均 6.4mm）	最长（6.9 ～ 7.2mm）	较长（6.4 ～ 6.8mm）
繁殖力	较弱	极强	较强	强	强
育虫节律	陡	持续	平缓	一般	陡
采集力	善利用零星蜜源	强	强	强	强
抗病力	抗蜂螨，易患囊状幼虫病	易感染疾病	易患幼虫病	易患孢子虫病	不易染病
越冬性	强	较强	强	较强	强
分蜂性	强	弱，易维持大群	较弱	弱，能维持大群	较强
定向力	强	差，易迷巢	较强	较差、易偏巢	强

续表

特征和特性	中蜂	意大利蜂	东北黑蜂	高加索蜂	卡尼鄂拉蜂
温驯度	对光线敏感，检查时慌乱	温和，安静，不怕光	较温和	温和，安静	温驯，安静
泌蜡力	易毁旧脾，造新脾	强，造脾快	一般	较强，爱造赘脾	一般
饲料消耗	少	较多	较少	较少	少
盗性	极强	强	较弱	强	弱
蜂胶利用	不采蜂胶	较多	很少	极多	少
蜜房封盖	干型	中间型	中间型	湿型	干型

不同蜂种的经济性状、适应范畴各有不同，在选择蜂种时要因地制宜，根据本地地理特点、蜜粉源条件、气候等自然因素，结合各蜂种的生物特性和经济性能进行综合分析。例如在蜜粉源丰富、气候温和、交通方便的地区，应选择采集力强、繁殖力高、性情温顺的意大利蜂；在主要蜜粉源较少、辅助蜜粉源较多、冬季寒冷的地区，可选择繁殖有节制、善于采集利用零星蜜粉源、耐寒性能强的卡尼鄂拉蜂；山区交通不便，胡蜂等敌害较多，辅助蜜粉源较多，但缺少主要蜜粉源，可定地饲养灵敏、勤快的中蜂。

近年来，我国科研单位和广大养蜂工作者，开展了大量的蜜蜂高产系列（品种）的选育工作，已取得显著成绩。例如：浙江大学浙农大1号意蜂品种、吉林省养蜂科学研究所选育的松丹1号、松丹2号；山东省实验种蜂场选育的鲁蜂一号、鲁蜂二号蜂种，为蜜浆双高产品种；平湖浆蜂对王台中的幼虫接受率高，适合定地长期生产王浆。因此，大力研究育种优势，是我国养蜂业发展的一个重要方向。家庭或业余初学饲养蜜蜂，应根据建场目的及经济能力确定购蜂多少。蜂群过少，一旦损失，不易繁殖补充；蜂群过多，在技术经验不成熟情况下，易造成较大损失。购蜂时间以早春为好。早春购买蜂群的群势不宜少于3框足蜂，夏秋季应在 5 框以上。在繁殖季节还应有一定数量的子脾。购蜂还要注意蜂箱的坚固严密和巢脾巢框的尺寸标准，还应有一定贮蜜。在购蜂时，应选择蜂王在 1 年龄以内新王，体大，胸宽，腹部丰满圆长，尾略尖，四翅六足健全，行动敏捷、稳健；工蜂体壮、色鲜、健康无病、无害，开箱提脾时，性情温顺，严防引入蜜蜂病源；子脾面积大，封盖子脾整齐成片，无病；巢脾新、平，少雄蜂房；蜂箱坚固严密，巢框尺寸标准统一，巢房整齐规则。

第六节　蜜粉源植物

蜜粉源植物，即拥有蜜腺并能分泌花蜜和吐放花粉的开花植物，是蜜蜂的饲料源，也是养蜂生产的物质基础。

一、花蜜和花粉

开花吐粉是被子植物的必然繁育过程，所开花朵不仅颜色各异、千姿百态，还着生着蜜腺分泌花蜜，雄蕊展现产生花粉，且散发出不同的香味，以此来吸引蜜蜂等昆虫采集，为之结果繁衍起到传媒的作用。

1. 花的结构

不同植物开放不同形状、颜色的花朵，各种花朵的结构也不尽相同，有的单生，有的互生，有的数朵聚集在同一花轴之上，形成一个又一个花序。典型的花朵通常由花梗、花托、花萼、花瓣及雄蕊和雌蕊等数个部分组成（图 2–9）。花梗是花朵的支柱，也是供应营养的主干道；花托着生于花被之上，集生着花冠、花萼、雄

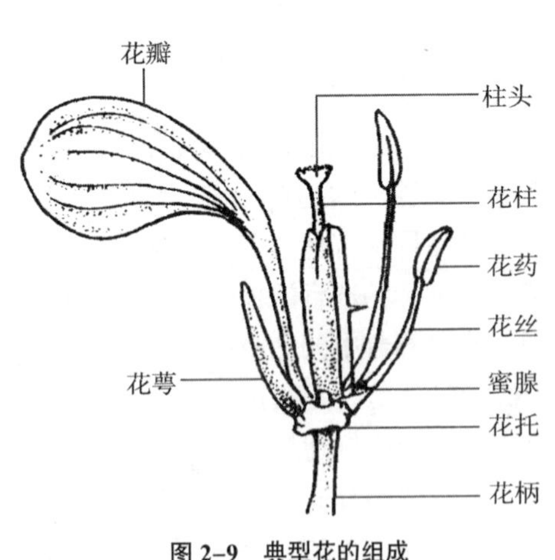

图 2–9　典型花的组成

蕊或雌蕊某一种，分泌花蜜的蜜腺一般着生于雌蕊基部或花萼与花托之间，也有的直接着生于花托或子房上部，个别的（如柿花）着生于叶片下面或苞片、叶柄上。雄蕊主要由花药和花瓣组成，花药着生于花丝顶端，成熟时膨大成丰满的包囊，囊内为花粉的发祥地，可产生大量的花粉粒。

2. 花蜜

植物蜜腺成熟时便可分泌出花蜜，花蜜是植物积累的营养液，也是蜜蜂的基本原料。花蜜的主要成分有蔗糖、葡萄糖、果糖，以及一定量的氨基酸、有机酸、无机盐、类脂化合物和芳香物质、色素等。根据其含量，花蜜可分为三大类：①蔗糖占主要成分的花蜜；②蔗糖、葡萄糖、果糖含量大致相当的平衡型花蜜；③葡萄糖、果糖含量较高，蔗糖含量相对较少的花蜜。花蜜中糖及各类物质约占 10%～60%，其余为水分。平时，蜜蜂比较喜欢采集含糖量较高的花蜜，含糖量低于 9%的花蜜，蜜蜂很少光顾；含糖量低于 5%的花蜜，蜜蜂根本不去采集。蜜蜂对花蜜的含糖量及芳香气味非常敏感，其识别能力也特别强。试验证明，盛有含糖量 10%和 12%的两个盘子放到一起，蜜蜂总是首先将含糖量 12%的花蜜吮干。

3. 花粉

花粉是植物的雄性生殖细胞，是蜜蜂的主要食品之一，其蛋白质、维生素等营养物主要来自花粉。没有花粉的供给，蜜蜂幼虫就不能存活，羽化出房的幼蜂骨骼难以发育硬实，因此蜜蜂是离不开花粉的。

花粉产生于植物的花药中，植物花朵雄蕊的花药一般有 4 个花粉囊，其繁衍下去的最为原始的基本细胞在此内发育成长，待其成熟结成粒后便吐放出来。花粉粒的形状因植物的品种而异，有球形的，也有椭圆形、三角形、螺旋形的，还有哑铃形等多种形状；其颜色也各不相同，有红、黑、绿、青、蓝、紫，应有尽有；其大小更不一样，单个花粉较大直径约 500μm，较小的只有几微米，一般在 15 ～ 50μm。各种花粉的营养成分差异较大，理化指标各有不同，但其共同之处也非常明显，即其营养成分非常复杂丰富，含有大量的生物活性物质，是营养界公认的“微型营养库”。

二、主要蜜粉源植物

我国蜜粉源植物众多，粗略统计可大量提供商品蜂蜜的蜜粉源植物有油菜、洋槐、荆条等40多种，还有可以提供蜜蜂采集用的辅助蜜粉源植物300多种。有些辅助蜜粉源植物在集中区也可生产蜂蜜，但更主要的是向蜂群提供饲料。各种蜜粉源植物的开花泌蜜时间、规律各不相同，所生产蜂蜜的色泽、味感、成分也不尽相同。例如油菜花期长，泌蜜涌，产量稳，蜂蜜呈浅琥珀色，食味甜润，有油菜花香味，葡萄糖含量高，易结晶；刺槐蜜则花期短，流蜜量大，产量高，蜂蜜呈淡白色，具有特殊的香味，葡萄糖含量低于果糖，不易结晶。

蜜粉源植物的泌蜜量受气温、光照、空气、温度、降水量、风力、土壤、栽培技术等多方面自然因素制约。椴树、乌桕等蜜粉源植物的开花泌蜜还有大、小年之分，大年开花多，泌蜜涌、产量高，小年则相反。这就要求养蜂人员在选择蜜粉源场地时，一定要全面考虑，周密调查，适当布置蜂群，充分合理地利用蜜粉源植物，获取蜂群的高产。

三、甘露

蜜蜂除采集花蜜外，有时还采集甘露。甘露，一种寄生在松树、柳树、乌桕、高粱等枝叶上的蚜虫、介壳虫等昆虫，吸取了植物的汁液，经过消化系统的作用吸收了其中的蛋白质和部分糖分，将其多余的糖分排泄出来分洒在植物的枝叶上，成为含糖的甜汁；另一种是某些植物的枝叶，在气温剧烈变化时分泌出一种含糖汁液。也可将前者称为甘露，后者称为蜜露。蜜蜂采集了以上两种甜露汁酿造成的蜂蜜，通称甘露蜜，或称作露蜜。

第七节　蜜蜂的营养需要

一、蜜蜂的营养需要

蜜蜂由卵孵化成幼虫，再发育为蛹和成虫。不同发育阶段需要的营养有较大的差异；蜂王、工蜂和雄蜂对营养的需要亦不同；处于不同生活状态的蜂群，如越冬期、繁殖期、采蜜或生产王浆的生产期，消耗的营养也不尽相同，表现在对食物要求不同。

1. 蛋白质

蜜蜂的蛋白质来源主要是花粉。蛋白质是生命的基础物质，幼虫的生长发育、蜂王产卵、工蜂腺体的发育和机能的行使都不能缺少蛋白质。食物中缺乏蛋白质，幼虫死亡，幼蜂发育不良而失去利用价值，蜂王因不能得到充足的王浆而产卵率下降或停产，工蜂不能正常泌浆、泌蜡等。

2. 脂类

蜜蜂的脂肪主要由糖类转化而来。蜜蜂体内的脂肪含有较多不饱和脂肪酸，对幼虫生长发育、羽化以及供应能量等均有很大的作用。工蜂腹部的蜡腺所分泌的蜂蜡必须由糖类合成。因此，强群内青年蜂愈多，泌蜡能力愈强，在造脾盛期，需用糖合成脂肪量愈多。

3. 糖类

蜜蜂采集的花蜜主要成分是双糖，不能直接被蜜蜂利用，必须经过酿制成蜂蜜，即转化成葡萄糖、果糖等单糖，才可以利用。非活动期蜜蜂采食双糖或多糖，会引起消化紊乱，产生下痢、大肚病等疾病，严重时造成大批死亡，导致越冬失败。因此，蜂群内越冬饲料不足，应提早在秋末供给，让蜜蜂有把双糖转化成单糖的时间。蜜蜂从植物上采集的甘露蜜，含有多糖和大量杂质，不能作为越冬饲料。

糖类主要作用是提供能量。工蜂的血糖含量降低到1%以下，就不能飞行。在正常情况下，蜜蜂最好的能源是成熟的蜂蜜，蜜蜂不能很好地把花粉（蜂粮）作为能源。因此，巢内没有贮蜜而有蜂粮，越冬蜂因没有提供热能的蜂蜜而被冻死。

4. 矿物质

蜜蜂矿物质需要量不多，但不能缺少。矿物质的来源，一般是花蜜和花粉。如外界缺乏蜜粉源，只喂糖的蜂群，就应该注意对矿物质的人工补充。但饲料内矿物质补充不能过多，过多反而有不良的影响。

5. 维生素

维生素需要量极少，但对调节蜜蜂新陈代谢、生理活动、生长发育和蜂群繁殖非常重要。如维生素 B_1、维生素 B_2、维生素 P、维生素 B_6、维生素 H、维生素 B_{11}、维生素 B_{12}、维生素 C 等，对保证和促进幼虫生长发育、组织器官机能增强、工蜂采集力和蜂王产卵力的提高、群体繁殖加快以及疾病的防治等都具有良好的作用。在糖浆内加入适量的滤泡堆激素和维生素 E，在早春饲喂蜂群，有利于为流蜜期到来培育出强壮的生产蜂群。

二、蜜蜂的配合饲料

蜜蜂的配合饲料是指经过科学加工配制的人工饲料，应用于外界蜜粉源不足时，部分或全部代替天然饲料，以保证蜜蜂生长发育和蜂群正常生活所需的各种营养物质的供应。蜜蜂的配合饲料根据营养需要，可分为糖饲料、蛋白质饲料和饲料添加剂三大类。

蜜蜂与其他畜禽相比，其生理结构及生活习性差异极大，因而在饲料的设计与加工上，也与畜禽饲料有很大的区别。在自然状态下，蜜蜂以蜂蜜和花粉为食物，在设计蜜蜂的人工饲料时，应以蜂蜜和花粉的营养成分种类和含量作为参照；同时，必须使所配制的饲料包含蜜蜂机体所需的各种营养；此外，还应考虑到蜜蜂的消化生理特点。因此，人工配制蜜蜂饲料要考虑营养平衡、物理性状、适口性、原料来源与价格等因素的影响。

1. 糖饲料

蜂群中糖饲料的缺乏将会导致蜂王产卵减少、蜜蜂幼虫被清除、蜜蜂被饿死等现象。因此，在养蜂生产过程中，必须保证蜂群内有充足的糖饲料。蜂蜜、白砂糖等都是蜜蜂的糖饲料，以添加蜜脾、饲养盒饲喂或灌脾饲喂等多种方式供应蜂群，尤其在越冬前通常需要饲喂足量的优质蜂蜜或糖浆。

2. 蛋白质饲料

蛋白类饲料的原料种类很多，但不外乎植物蛋白原料和动物蛋白原料两类。植物蛋白原料含蛋白质在 8% ～ 40%，来源丰富，一般都当作基础原料。目前利用较广泛的植物蛋白原料主要有豆饼、豆粕，它们是制油工业不同加工方式的副产品。豆粕是浸提法或预压浸提法取油后的副产物，粗蛋白质含量在43%～46%；豆饼是大豆经机械压榨浸油后的副产物，粗蛋白质含量一般在40%以上。豆粕（饼）是优质的植物性蛋白质饲料，富含赖氨酸和胆碱，具有适口性好、易消化等特点，但蛋氨酸不足，含胡萝卜素、硫胺素和核黄素较少。豆粕（饼）的质量与加工工艺条件有关，品质良好的豆粕颜色应为淡黄色至淡褐色。蜜蜂春繁季节，在天然花粉供应不足的情况下，对蜜蜂饲喂含有豆粕的人工代用花粉，不仅可以使新蜂提前20多天出房，而且可以使蜂群强壮，为夺取蜂蜜和蜂王浆的高产奠定基础。单纯饲喂豆粕作为蜜蜂的蛋白质饲料，其营养成分和饲喂效果都不够理想，一般是豆粕与花粉按照一定比例混合使用。如果有条件，还应在豆粕与花粉的混合物中加入微量元素、维生素等，这样的人工代用饲料的营养价值是比较高的。在饲喂时，人工代用饲料与蜂蜜或糖浆混合调制，压入蜂脾，供蜜蜂取食。

3. 饲料添加剂

饲料添加剂是为了满足蜜蜂的营养需要、促进蜜蜂生长发育、改善饲料品质、提高饲料利用率、加快蜂群繁殖速度以及增强抗病力而向饲料中添加的少量和微量物质（如维生素、矿物质、酶制剂、糖萜素和中草药等），它是蜜蜂全价配合饲料的精华部分。

饲料添加剂一般可分为补充营养成分的添加剂、保健助长剂、改善饲料品质的添加剂三大类。补充营养成分的添加剂主要有氨基酸添加剂、维生素添加剂和矿物质添加剂等，这类添加剂的用途是添加日粮的营养成分，使饲料达到营养平衡并具有全价性。保健助长剂主要有酶制剂、糖萜素增强免疫添加剂和中草药添加剂等。改善饲料品质的添加剂主要有抗氧化剂、防霉剂、诱食剂等。

三、蜜蜂的饲喂

蜜蜂在早春或晚秋缺少蜜粉源时需要人工饲喂，饲喂蜜蜂的饲料主要有蜂蜜、糖浆、花粉、水和盐。

1. 饲喂蜂蜜或糖浆

一般用3～4份蜂蜜加水1份，或用2份白糖加水1份，用小火化开后晾凉。灌到水壶内，滴入巢脾内饲喂，亦可用巢门饲喂器饲喂，更加方便（图 2–10）。

2. 饲喂花粉

在外界没有粉源且蜂群正处于繁殖期需要大量花粉饲喂幼虫时，要进行人工喂粉。把花粉和蜂蜜混合在一起，揉成饼状，置于蜂群的巢脾框梁上，这样蜜蜂在巢内即可吃到花粉（图 2–11）。

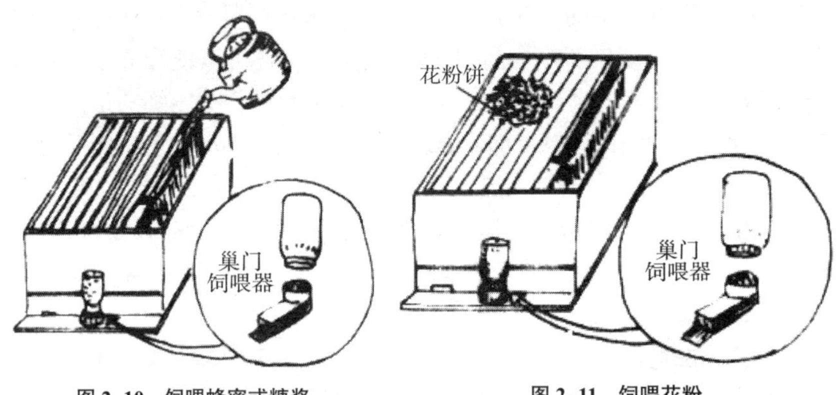

图 2–10　饲喂蜂蜜或糖浆　　图 2–11　饲喂花粉

3. 喂水和喂盐

水是生命的根本，蜜蜂的生活离不开水。特别是夏天干旱季节，蜜蜂更需要水，让蜜蜂饮水如图 2–12 所示。在给蜜蜂喂水的同时，可在水中加 0.5% 的食盐，以补充蜜蜂对盐的需要。

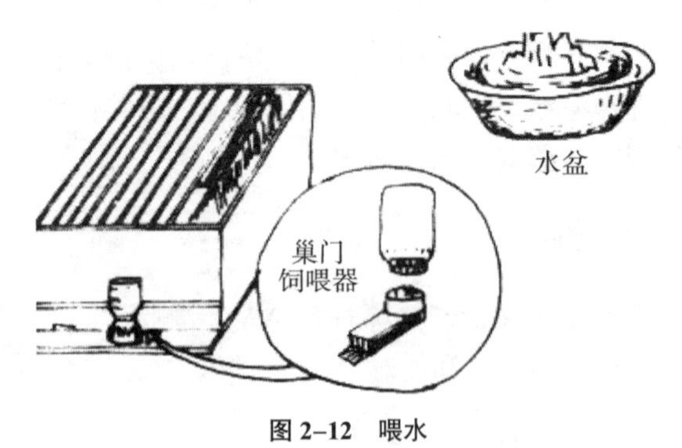

图 2–12　喂水

第三章　蜜蜂机械化生产机具

第一节　基本生产器械

工具是生产力发展水平的标志，适当的养蜂设备可以提高生产效率，生产高质量的产品。

一、蜂箱

蜂箱是供蜜蜂繁衍生息和制造产品的基本用具。目前，使用最为广泛的是通过向上叠加继箱扩大蜂巢的叠加式蜂箱，主要有意蜂郎氏十框标准蜂箱和中华蜜蜂蜂箱两大类。

蜜蜂的生长发育和蜂产品的形成都是蜂群在蜂箱中完成，蜂箱必须符合蜜蜂的生活需要和生产需要。在我国制造蜂箱的木材以杉木和红松为宜。

制作蜂箱的木料，宜选用坚固耐用而又质轻，不易变形、裂缝的木材；箱身的四壁，最好采用整块木板，如用较小的木板拼接，最好在拼接处采用凸凹面将面的错口拼接粘牢，以免日久雨水渗漏箱身，影响使用寿命；蜂箱的外壁应尽可能刨平蜂箱的侧壁和前后壁的相接处，必须做得紧密，粘接牢固，以免使用时松动变形，蜂箱的表面可涂刷白漆或桐油，以使蜂箱经久耐用、保温避湿。

（一）蜂箱的基本结构

蜂箱由巢框、箱体、箱盖、副盖、巢门板等部件和隔板、闸板等附件构成（图 3–1）。

（二）常用蜂箱的种类

我国常用蜂箱有意蜂郎氏十框标准箱、中华蜜蜂蜂箱、授粉专用箱等。

1. 意蜂郎氏蜂箱

由巢箱与继箱组成，巢脾通用，适合在中国饲养西方蜜蜂，其制作图解见图 3–2。

图 3–1　郎氏十框标准蜂箱结构

图 3–2　意蜂郎氏蜂箱

2. 国外用的蜂箱

由 1 ～ 2 个繁殖箱体和多个浅继箱组成，活动箱底，带箱架，有些在箱盖上加上 1 个箱顶饲喂器，在箱底设有通风架和脱粉装置。适合饲养意大利蜂。多变的箱底，可用于生产蜂花粉，清扫杂物。箱顶饲喂器采用木板或塑料制成，长度和宽度与蜂箱相同，但高度仅 60 ～ 100mm，盛糖浆量约为 10kg，使用时置于箱体与副盖之间。

3. 中蜂标准箱

即 GB 3607—83 蜂箱，适合我国中蜂在部分地区饲养使用（图 3–3）。采用这种蜂箱，早春双群同箱繁殖，采蜜期使单王合用浅继箱。

图 3–3　中蜂十框标准蜂箱

4. 塑料多功能蜂箱

我国第一代全塑多功能型蜂箱（专利号：201620053710.5），由河北廊坊市蜂业设备研究所、东营市蜜蜂研究所研制（图 3–4）。它标志着我国蜂机具改革创新又上了一个新台阶，为我国机械化、现代化养蜂发展奠定了基础。该蜂箱选用优质食品级塑料，采用科学配方先进工艺注塑而成，抗磨耐压防老化，环保卫生无污染，使用寿命长，蜂群强壮蜜增产，特别是其设计合理，结构紧凑，适宜于我国蜂农生产使用，也是世界未来养蜂的发展方向。

图 3–4　塑料多功能蜂箱

5. 授粉专用蜂箱

放置 3 ～ 6 脾、容纳 7 500 ～ 12 500 只蜜蜂的木质或塑料蜂箱（图 3–5）。这种蜂箱还可以作育种交配箱使用。

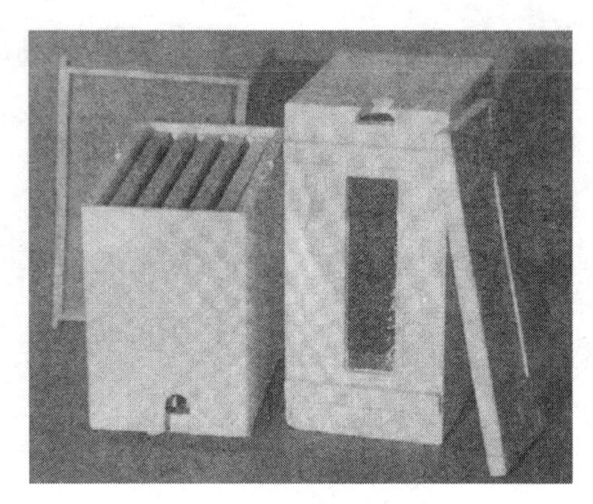

图 3–5　授粉专用蜂箱结构

二、巢础

采用蜂蜡或无毒塑料制作的蜜蜂巢房房基（图 3–6），使用时镶嵌在巢框中，工蜂以其为基础分泌蜡液将房壁加高而形成完整的巢脾。巢础可分为意蜂巢础和中蜂巢础、工蜂巢础和雄蜂巢础、巢蜜巢础等。

现代养蜂生产中，有些用塑料代替蜡质巢础，或直接制成塑料巢脾代替蜜蜂建造的蜡质巢脾（图 3–7）。

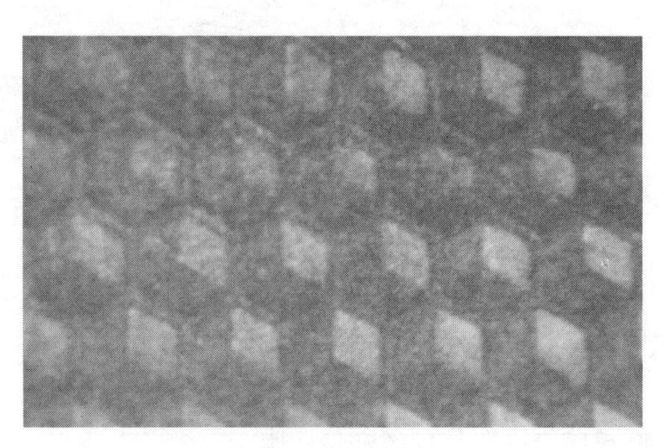

图 3–6　巢础

图 3–7　塑料巢础框

第二节　蜂王生产器械

一、人工育王器械

人工育王器械主要有 Doolittle 法育王器具、Jenter 法育王器具和蜜蜂人工授精仪器设备 3 种类型。前两者主要用于工蜂的卵或 1 日龄幼虫培育蜂王，后者用于处女王进行人工授精。

1. 移虫移卵工具

它是在人工育王或蜂王浆生产者，用于把工蜂巢房内的蜜蜂幼虫（或卵）移入人工台基育王或产浆。常见的有金属移虫针、牛角片移虫针、鹅毛管移虫针、弹性移虫针、移卵勺和移卵管等（图 3–8）。

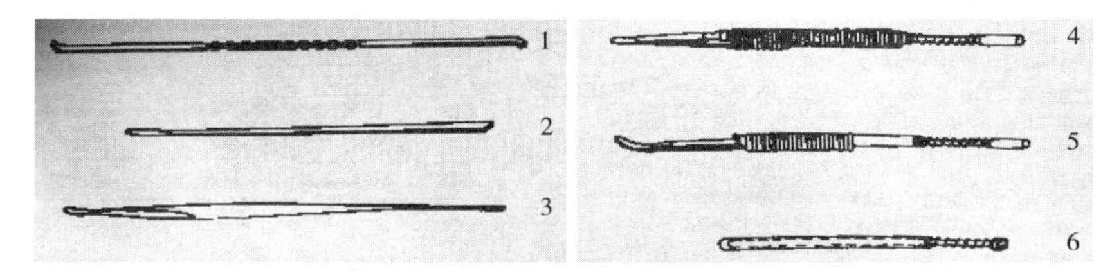

图 3–8　移虫（卵）工具

1. 金属移虫针；2. 牛角片移虫针；3. 鹅毛管移虫针；4. 弹性移虫针；5. 移卵勺；6. 移卵管

2. 台基蘸制器具

蘸蜡棒用于蘸制蜂蜡台基。采用纹理细致的木料制成，长约

100mm，蘸蜡端通常呈半球形（图3–9）。意蜂用的蘸蜡端半球形直径9～10mm，距端部10mm处直径10～12mm；中蜂用的蘸蜡端半球形直径8～9mm，距端部10mm处直径9～10mm。

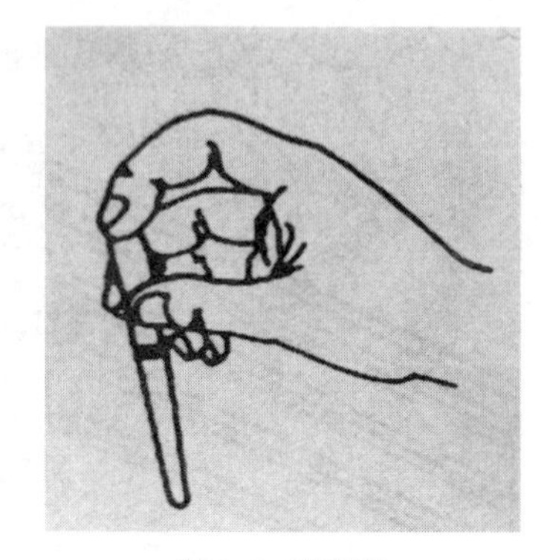
图 3–9　蘸蜡棒

台基蘸制器由蘸蜡棒、台基推杆、蘸蜡模棒固定条、台基推杆压条、弹簧和螺栓构成（图3–10）。蘸蜡模棒采用纹理细致的木材制成，蘸蜡端的形状和大小与蘸蜡棒的相同，但其中心有一个圆柱形通槽，以供插入台基推杆，而且蘸蜡端的顶端为球缺状，与台基推杆的端部仪器构成半球形。台基推杆用于脱下蘸制的台基，其端部采用纹理细致的木料制成。台基推杆压条在螺栓中可以上下自由移动，用于成排下压台基推杆。

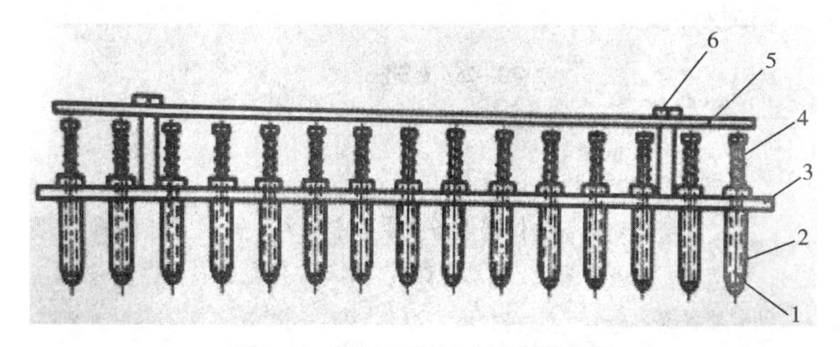

图 3–10　罗马尼亚的一种台基蘸制器

1. 台基推杆；2. 蘸蜡模棒；3. 蘸蜡模棒固定条；4. 弹簧；5. 台基推杆压条；6. 螺栓

3. 人工台基

分为蜂蜡人工台基、塑料人工台基和木质台基等多种类型。

蜂蜡人工台基用台基蘸制器具蘸蜡制成（图3–11 A）。它呈圆柱形，底部为半球形，大小依蜂种不同而异，意蜂用的其上口直径为10～12mm，底部半球形直径9～10mm，中蜂用的其上口直径为9～10mm，底部半球形直径8～9mm。使用时，多个成排粘在育王框或产浆框的台基条上，供移人工蜂幼虫。

塑料人工台基采用无毒塑料制成，有倒圆锥台形、圆柱形和坛形，有白色、淡绿色和棕色，有单个和多个成条状等多种形式（图 3–11 B）。目前蜂王浆生产上采用较普遍的是具有 25 个台基的台基条。塑料台基具有王台接受率高、产浆量高、可重复利用、使用方便、有利于机械化产浆等特点，是一种较有发展前途的人工台基。

图 3–11　人工台基

4. 育王框

育王框宽和高与巢框相同，厚为 15 ～ 18mm，框内有 3 条台基条供安装人工台基（图 3–12）。台基条通常设计成可拆的，以便移虫或割取王台。使用时，把人工台基粘附或绑固在台基条上，供移虫育王。通常每条台基条安装 7 ～ 10 个台基。

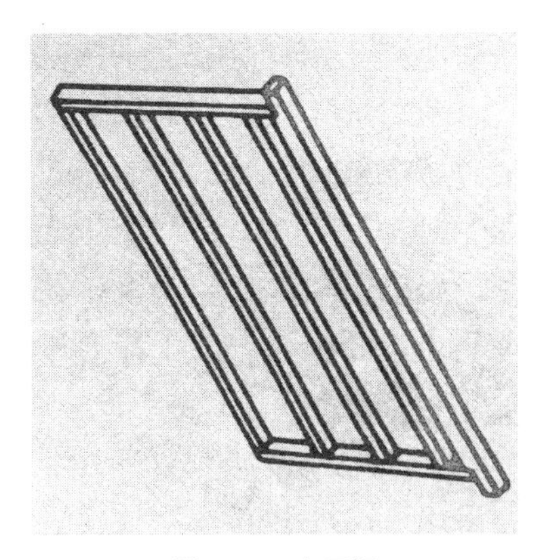

图 3–12　育王框

二、蜜蜂人工授精仪器设备

蜜蜂人工授精必须具备的仪器设备主要有蜜蜂人工授精室、体视显微镜、生物显微镜、高压灭菌锅、煮沸消毒器、雄蜂飞翔笼、人工授精仪和二氧化碳供气装置等。

1. 蜜蜂人工授精室

人工授精室的面积一般要求在 12 ～ 15m^2。室内应洁净，光线充足，水电设施齐全。室内设有一个 2 500mm×70mm×800mm 的工作台，并配备有 1 ～ 2 个药品柜。

2. 体视显微镜、生物显微镜、高压灭菌锅、煮沸消毒器

体视显微镜应选用工作距离在 90mm 以上的；生物显微镜应选用 1 600 倍以上的；高压灭菌锅和煮沸消毒器的型号及大小视需要而定。

3. 雄蜂飞翔笼

用于让待取精的种用雄蜂爽身飞翔和排泄粪便，以便取精。有扣式雄蜂飞翔笼和室内雄蜂飞翔笼 2 种。扣式雄蜂飞翔笼由一个大小与继箱相仿的木框架四周和顶面配上隔王栅板，并在底面配上一块活动抽板构成。用于继箱内囚养的雄蜂时，每隔 4 ～ 5d 扣 1 次，让雄蜂在笼内作飞翔活动。室内雄蜂飞翔笼由约 3 倍于继箱大小的铁纱（每厘米 10 目）笼构成。笼的一个面上设计有可启闭的门，以便装入雄蜂和提出已作爽身飞翔、排泄过的雄蜂取精。

4. 蜜蜂人工授精仪

由底座、蜂王麻醉室、背钩操纵杆固定柱、腹钩操纵杆固定柱、精液注射器三向导轨、精液注射器、背钩、腹钩和探针构成（图 3–13）。

底座采用铸铁制成，用于装置蜂王麻醉室、背钩操纵杆固定柱和腹钩操纵杆固定柱。蜂王麻醉室采用透明有机玻璃制成，用于固定蜂王，并通入二氧化碳气体麻醉蜂王。标准的蜂王麻醉室由管芯和管套两个部件，外加一个蜂王导入管附件组成（图 3–14）。管芯外径 6.5mm，能与管套套合抽动又比较严密；管芯内空腔直径为 2mm，用于导入二氧化碳麻醉蜂王；管芯的下端通过橡胶导管与二氧化碳供气装置相连。管套内径 6.7mm，上口收缩到内径 4.5mm。背钩操纵杆固定柱和腹钩操纵杆固定柱采用金属制成，分别用于固定背钩和腹钩。精液注射器三向导轨装在人工授精仪右边的腹钩操纵杆固定柱上部，用于操纵精液注射器前后、左右和上下 3 个方向的移动。精液注射器用于给人工授精的蜂王注射雄蜂的精液，常用的 Mackensen 隔膜式精液注射器系美国的 Mackensen 于 1948 年发明的。它采用螺旋杆压迫橡胶膜片，以达到微量控制注射量和产生强大注射压的目的。Mackensen 隔膜式精液注射器由针筒、螺杆、顶针、接头、橡胶膜片和针头组成。针头采用有机玻璃车制成，其内径为 0.17mm，尖端外径为 0.27mm；针头内最大贮精量为 10μL。注射器的其他部件均采用不锈钢车制成，背钩、腹钩和探针采用直径为 1 ～ 1.5mm 的不锈钢丝制成。

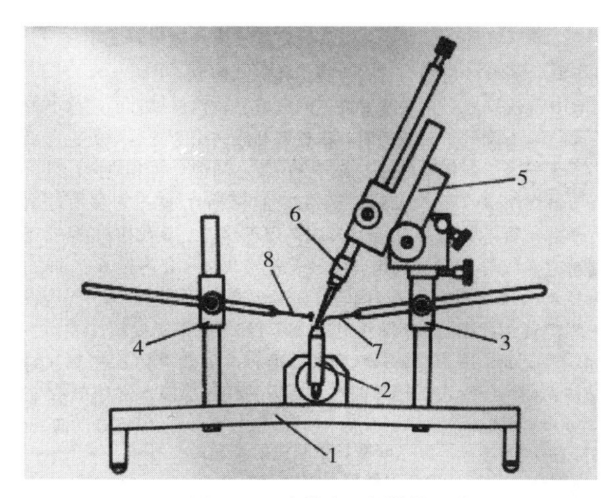

图 3–13　蜜蜂人工授精仪

1. 底座；2. 蜂王麻醉室；3. 背钩操纵杆固定柱；4. 腹钩操纵杆固定柱；
5. 精液注射器三向导轨；6. 精液注射器；7. 背钩；8. 腹钩

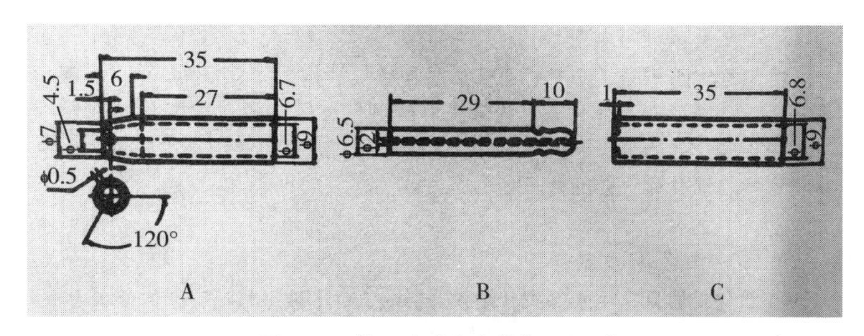

图 3–14　蜂王麻醉室（单位：mm）

A. 管套；B. 管芯；C. 蜂王导入管

5. 二氧化碳供气装置

由二氧化碳钢瓶、洗瓶、通气活塞和导气管构成（图 3–15）。二氧化碳钢瓶内灌满液态二氧化碳，为房网麻醉剂气体的来源。洗瓶内装有蒸馏水，用于净化导入房网麻醉室的二氧化碳气体。通气活塞用于控制进入蜂王麻醉室的二氧化碳气体的量。

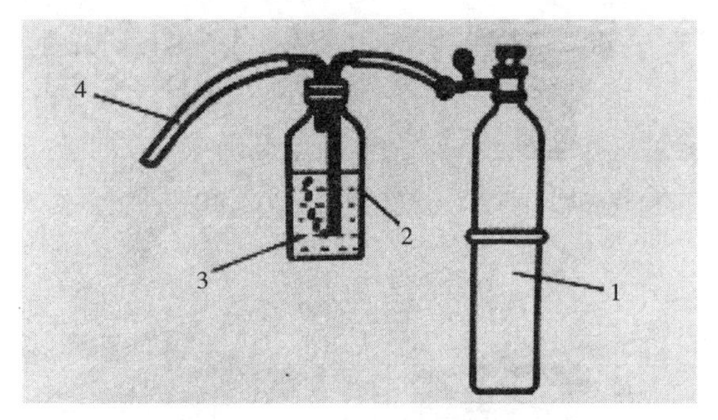

图 3–15　二氧化碳供气装置

1. 二氧化碳钢瓶；2. 洗瓶；3. 蒸馏水；4. 导气管

三、王台保护器具

王台保护器具是用来保护介绍入蜂群的王台不被蜜蜂咬毁，使蜂王安全羽化出房的器具，有王台保护圈、隔王出房笼、蜂王笼和塑料王笼等多种（图 3–16）。

1. 王台保护圈

王台保护圈由铁丝绕制而成（图 3–16 A），长 35mm，上口直径 18mm，配有一铁片盖，下口直径 6mm。王台保护圈用于给无王群介绍王台时，可保护王台不被工蜂咬毁，以确保蜂王安全出房。

2. 隔王出房笼

隔王出房笼采用镀锌板制成（图 3–16 B），用于保护王台不被工蜂咬毁和把出房的蜂王与原群的蜂王隔开以防咬杀。它呈矩形，长 33mm、宽 26mm、高 56mm。笼壁上设计有成排仅工蜂可以自由通过的长圆形孔，供工蜂进入饲喂出房的蜂王；笼的顶部设计有一个直径为

17mm、带有插板盖的圆孔；腹面悬挂有一个形状与王台相似、比王台略大的铁纱（每厘米 10 目）王台保护器。笼的下部配有一个带有饲料槽、可启闭的木块盖，用于释放笼内的蜂王。

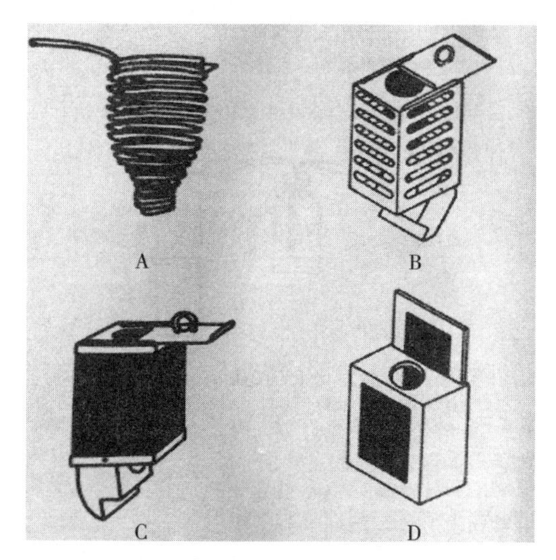

图 3–16　王台保护器具

A. 王台保护圈；B. 隔王出房笼；C. 蜂王笼；D. 塑料王笼

3. 蜂王笼

蜂王笼采用细铁纱（每厘米 10 目）制成（图 3–16 C），用于保护王台，并可兼作蜂王诱入器。它呈矩形，长 33mm、宽 24mm、高 45mm。笼的顶部设计有一个直径 16mm 带有插板盖的圆孔，供插入王台；笼的下部配一个带有饲料槽、可启闭的木块盖，用于释放笼内的蜂王。

使用时，先在饲料槽内装入适量的炼糖，然后把成熟王台从顶板的圆孔插入笼中，并随即插上盖板。其后，把已装有王台的隔王出房笼吊挂在完成群的两巢脾之间，或多个成排装置在特制的框架上整框插在完成群中，让蜂王羽化。在笼中的蜂王出房后，取出王台壳体，然后用蜂王笼将处女王诱入交尾群，或者暂带笼贮存在完成群中。

4. 塑料王笼

塑料王笼是罗马尼亚采用的一种王台保护器，由无毒塑料制成（图

3–16 D)，用于保护王台不被工蜂咬毁和把出房的蜂王与原群的蜂王隔开以防咬杀。它呈矩形，高 48mm、宽 39mm、厚 21mm。笼前壁设计有通气孔；笼的后部设计一个插板盖，盖上有通气孔；笼的顶部设计有一个直径 15mm 的圆孔，供使用时插入王台。

使用时，把装有适量炼糖的小蜡杯（一般用蜡台基）粘附在笼内底部，插上插板盖，将王台从笼顶部圆孔插入器中。然后把多个装有王台的王笼置于一个类似巢框的框架上，并插入蜂群中让蜂王出房。

四、贮王器具

1. 贮王框

贮王框用于蜂群内贮备蜂王的器具。有多种形式（图 3–17），使用时，把成熟王台粘附在小贮王笼的顶板上，并在各小室底部的角落粘附一个特大的蜡杯（形似人工台基），供装饲料。插上盖板后，把整个贮王框置于无王群或无王区的粉蜜脾之间。

图 3–17　贮王框

2. 贮王盒

贮王盒系用于蜂群外贮备蜂王的器具，采用长 50mm、宽 50mm、高 80mm 的塑料盒。盒内后壁近底部横置一片窄板，供承放小块巢脾；盒的顶部中央有一饲喂器圆座，供插放微型饲喂器，圆座中心有一个直径 2mm 的圆孔，供蜜蜂吸食微型饲喂器内的饲料；盒的前向是可启闭的插板门；盒的底部和插板门上都开设有通气孔（图 3–18）。

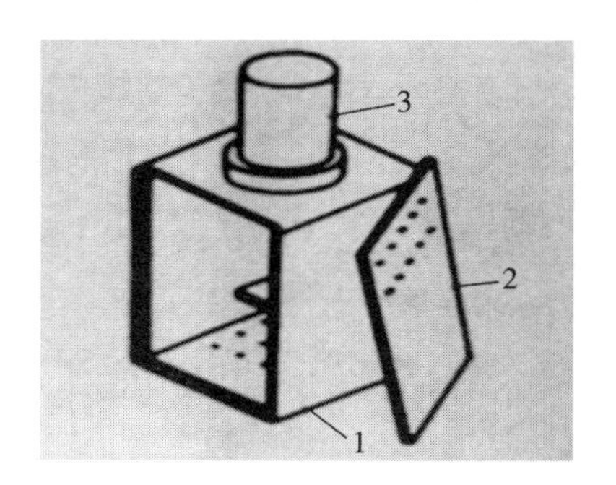

图 3–18 贮王盒

1. 盒体；2. 插板门；3. 微型饲喂器

五、囚王器具

囚王器具通常用于限制蜂王产卵，但在养蜂生产换王时，也常用来囚禁老王，待新王交尾成功后再除去（图 3–19）。主要有扣脾囚王笼和嵌脾囚王笼 2 种。

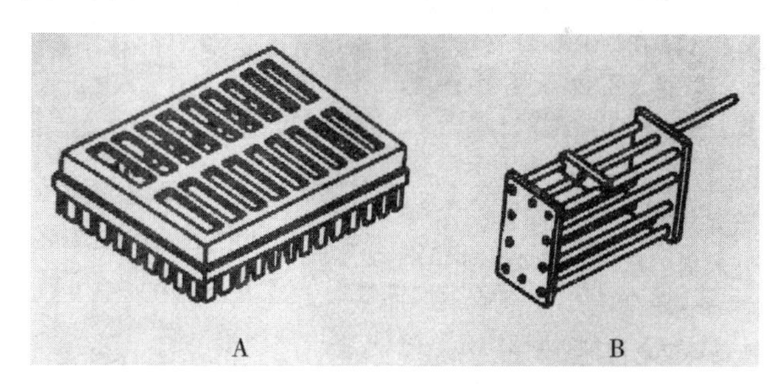

图 3–19 囚王器具

A. 扣脾囚王笼；B. 嵌脾囚王笼

1. 扣脾囚王笼

扣脾囚王笼采用塑料制成，笼长 70mm、宽 50mm、高 20mm（图 3–19 A）。顶面为隔王栅结构，工蜂可自由进出。使用时，先罩住脾上的蜂王，然后轻轻下按，使笼齿插入巢脾内即可。

2. 嵌脾囚王笼

嵌脾囚王笼采用塑料盒竹丝制成，长 45mm、宽 30mm、厚 20mm（图 3-19 B）。四周均为隔王栅结构，两端为塑料片；窄侧面有一可抽开的小门，供装入和释放蜂王。使用时将囚王笼嵌装在巢脾近上梁处或下梁处，也可以吊挂在两脾之间。

六、蜂王、王台邮递器

常见的一种蜂王邮递器采用质轻、无味的长方形木块制成（图 3-20）。长 80mm、宽 30mm、高 18mm，内设 3 个相互连通、直径为 20mm、深为 15mm 的小圆室。器两端各有一个直径 7 ～ 8mm 的出入孔；器两侧各有一条小凹槽，槽中有小孔与圆室相通，供通气。另附一块用 2 ～ 3mm 厚的纤维板或胶合板制成的、与器身等大的盖板。

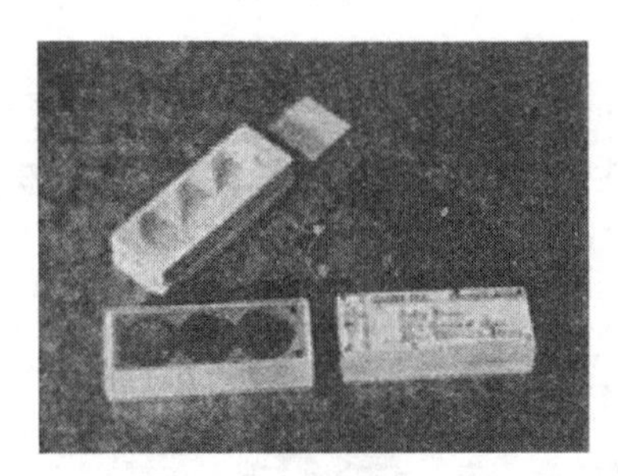

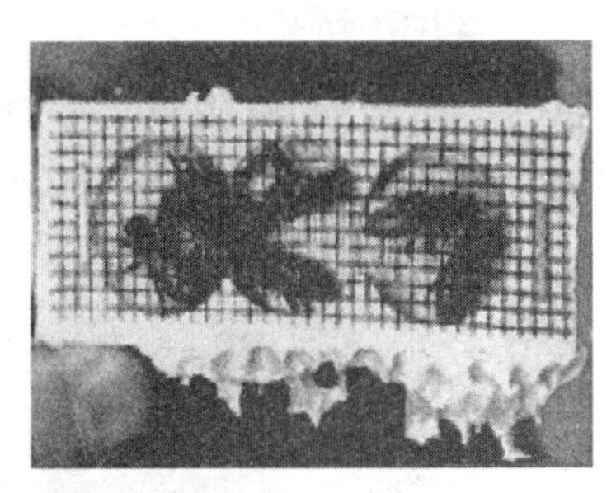

图 3-20　蜂王邮递器

七、蜂王诱入器

蜂王诱入器系用于给无王群安全诱入蜂王的器具，有全框诱入器、扣脾诱入器、Miller 诱入器和诱王笼等多种形式。我国常见的有全框诱入器和扣脾诱入器 2 种。

1. 全框诱入器

全框诱入器由薄木板和每厘米 10 目的铁纱制成（图 3-21）。其大小以能容纳一个巢脾，且能插入蜂箱内为度，顶部配有一个插板盖。使用时，将一框连蜂带王的半蜜脾置于诱入器中，插入无王群内，经

1 ～ 2d 蜂王被接受后撤出诱入器。这种诱入器通常用于诱入较贵重的种用蜂王，也可用于合并弱小蜂群。

图 3–21　全框诱入器

2. 扣脾诱入器

扣脾诱入器采用铁纱和铁皮制成，长 56mm、宽 47mm、高 20mm（图 3–22 A）。器体上部采用铁纱制成，下部采用铁皮制成，并具尖齿，底部是一个可抽出的底板。器的一个端壁采用铁皮制作，其上有一个直径为 10mm 的圆孔，用作房网的入口，并配有一个铁片插板盖。

3. Miller 诱入器

Miller 诱入器采用铁纱、铁皮和小木块制成，长 99mm、宽 30mm、高 12mm（图 3–22 B）。器的一端采用铁皮制成，其上设计有一个装蜂口，并配有插板盖；器的另一端采用一木滑块塞在器内，用以根据需要调节器内供蜂王活动的空间。

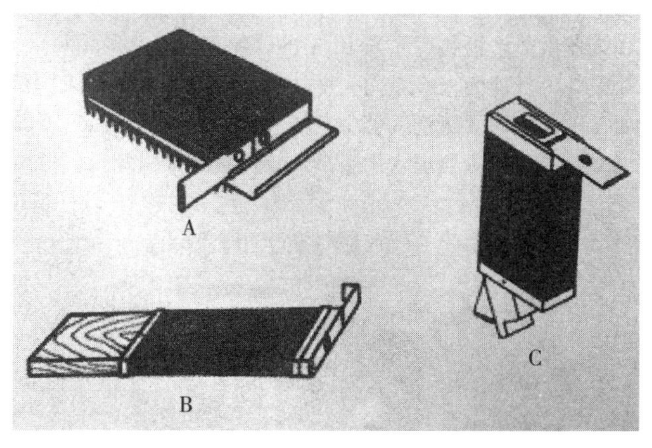

图 3–22　蜂王诱入器

A. 扣脾诱入器；B. Miller 诱入器；C. 诱王笼

4. 诱王笼

日本采用的一种诱王笼是用铁纱、铁片和小木块制成，长 85mm、宽 37mm、高 18mm（图 3–22 C）。器的一端设计有装蜂口，并配有一个插板盖；另一端设计有可启闭的木块盖，其上有一个蜂王出口，并配有小铁片盖。

八、蜂王产卵控制器

蜂王产卵控制器系用于强制蜂王在特定巢脾上产卵的器具。中国农业科学院蜜蜂研究所研制的一种控制器，采用无毒塑料制成（图 3–23），长 480mm、宽 70mm、高 248mm。器体的两侧壁为隔王栅结构，供工蜂进入器内哺育蜜蜂幼虫；上口配置一个盖片，盖上可防止蜂王爬离产卵控制器。

图 3–23　蜂王产卵控制器

使用时，将一个特定的巢脾置于器内，再放入蜂王，盖上器盖后把整个蜂王产卵控制器插入蜂箱内蜂团中央，让蜂王在特定的巢脾上产卵。

第三节　蜂蜜采收器械

采收蜂蜜经脱除蜜蜂、切割蜜盖、分离蜂蜜和蜂蜜净化 4 个过程，每一个过程都必须借助相应的生产机具。

一、脱蜂器械

目前，采用的脱蜂方法有抖蜂脱蜂、脱蜂器脱蜂、药物脱蜂和吹蜂机脱蜂 4 种，它们都要相应地采用适当的脱蜂器械，如蜂刷、脱蜂器、药物脱蜂装置和吹蜂机等。

1. 蜂刷

蜂刷是一种扫脱蜜蜂的专用工具，主要用于脱除蜜脾、产浆框和育王框上的蜜蜂。通常采用白色的马尾毛和马鬃毛制成（图 3–24）。蜂刷的刷毛通常呈双排，宽度约为 250mm，厚度为 5 ～ 10mm，毛长约为 65mm。

蜂刷具有器具小、脱蜂方便等优点，但手工操作劳动强度大、费时，脱蜂时易激怒蜜蜂。

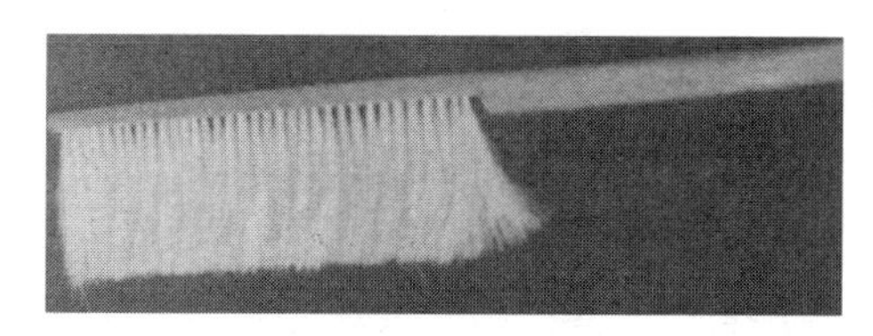

图 3–24　蜂刷

2. 脱蜂器

脱蜂器是一种蜜蜂通过后无法或很难返回的装置。脱蜂器的形式多种多样，但其基本构造和脱蜂原理与 Porter 脱蜂器或圆锥形脱蜂器相同。

Porter 脱蜂器由长圆形盖片、“U”形槽片和弹簧片构成（图 3–25 A）。盖片和槽片均由厚为 0.5mm 的铁片制成，盖片中央直径 15mm 的圆孔为蜜蜂入口，盖片与槽片扣合构成蜜蜂通道，槽的端部为蜜蜂出口。弹簧片采用弹性良好的薄铜片制成，每 2 片构成一个出口宽度为 1.7 ～ 3.2mm 的“八”字形活门。它装置在脱蜂器内的蜜蜂通道上，用于控制蜜蜂出口，使器内的蜜蜂只能出去而不能返回。根据“活门”的数量，这种脱蜂器有单孔、双孔、六孔和十四孔等多种型式。

圆锥形脱蜂器采用塑料或铁纱制成，形似圆锥。其下底直径为 15 ～ 25mm，为脱蜂器的蜜蜂入口；顶部直径为 5mm，为脱蜂器的蜜蜂出口（图 3–25 B）。

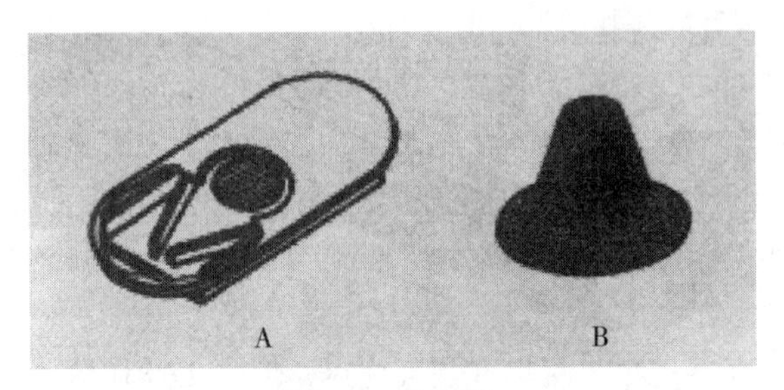

图 3–25　脱蜂器

A. Porter 脱蜂器；B. 圆锥形脱蜂器

3. 化学脱蜂装置

化学脱蜂方法是利用蜜蜂忌避剂来驱赶蜜蜂，使之离开蜜继箱。目前，用于脱蜂的药品有石碳酸、丙酸酐、苯醛和丁酸酐 4 种，使用时都必须与相应的器具配合，才能使脱蜂顺利、安全、高效进行。药物脱蜂在国外已较普遍采用。

（1）石碳酸脱蜂装置

MraZa C 设计的石碳酸脱蜂装置（图 3–26）形似蜂箱的箱盖，框架采用木板制成，长和宽分别与蜂箱箱体的外围相同，高为 25 ～ 35mm。框架内有 2 条横木，用于支撑其上面的结构。框架上面从内至外钉有一层铁纱网、数层纱布和金属外板，纱网用以制成其上的纱布，纱布用于脱蜂时吸收洒在其上的石碳酸溶液，金属外板涂有黑色的油漆，以在使用时吸收太阳的热能，提高装置内纱布的温度，加速石碳酸的蒸发。

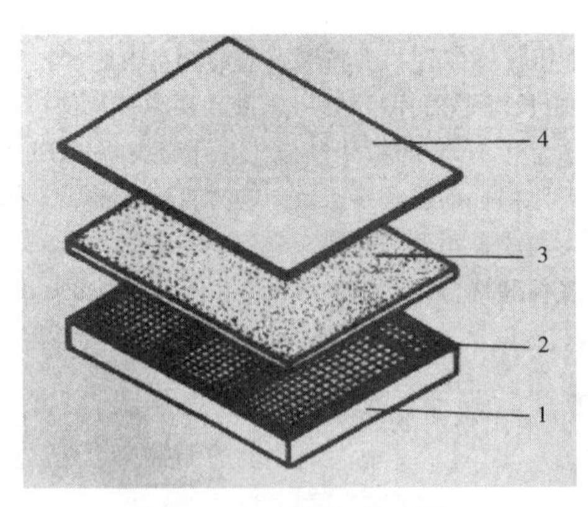

图 3–26　石碳酸脱蜂装置

（引自 The ABC and XYZ of bee Culture.,Root A I,1978）

1. 框架；2. 铁纱网；3. 纱布；4. 金属外板

采用石碳酸脱蜂装置脱蜂，由于石碳酸在较高气温，或在阳光下挥发比气温较低或无阳光时快，而且效果好，所以使用时要根据气温、阳光等情况，选用不同浓度的石碳酸溶液。一般地说，在常温下采用 75% 的石碳酸溶液，而在气温较高时采用 50% 的石碳酸溶液。使用时，把石碳酸洒在装置内的纱布上，药量以纱布见湿而不滴为度。若在石碳酸溶液中加入几滴 70% 以上的酒精，可提高使用效果。

（2）丙酸酐脱蜂装置

丙酸酐脱蜂装置系美国 Woodrow A W 等，为取代石碳酸脱蜂，于 1961 年研制出的，由气箱、散气板和风箱构成（图 3–27）。气箱由浅继箱构成，箱顶钉一块纤维板作箱盖；盖板的中心有一个直径约为 10mm 的通孔，供装置风箱；气箱内顶有一块吸水性能良好的垫料，供吸收喷洒在其上的药液。散气板是一块钻有许多直径约为 4.5mm 的通孔、厚度约 3mm 的薄板，安装在气箱内上部 1/3 处，用以使药气均匀分散在气箱下方的蜜蜂继箱上。它的中央有一块约 64mm×64mm 大小的板面部钻孔，以防风箱鼓风时将药气直接吹到其下方的巢脾上。风箱用于鼓风促使气箱内的药气流动，把药气带到气箱下方的蜜蜂箱驱蜂。

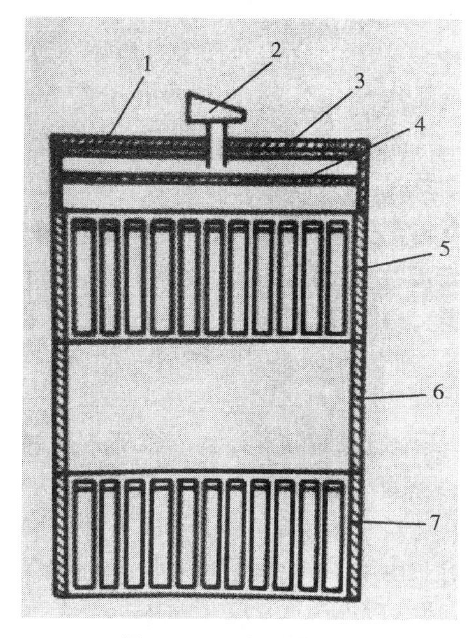

图 3–27　丙酸酐脱蜂装置

（引自 Bee World，1961）

1. 气箱；2. 风箱；3. 垫料；4. 散气板；5. 蜜继箱；6. 空继箱；7. 育虫箱

使用时，把浓度为 50%～75% 的丙酸酐水溶液均匀洒在气箱内顶的吸水垫料上，然后把脱蜂装置放在蜂群最上层待脱蜂的蜜继箱上。轻轻鼓动蜂箱五六下，先让少量药气使蜜继箱内的蜜蜂向下移动。约半分钟后，增加鼓风次数，并间歇鼓风至蜜继箱内的蜜蜂被驱离。采用丙酸酐脱蜂的效率比采用石碳酸的高，脱除一个郎氏深继箱的蜜蜂一般只需要 1.5 ～ 2min，浅继箱的只需 1 ～ 1.5min。

（3）苯醛脱蜂装置

苯醛又称“人工杏仁油”，是一种低温（26℃以下）下有效的蜜蜂忌避剂。据加拿大养蜂者报道，采用苯醛脱蜂在气温 10℃时可以脱除高为 130 ～ 150mm 的蜜继箱的蜜蜂；在 18℃时可脱除高为 240mm 的蜜继箱的蜜蜂。

苯醛脱蜂装置是一个长和宽与蜂箱体外围相同、高 50mm 的无盖箱。箱内顶有一块吸水垫料，用于吸附药液。脱蜂时，将 4 ～ 15mL 的苯醛药液喷洒在箱内顶的垫料上，先对蜜继箱轻喷几下以让蜜蜂向下移动，然后将药箱倒扣在待脱蜂的蜜继箱上方驱蜂。

（4）丁酸酐脱蜂装置

丁酸酐是 20 世纪 60 年代末以来美国北部养蜂者普遍采用的一种蜜蜂忌避剂。采用丁酸酐脱蜂具有不受气温高低限制、早晚均可使用和不污染蜂蜜的优点。

采用丁酸酐脱蜂，只需一块硬纸板和一块能盖住蜂箱的白色平板。脱蜂时，在硬纸板上喷少量丁酸酐溶液，然后将含药液纸板直接放在待脱蜂蜜继箱的巢框上，并在该蜜继箱上盖上白色平板，以免阳光直射温度过高。

4. 吹蜂机

吹蜂机是利用高速低压气流脱除蜜继箱内蜜蜂的机械，养蜂现代化国家的商业性养蜂场已普遍采用吹蜂机脱蜂。

吹蜂机通常由动力、鼓风机、输气管、喷嘴等部件和蜜继箱支架附件构成（图 3–28）。工作时，由 1.47 ～ 4.41kw（2 ～ 6 马力）汽油机或电动机带动鼓风机产生大量气流，经输气管输送到喷嘴，从喷嘴成束高速地喷出，把蜜脾上附着的蜜蜂吹离，从而达到脱蜂的目的。

背负式吹蜂机全机重约 10kg，体积较小，机动性较大，操作者可借助机上的背带背上进行脱蜂工作（图 3–29）。但吹蜂机采用汽油机作动力，工作时震动大，背在背上工作，对操作者的身心健康不利。

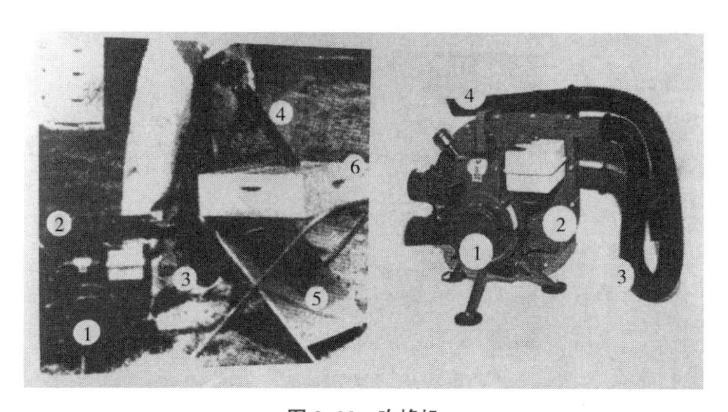

图 3-28　吹蜂机

1. 汽油机；2. 鼓风机；3. 输气管；4. 喷嘴；5. 继箱支架；6. 蜜继箱

手推式吹蜂机通常与继箱支架设计在一起，并在机架下部装配 2 ～ 4 个橡胶轮（图 3-30）。也有的直接在吹蜂机下方装配轮子，或将吹蜂机装置在带轮的支架上构成。手推式吹蜂机设计有轮子可手推移位，减轻使用者的劳动强度。

图 3-29　背负式吹蜂机

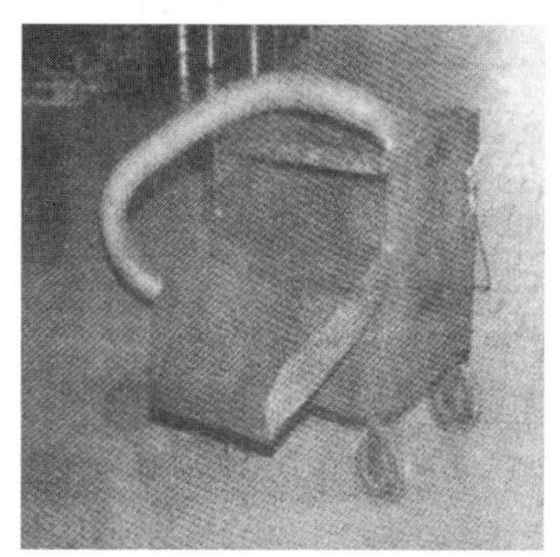

图 3-30　手推式吹蜂机

二、割蜜盖器械

割蜜盖器械是蜂蜜采收生产中不可缺少的工具之一。在脱除蜜脾上的蜜蜂后，要借助某种割蜜盖器具或机械切除蜜脾上的蜡盖，再送往分蜜机分离蜂蜜。目前，割蜜盖的器械主要有割蜜刀和割蜜盖机两大类型。

1. 割蜜刀

割蜜刀是一种用于切除蜜脾蜡盖的工具，有普通割蜜刀、蒸汽割蜜刀和电热式割蜜刀 3 种。

（1）普通割蜜刀

通常采用不锈钢制成，刀身长约 250mm、宽 35 ～ 50mm、厚 1 ～ 2mm（图 3–31）。

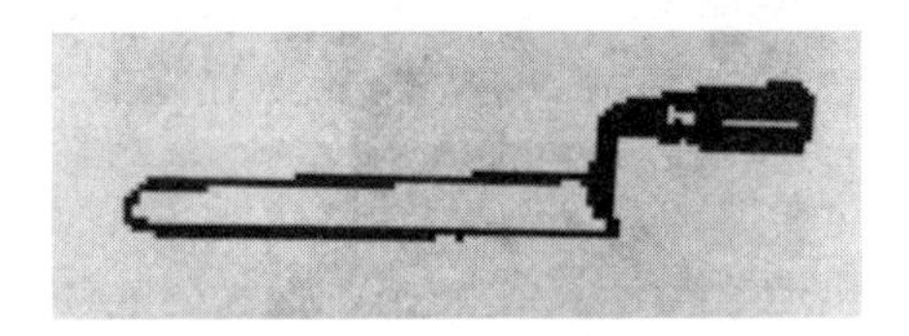

图 3–31　普通割蜜刀

（2）蒸汽割蜜刀

由刀具、蒸汽导管和蒸汽发生器组成（图 3–32）。刀具的刀身采用不锈钢制成，长 250mm、宽 50mm。身为重臂结构，内腔纵向隔成两室，在近刀处两室相通以通蒸汽；内腔各室近刀柄处分别引一条小管经刀柄末端导出，或从刀背近刀柄部导出，以作蒸汽进出口。也有的在普通刀背上纵焊一个“U”形不锈钢管代替重臂结构导入蒸汽加热刀身。蒸汽导管采用耐热橡胶管，共 2 条，一条用于把蒸汽发生器产生的蒸汽导入刀身，另一条用于把循环过刀身的蒸汽导出。蒸汽发生器内装清水，置于热源上加热并持续产生蒸汽，供加热刀身。

图 3–32　蒸汽割蜜刀

（3）电热式割蜜刀

采用不锈钢制成。刀身长约 250mm、宽约 50mm，双刃锋利；重臂机构，内腔装置 120 ～ 400W 的电热丝，以通电加热刀身。有的刀身内还装有微型控温装置，以在工作时把刀身的温度控制在 70 ～ 80℃（图 3–33）。

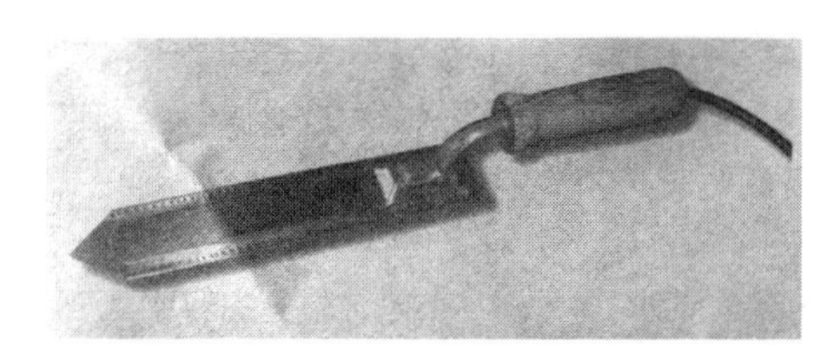

图 3–33　电热式割蜜刀

2. 割蜜盖机

割蜜盖机是用于切除蜜脾蜡盖的机具，是养蜂生产机械化取蜜作业中不可缺少的机具之一。1908 年美国的 Bayless Wm L 发明了第一台割蜜盖机，1923 年加拿大的 Hodgson W A 研制出第一台电动割蜜盖机，从此割蜜盖实现了机械化。其后，尤其 20 世纪 80 年代以来，出现了单刀割蜜盖机、双刀自动割蜜盖机、旋刀式割蜜盖机、排针式割蜜盖机、链式割蜜盖机和整箱式割蜜盖机等多种多样的割蜜盖机。

我国在割蜜盖机方面的研究也有所进展。20 世纪 80 年代初，中国农业科学院蜜蜂研究所研制出了一种单刀割蜜盖机（图 3–34），2007 年福建农林大学蜂学学院方文富研制出 FWF 型电动双刀割蜜盖机（图 3–35）。

（1）单刀割蜜盖机

单刀割蜜盖机由刀片、转动装置和支架构成。刀片 1 把，竖立或水平装置；刀口呈锯齿状；刀身有的为夹层结构并采用蒸汽、热水或电热元件加热，有的则为类似锯片的薄片结构；转动装置主要由电动机和把圆周运动变为直线运动的偏心轮等部件构成，使割蜜盖机工作时刀片在纵长方向上以 12 ～ 16mm 的摆幅，每分钟摆动 800 ～ 1 000 次切割蜜盖。

采用这种割蜜盖机割蜜盖，当机上的刀片竖立装置时，手扶蜜脾把蜜脾靠在护板上，朝刀片的方向轻推，上下摆动的刀片即可将蜜脾的蜡盖割除；当机上的刀片水平装置时，只要手持蜜脾，把脾面靠在刀片借助蜜脾的自重让蜜脾自然下降，高速摆动的刀片即可把蜜盖割下。单刀割蜜盖机每次只能切除蜜脾一面的蜜盖，每小时约可切割 150 个蜜脾。

图 3–34　单刀割蜜盖机

1. 电动机；2. 偏心轮；3. 刀片；4. 机架

（2）双刀割蜜盖机

FWF 型电动双刀割蜜盖机主要由机身、刀片、蜜脾进刀框架、蜜脾夹架、电动装置和蜜盖盘构成（图 3–35）。

机身采用不锈钢板制成，具漏斗形下口，以便割下的蜜盖落入其下方的蜜盖盘；上口设计有一个矩形框架，用于装置蜜脾进刀框架。蜜脾进刀框架采用不锈钢制成，其下部设计有固定蜜脾的蜜脾夹架，切割蜜盖时用于将蜜脾送到割蜜盖刀片之间切割蜜盖。蜜脾进刀框架端通过橡皮与机身的矩形框架横杆连接形成回拉结构，以在蜜脾切割后退刀时协助回拉蜜脾进刀框架。蜜脾夹架由蜜脾固定槽和蜜脾固紧锁扣构成，装置在蜜脾进刀框架下部的两内侧，用于固定蜜脾。刀片 2 片，采用不锈钢制成，分设在蜜脾进刀框架两侧，呈“八”字形方位放置，刀口向蜜脾进刀框架倾斜，工作时由电动装置带动作切割动作；刀口呈钝锯齿状，刀锋锋利，便于切割蜜脾蜡盖。电动装置由 2 台曲线锯构成，分别作为2个刀片的动力，割蜜盖机工作驱动刀片作切割动作。蜜盖盘由蜜盖篮和承蜜盘构成，均采用不锈钢制成。蜜盖盘置于机身的正下方，用于承接割蜜盖时落下的蜡盖和蜜滴。

采用这种割蜜盖机切割蜜脾蜡盖时，将蜜脾的边框插入蜜脾夹具的蜜脾固定槽内，扣上蜜脾固紧锁扣将蜜脾固定住。闭合割蜜盖机电源启动电动曲线锯，刀片做往复切割动作。随后，手动下压蜜脾进刀框架使夹在蜜脾夹具的蜜脾徐徐下行，蜜脾下行经过在做切割动作的刀片时，两面的蜡盖即同时被割除。割下的蜡盖下落于机身下方蜜盖盘的蜜盖篮中，蜡盖上的蜂蜜通过蜜盖篮底部的孔眼滴落到其下方的承蜜盘中。蜜脾蜡盖切割完毕，轻轻向上提拉蜜脾进刀框架，连同其上已割除蜡盖的蜜脾一同上移至初始工作位置，卸下已割除蜡盖的蜜脾即可进行下一个蜜脾蜡盖的切割工作。

图3-35　FWF型电动双刀割蜜盖机

三、蜜蜡分离器械

在采收蜂蜜割蜜盖过程中，从蜜脾上割下的蜡盖上往往粘附有许多蜂蜜，为了回收这些蜂蜜，通常要借助蜜蜡分离器械将其从蜡盖中分离出来。

过滤式蜜蜡分离器系借助某些网状结构的容器盛装粘附有蜂蜜的蜡盖，利用重力作用让蜜滴落于网状容器下方的盛蜜容器中，从而把蜡盖上的蜂蜜分离出来的一类器具。这类蜜蜡分离器大都与割蜜盖台设计在一起，结构简单，造价较低，分离出来的蜂蜜质量不变，但蜜蜡分离不彻底，经分离后的封盖上还粘附有较多的蜂蜜，必须再采用其他蜜蜡分离器械进一步处理。

1. 蜂蜜过滤器

采用不锈钢制成，呈圆盘形，直径约 500mm。器底呈倒圆锥台形，底部中央有一直径 150mm 的圆形纱网底；器的上口横放一个“H”形的蜜脾撑架，用于割蜜盖时支撑蜜脾。使用时，叠于一个比其直径略小的盛蜜容器上面，切割下来的蜜脾落在其中，蜜盖上的蜂蜜通过器底的纱网滴入其下方的盛蜜容器。这种蜜蜡分离器结构简单，适于小型蜂场和业余蜂场使用（图 3–36）。

2. 割蜜盖桶

由外桶、蜜盖篮和蜜脾撑架构成（图 3–37）。外桶呈倒圆锥台形，上口直径 400mm、高 200mm，采用不锈钢制成，用于承接蜜盖篮中蜜盖滴下的蜂蜜。蜜盖篮采用每厘米 3 目的不锈钢纱网制成，呈倒圆锥台形，比外桶略小，其上口沿外侧的骨架上设计有挂钩，用于将蜜脾篮挂在外桶上口，套在外桶内使用。蜜脾撑架采用木材制成，蜜脾可靠在其上切割蜜盖。这种割蜜盖桶结构简单，适于小型蜂场和业余蜂场使用。

图 3–36　蜂蜜过滤器

图 3–37　割蜜盖桶

四、分蜜机

分蜜机是利用离心力把蜜脾中的蜂蜜分离出来的机具，是机械化养蜂生产的三大蜂具之一。采用分离机分离蜂蜜，不但能使有价值的巢脾得到重复利用，提高巢脾的周转率，提高生产效率，降低劳动力，使蜂蜜的产量剧增，而且生产的分离蜜洁净，质量上乘。

1. 分蜜机的基本构造

分蜜机通常由机桶、蜜脾转架、转动装置和桶盖等部件构成（图3–38）。

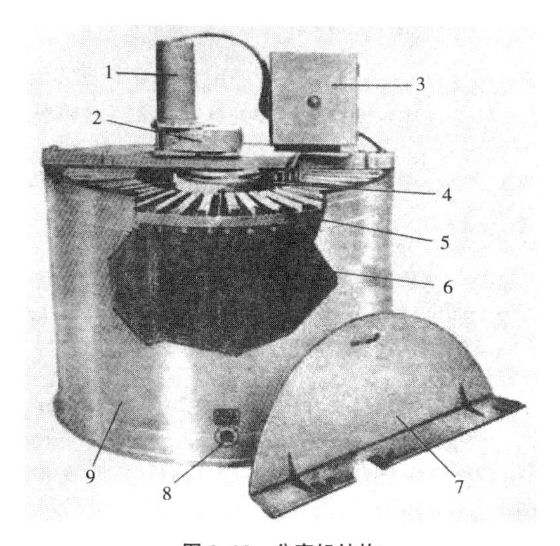

图 3–38　分蜜机结构

（引自 The ABC and XYZ of Bee Culuture，Root A I，1980）

1. 电动机；2. 变速轮；3. 定时和控速装置；4. 刹车装置；5. 巢框；6. 蜜脾转架；7. 桶盖；8. 出蜜口；9. 机桶

（1）机桶

机桶通常采用不锈钢制成，也有的采用无毒塑料制成，用于承接分离出来的蜂蜜。中、小型分蜜机的机桶大都呈圆柱形；桶底常设计成圆锥形，以提高桶底的强度和便于桶中的蜂蜜导出；桶壁下部通常设计有出蜜口，以在分离蜂蜜过程中不断将桶底的蜂蜜导出，使分离蜂蜜工作得以连续进行。

（2）蜜脾转架

蜜脾转架采用不锈钢制成，框架架构呈圆柱形或棱柱形，分离蜂蜜时用于装蜜脾并带动蜜脾一直做离心运动，使蜜脾上的蜂蜜分离出来。它的结构随分蜜机的类型不同而异，有的设计有通长中轴，有的则无中轴；有的蜜脾转架与脾篮设计成一体，有的则分开设计。

（3）转动装置

转动装置通常由手摇柄、变速齿轮和滚珠轴承构成，用于驱动蜜脾转架。手摇分蜜机的变速齿轮通常由主动轮与被动轮的转速比为 1 ∶ 3 的伞形齿轮构成。滚珠轴承通常设计在分蜜机的转轴上，用以减少转轴的转动阻力和磨损。此外，有的分蜜机还装有脾篮的换面装置、动轮的离合装置和刹车装置，用于自动翻转脾篮，使篮内蜜脾换面；还有的装置有定时和速度控制装置，控制分离蜂蜜的时间和蜜脾转架的转速，使分蜜机更趋于机械化、自动化。

（4）桶盖

桶盖采用不锈钢或透明塑料制成，平时用于防灰尘及其他杂物落入分蜜机中，分离蜂蜜时用于防盗蜂和防止操作人员误将手伸入机内发生安全事故。

2. 分蜜机的类型

分蜜机的种类很多，常见的有弦式分蜜机和辐射式分蜜机两类。

（1）弦式分蜜机

弦式分蜜机是蜜脾在分蜜机中，脾面和上梁均与中轴平行，呈弦状排列的一类分蜜机。这类分蜜机因其蜜脾呈弦状排列，所以蜜脾一面的蜂蜜分离后须翻转分离另一面的蜂蜜。通常做法是先在较低的转速下将蜜脾一面的蜂蜜分离出 2/3 后，翻转换面将另一面的蜂蜜分离干净，然后再翻转将第一面剩余的 1/3 蜂蜜分离出来。

固定弦式分蜜机，其蜜脾转架与脾篮设计成一体，分离蜂蜜时必须将蜜脾提出分蜜机翻转换面。这种分蜜机有两框式、三框式和四框式等（图 3–39）。固定弦式分蜜机容脾量少，且需换面，生产效率低，但其结构简单、造价低、体积小，携带方便，适于小型蜂场和转地蜂场使用。我国养蜂场均采用两框固定弦式分蜜机。

活转弦式分蜜机蜜脾转架与脾篮分开设计，脾篮靠转轴或铰链装置在蜜脾转架上，可以通过人工或机械左右翻转，蜜脾可随脾篮翻转而换面。因此，这类分蜜机的工作效率高于固定弦式分蜜机，但其构造较复杂，机身体积较大，造价较高（图 3–40）。

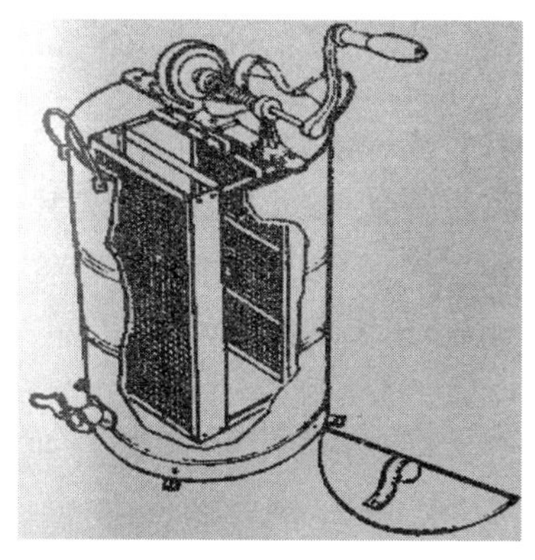

图 3–39 两框固定弦式分蜜机

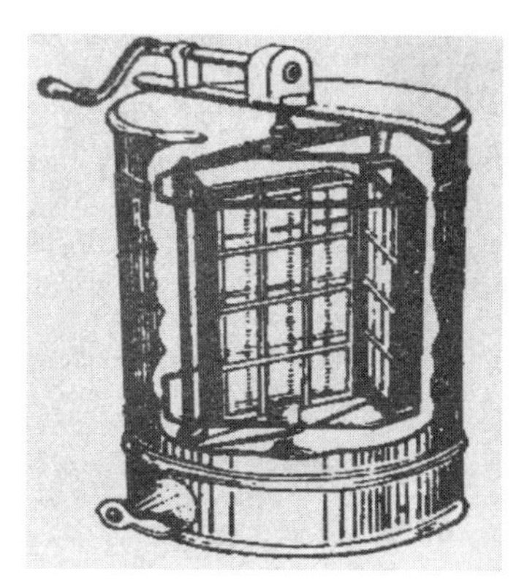

图 3–40 两框手动活转弦式分蜜机

（2）辐射式分蜜机

辐射式分蜜机是蜜脾在分蜜机中，脾面位于中轴所在的平面上，下梁朝向并平行于中轴，呈车轮的辐条状排列的一类分蜜机（图 3–41）。这类分蜜机蜜脾呈车轮的辐条状排列，蜜脾两面的蜂蜜能同时分离出来，无需翻面，大大提高工作效率。

图 3–41 辐射式分蜜机

辐射式分蜜机有 8 ～ 120 框式等多种形式，大都采用电动机驱动，有的还配置有转速控制装置和时间控制装置。而蜜脾转架结构简单，通常设计成具有固定蜜脾的凸出结构或槽口的框架结构，也有的框架采用不锈钢弯折而成。

辐射式分蜜机采用的电动机其功率大小视分蜜机容纳的框数而定。一般 20 ～ 30 框式的采用电动机功率为 186W，40 ～ 60 框式的采用电动机功率约为 370W，60 框式以上的采用电动机功率为 560W。蜜脾转架的转速通常 250 ～ 350rpm/min。每次分离蜂蜜的时间需 12 ～ 15min。在分离蜂蜜过程中，开始时以较低的转速启动，其后转速随着蜜脾上蜂蜜被分离增多而逐渐自动加快，约 5min 后可将蜜脾上约 3/4 的蜂蜜分离出来，然后再以 250 ～ 350rpm/min 的转速将蜜脾中残留的蜂蜜分离出来。

第四节　蜂王浆生产器械

一、产浆框

产浆框是用于安装人工台基生产蜂王浆的框架，采用杉木制成。常规的产浆框，其大小和结构与育王框相同，但框内有 3 ～ 4 条台基条。使用时，通常每条台基条安装 25 ～ 30 个台基（图 3–42）。

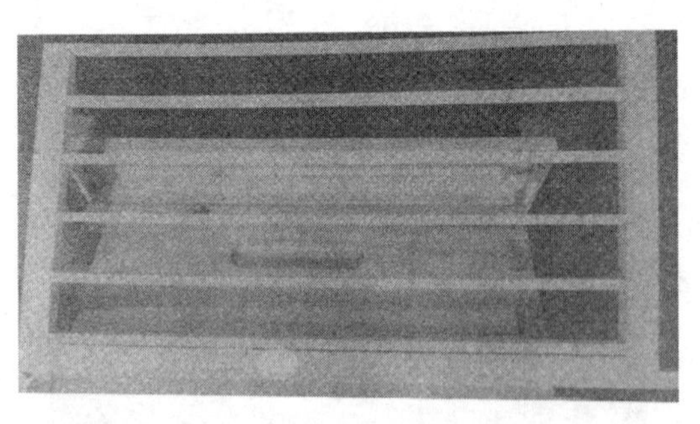

图 3–42　产浆框

二、机械取浆机具

1. 抽吸式取浆机

抽吸式取浆机是一种利用负压从王台中吸取蜂王浆的器具（图 3–43）。它主要由抽气装置、负压瓶、吸浆头、输气管和输浆管等部件组成。吸浆时，抽气装置不断地把负压瓶中的空气抽出，使瓶内形成一定的负压，当与负压瓶相连的吸浆头插入王台时，蜂王浆即被吸入浆头，并顺着输浆管集中于集浆瓶中。

图 3–43　抽吸式取浆机

电动真空吸浆器由器体、电动真空泵、负压瓶、输浆管、吸浆头和王浆过滤器组成（图 3–44）。

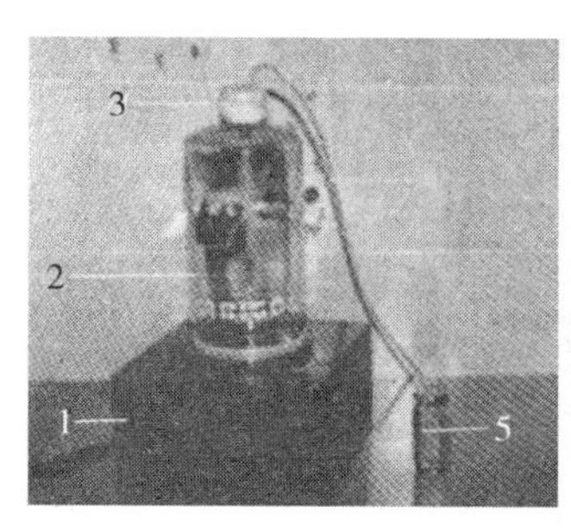

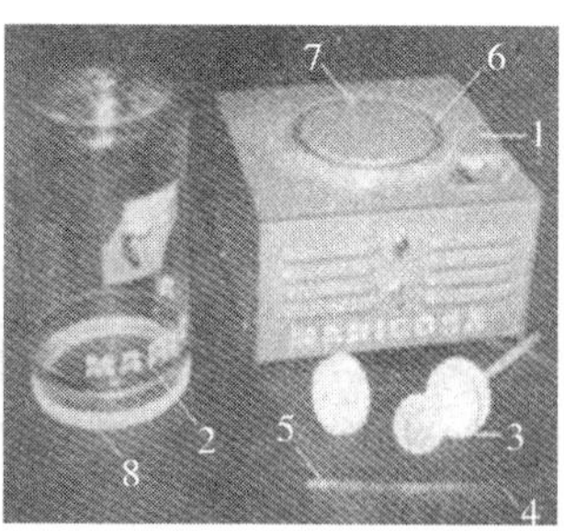

图 3–44　电动真空吸浆器

1. 器体；2. 负压瓶；3. 王浆过滤器；4. 输浆管；
5. 吸浆头；6. 橡胶环；7. 抽气管；8. 塑料环

器体采用金属板制成，长 300mm、宽 300mm、高 165mm。其内装置有电动真空泵；上顶中心部分有一橡胶环，以与负压瓶紧密配合；前向侧板上装置有指示灯和电源开关。电动真空泵由微型抽气机构成，真空度可达到 600mm 水银柱。真空泵的抽气管穿过器体顶板，开口于橡胶环内，用于工作时抽出负压瓶内的空气，使瓶内保持一定的负压。负压瓶呈圆柱形，直径 170mm、高 270mm。其下口沿套有一个塑料环，以使负压瓶与器体顶板的橡胶环紧密相接；顶部中央装有一个王浆过滤器，过滤器的王浆出口管道直径 10mm、长 750mm，伸入瓶内。负压瓶内中央放置一个贮浆瓶，用于把吸入的王浆导入王浆过滤器。吸浆头采用直径 6mm、长 100mm 的玻璃管，通过导浆管与王浆过滤器相连。王浆过滤器圆柱形，直径 67mm、高 45mm。其内有一个每厘米 40 目的尼龙过滤网，用于过滤吸进的蜂王浆。

2. 离心式取浆机

离心式取浆机是利用离心力把王台内的蜂王浆分离出来的机具。其分离蜂王浆的原理与分蜜机相同。

FWF 型电动蜂王浆分离机是福建农林大学蜂学学院方文富于 1994 年研制的，由机桶、浆条转篮、浆条压板、蜂王幼虫分离篮、横梁、转动装置和桶盖构成（图 3–45）。这种蜂王浆分离机采用不锈钢制成；机桶桶底自后向前倾斜，桶前向底部有一出浆口，以便导出蜂王浆；浆条转篮每次可承装 40 条产浆条；蜂王幼虫分离篮采用不锈钢纱网制成，用于将蜂王浆与蜂王幼虫从混合物中分离出来，工作时其与浆条转篮同步运转；转动装置主要由 250W 的电动机和其他传动部件构成，装置在分离机下部，用于带动浆条转篮和蜂王幼虫分离篮以 1 800 ～ 1 900rpm/min 的转速分离蜂王浆和蜂王幼虫。

使用时，卸下分离机的上梁，取出浆条转篮，把已切除王台上部蜂蜡台基壁的产浆条装入浆条转篮，随即重新装好浆条转篮和横梁。然后接通电动机电源，电动机驱动浆条转篮和蜂王幼虫分离篮高速旋转，达到一定转速时王台内的蜂王浆和蜂王幼虫即被分离出来。分离出的蜂王浆被甩至桶内壁后汇集于桶底，从出浆口导入贮浆容器；而蜂王幼虫则被截留在蜂王幼虫分离篮中，至一定量时卸下分离篮取出。

图 3–45　FWF 型电动蜂王浆分离机

1. 浆条转篮；2. 蜂王幼虫分离篮；3. 产浆条

3. 移虫机

由浙江三庸蜂业科技有限公司研发的移虫机（发明专利号：201510617178.5），该机主要用于取代人工移虫生产蜂王浆，实现蜂王浆生产移虫的机械化，在减轻广大蜂农劳动强度的同时，极大地提高了蜂王浆生产移虫的效率。移虫机利用吹气法移虫，结构简单，容易操作，速度快，且不伤虫。移虫机设置有机架，放置台基条的结构和供放置专用组合式子脾的结构。机架上下部设置阀组用于控制上下吹气管组成的吹气管，220V 变压 24V 的变压器、电路、气路和空气泵组成移虫机（图 3–46）。

图 3–46　移虫机

主要技术参数

机器规格尺寸：65cm× 36cm× 48cm

整机重量：毛重 59kg，净重 38kg

额定功率：160W

工作电压：220V

电磁阀电压：24V

效率：每小时移虫约 600 根双排台基条

三、钳虫机

由浙江省三庸蜂业科技有限公司研发的产品（专利号：ZL201320378133.3），该机主要用于取代人工钳虫的机械，可实现蜂王浆生产过程中钳虫机械化，在减轻广大蜂农劳动强度的同时，极大地提高蜂王浆的产能。该机采用手动，适用性高，机械耐劳不易损坏。与王浆接触的部件均采用符合 FDA 标准的高强度、高弹性不锈钢，其余部件选用优质钢材、合金铝。该机操作简单，维修方便，工作效率高，能一次性钳取浆碗中的幼虫，且钳爪针基本不带浆，钳出幼虫完整（图 3–47）。

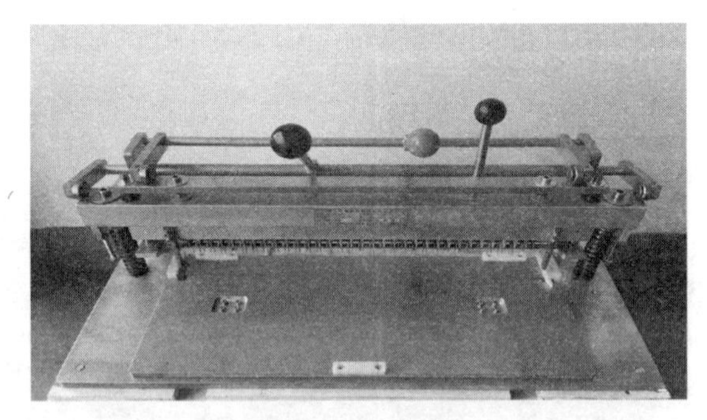

图 3–47　钳虫机

主要技术参数

机械规格尺寸：580mm× 260mm× 320mm

整机重量：毛重 25kg，净重 14kg

功能：手动机械钳虫

效率：每小时钳虫约 600 根台基条

四、蜂王浆挖浆机

由浙江省三庸蜂业科技有限公司研发的产品（图 3–48），该机主要用于取代人工挖取蜂王浆，可以实现蜂王浆挖取机械化，在减轻广大蜂农劳动强度的同时，极大地提高蜂王浆的产能。该机可以手动和电动两用，适用性高，机械耐劳不易损坏，与王浆接触的部件均采用不锈钢和符合 FDA 标准的高强度、高弹性体，其余部件选用优质钢、合金铝、工程塑料制造。该机操作简单，维修方便，工作效率高，能把 32 个浆台一次性取净，每 1 小时电动取净 600 条。所取王浆朵状保持完好，而且该机挖取的王浆干净、卫生、无污染。

图 3–48　蜂王浆挖浆机

主要技术参数

机器型号：QJJ–01

机器规格尺寸：68cm×65cm×62cm

整机重量：毛重 64.2kg，净重 41.5kg

额定功率：40W

工作电压：交流 220V

效率：每小时可挖取 600 条台基条内的王浆

五、真空王浆过滤机

由河北省廊坊市蜂业设备研究所研发的真空王浆过滤机（图3–49），采用负压真空自动上料、研磨过滤设计，机器结构紧凑，外形新颖透明，操作简单。真空自动上料，开启真空泵开关（进料时再开启研磨电机），当真空达到0.07以上再开进料阀门观察进料速度和研磨过滤效果设定进料阀门的大小。该机出料口为304不锈钢阀门，可手动灌装或者链接膏液灌装设备。

①该机接触料液均为304不锈钢食品级、硅胶及有机玻璃，符合国家食品卫生要求。

②使用前或者使用后，对物料接触部位用纯净水清洗。

③该机过滤料液温度不得超过60℃。

④使用当中发现真空度不达标，可紧固拉杆螺丝或者调整垫片，上紧阀门。

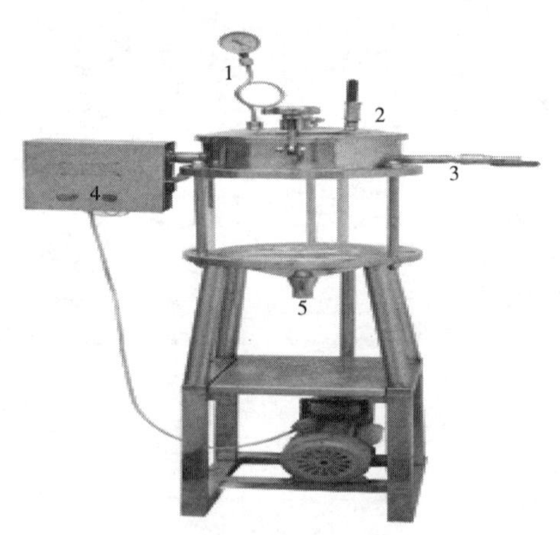

图3–49　真空王浆过滤机

1. 温度计；2. 拉杆；3. 进料口；4. 真空泵开关；5. 出料口

第五节　蜂花粉生产器械

蜂花粉生产器械主要有蜂花粉采集器、蜂花粉干燥器和蜂花粉净化器械等。

一、蜂花粉采集器

蜂花粉采集器是用于截留工蜂采粉归巢所携带的花粉团的器具。它装置在蜂箱的相应位置上，采集花粉的工蜂穿过采集器的脱粉板时，其后足携带花粉团即被刮下，落入采集器的集粉盒中采收。蜂花粉采集器按其使用时装置在蜂箱上的方位，大体分为巢前式蜂花粉采集器、箱底式蜂花粉采集器、继箱式蜂花粉采集器和箱顶式蜂花粉采集器 4 个类型。

1. 巢前式蜂花粉采集器

巢前式蜂花粉采集器较常见的是置于巢门上使用的巢门蜂花粉采集器，也有悬挂在巢箱与继箱之间的悬挂式蜂花粉采集器。这类蜂花粉采集器具有体积较小、使用方便、采收的蜂花粉较洁净等优点，但其脱粉板面积小，巢门前常常拥塞，影响蜜蜂进出蜂巢，适用于少量采收蜂花粉。

FJ–3 型全塑蜂花粉采集器是中国农业科学院蜜蜂研究所于 1983 年研制，由脱粉板、落粉栅、雄蜂出口、集粉盒和顶罩等部件组配而成（图 3–50）。脱粉板采用乳白色的无毒塑料注塑而成，大小为 168mm×53mm；脱粉孔圆形，直径为 5 ～ 5.1mm，各排脱粉孔之间设计有加强条，既可提高脱粉板的强度，又便于蜜蜂通过脱粉孔。落粉栅采用乳白色的无毒塑料注塑而成，槽孔的宽度为 3mm，装置在集粉盒上方，用于阻止蜜蜂进入集粉盒。雄蜂出口由单孔脱蜂器构成，装置在脱粉板的一侧。集粉盒采用浅绿色的无毒塑料注塑而成，用于承接被脱粉板截留而落下的花粉团。顶罩采用浅绿色或土黄色的无毒塑料注塑而成，其下部插在集粉盒上部两侧的槽内，构成蜜蜂进出蜂花粉采集器的通道。

2. 箱底式蜂花粉采集器

箱底式蜂花粉采集器形式多样，大多用于活底蜂箱，使用时取代活动底板的位置。这类蜂花粉采集器具有蜂箱巢门位置不变、脱粉板面积大、蜜蜂进出蜂箱便利、蜂箱巢门不会出现混乱现象等优点。

图 3-50　FJ-3 型全塑蜂花粉采集器

箱底式蜂花粉采集器由器体、脱粉屉、雄蜂出口和集粉屉组成（图 3-51）。器体采用厚度为 20mm 的木板制成，其长和宽与蜂箱体相同，高度为 130mm。箱体的前向开设有蜜蜂进入采集器的入口，并设计有蜜蜂踏板；箱体的内部钉有木条滑道，供脱粉屉和集粉屉从器体的后向插入。脱粉屉由脱粉板和落粉网装置在屉框内构成。屉框采用木板制成，前框板上有一宽度为 10mm 的槽孔，其与器体前壁的蜜蜂入口相对，作为蜜蜂进入采集器的通道。脱粉板采用双层每厘米 2 目的金属纱网钉在木框上制成，两层纱网间隔 6mm，网眼相互交错 1/3 孔；落粉网采用每厘米 2.8 目的金属纱网钉在木框上制成，其上面钉有 2 根木条，使脱粉网与落粉网之间保持一定间隔 10mm。雄蜂出口由单孔脱粉器构成，装置在前向壁板上沿。集粉屉采用木板制成，使用时插入器内下部。

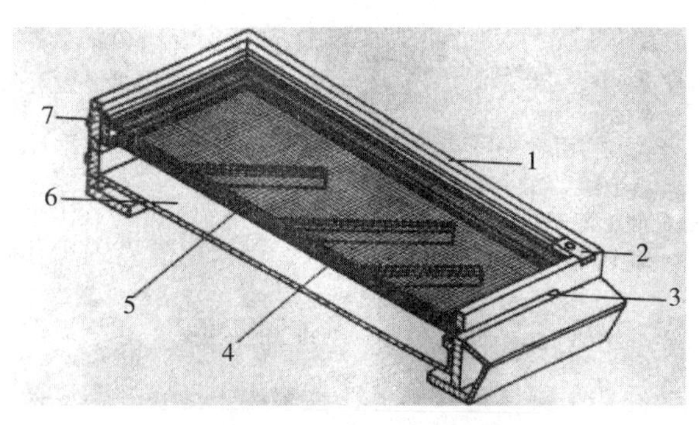

图 3-51　箱底式蜂花粉采集器

（引自 Amer.Bee Jour.，Waller D G，1980）

1. 器体；2. 雄蜂出口；3. 采集器巢门；4. 脱粉板；5. 落粉网；6. 集粉屉；7. 脱粉屉

3. 继箱式蜂花粉采集器

继箱式蜂花粉采集器由器体、脱粉框、挡板和集粉屉组成（图3–52）。器体采用普通继箱箱体改制而成，高 152mm；器体前壁设计有自由飞翔巢门、采集器巢门和蜜蜂出口管（直径 12.7mm、长 57mm）；器体内两侧壁上部各钉有一木条，用于承架脱粉框；器体内前下部有一个由水平挡板和竖向挡板组成的蜜蜂通道，收集器下方的蜜蜂由此通道，经蜜蜂出口管出巢；器体内后部通过一块竖向挡板隔出一个蜜蜂通道，供蜂箱内的蜜蜂相互贯通；器体内前部蜜蜂通道的竖向挡板和后部挡板上分别钉有一木条，作为集粉屉插入器内的导轨；两挡板采用每厘米 3.2 目的金属纱网作底，以利于采集器底部通风。脱粉框由脱粉网和落粉网装置在木框上构成，后部采用每厘米 2.8 目的金属纱网封闭，以防蜜蜂从该处进入蜂箱。采粉时，脱粉框放在器内侧壁的两木条上。脱粉网采用双层每厘米 2 目的金属纱网钉在木框顶板上构成，两层纱网间

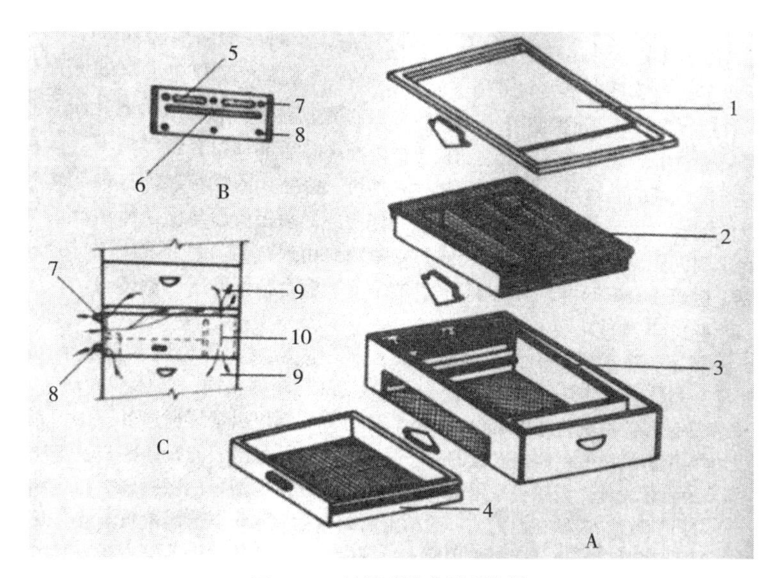

图 3–52　继箱式蜂花粉采集器

A. 采集器分解图；B. 采集器器体前板；C. 采集器使用情况及蜜蜂在器内运动情况

1. 挡板；2. 脱粉框；3. 器体；4. 集粉屉；5. 自由飞翔巢门；

6. 采集器巢门；7. 上出口；8. 下出口；9. 蜂箱箱体；10. 采集器

隔 6mm，网眼相互交错 1/3 孔；落粉网采用每厘米 2.8 目的金属纱网钉在木框的底部构成。挡板由一块薄板嵌装在一个长和宽与器体外围相同的框内而成，用于承接采集器上方蜂巢落下的杂物；挡板框内前部和后部都留有蜜蜂通道，前部通道供继箱的蜜蜂出巢，后部通道供蜜蜂进入蜂箱，同时与器体后部的蜜蜂通道配合，使采集器上下方箱体的蜜蜂能贯通；薄板板面与框条所形成的平面之间间距为一个蜂路距离（6mm）。集粉屉由底部钉有纱网的屉框构成，两个侧框设计有滑道，以与器体的集粉屉导轨配合，便于插入器体内。

4. 箱顶式蜂花粉采集器

箱顶式蜂花粉采集器由器体、脱粉板、落粉网、集粉屉和盖板构成（图 3–53）。器体采用木板制成，长和宽与蜂箱箱体相同；器体前后敞开，供蜜蜂进入；左侧壁开设集粉屉插孔；底部除后部留出蜜蜂通道外，中、前部均采用木板作底。器内底板的前、后部分别设计有倾斜的蜜蜂踏板，便于蜜蜂通过脱粉板。脱粉板采用金属板冲孔而成。落粉网采用每厘米 2.8 目的金属纱网制成，装置在器内前、后两蜜蜂踏板上。集粉屉采用木板制成，从器体的左侧插入器内。盖板采用薄木板制成，用于盖住器体的中后部。

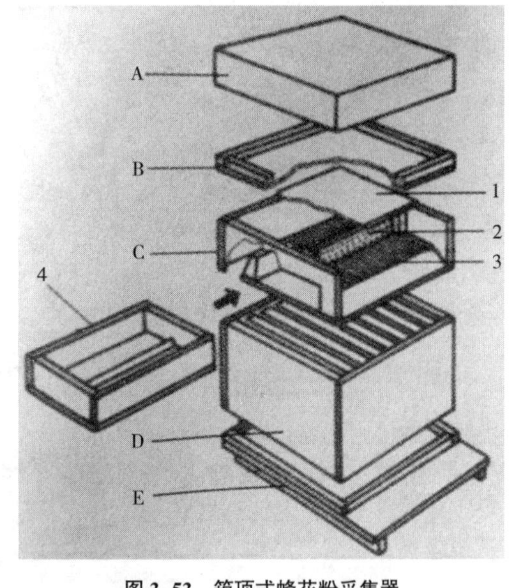

图 3–53　箱顶式蜂花粉采集器

（引自 Le Api，Celli G，1983）

A. 箱盖；B. 副盖；C. 箱顶式蜂花粉采集器；D. 巢箱；E. 活动底板

1. 脱粉器盖板；2. 器底；3. 花粉盘；4. 叶片

二、蜂花粉干燥器

新采收的蜂花粉含水量达 15% ～ 20%，若不及时干燥容易发生霉变，影响蜂花粉质量，甚至造成损失。采用合适的蜂花粉干燥器可及时有效地干燥所采收的蜂花粉，保证所生产蜂花粉的质量。

1. 普遍电热蜂花粉干燥器

微型电热蜂花粉干燥器为层叠式，呈圆柱形，直径 310mm，总高 225mm。全器由器底、花粉盘、叶片、电热装置和控温装置构成（图 3–54）。器底高 220mm，内有一具孔的层板分隔成上、下两室，上室用于装置叶片和供叠放花粉盘，下室用于安装电热装置和控温装置。花粉盘 2 个，呈圆柱形，高 40mm；盘壁采用金属板制成，底部采用细不锈钢纱网制成，使用时先在盘底铺上一块细尼龙纱网，再铺上蜂花粉。叶片直径 280mm，采用铝板制成，装在器底内中央凸出的中轴上。它可在加热后上升的空气推动下转动，从而使器内的热气均匀分布。电热装置功率 300W，可进行 4 个档次的选择。控温装置由双金属片温控器构成，装在器体下部小室内，用于把干燥器的工作温度控制在 40 ～ 45℃。

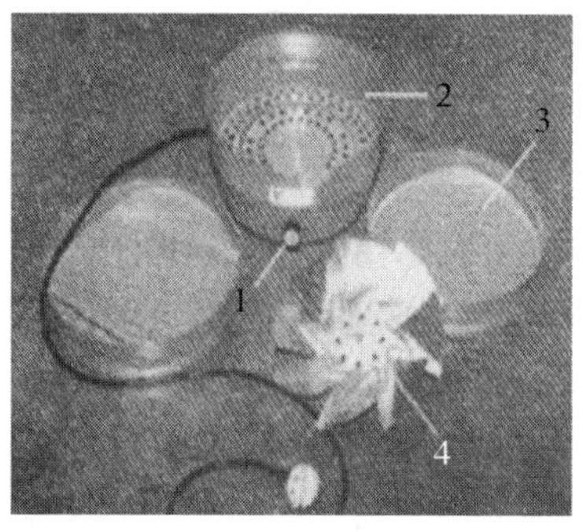

图 3–54　意大利的一种微型电热蜂花粉干燥器

1. 调温旋钮；2. 器底；3. 花粉盒；4. 叶片

福建农林大学蜂学院方文富教授研制的 DHG–1 型电热蜂花粉干燥器，由器体、花粉盘、电热装置和控温装置构成（图 3–55）。器体采用厚度为 11mm 的铝板支撑，长 430mm、宽 310mm、高 370mm；上部体壁均设计有排湿气孔，并在一个侧壁设计有一个供插温度计的圆孔，插入温度计，可随时观察器内工作温度；器体内下部由一具孔的隔板隔出一个小室，供安装电热装置和控温装置。花粉盘 5 个，盘的边框采用 20mm×20mm 的角铝制成，盘底采用每厘米 40 目的尼龙绢布和每厘米 2 目的金属纱网制成。每个花粉盘可容蜂花粉 0.5 ～ 0.6kg。电热装置采用 300W 的电热丝。呈蛇形装在器体小室内。控温装置采用闪动式双金属片温控器，装在器体下部小室内，用于把干燥器的工作温度自动控制在 40 ～ 45℃。

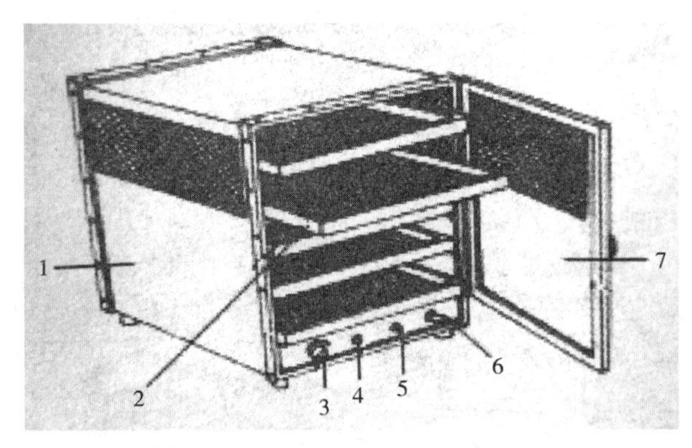

图 3–55 DHG–1 型电热蜂花粉干燥器

1. 器体；2. 花粉盘；3. 调温旋钮；4. 工作指示灯；5. 控温指示灯；6. 电眼开关；7. 器门

2. 远红外电热蜂花粉干燥器

远红外线干燥器主要有远红外干燥箱和传送带式远红外花粉干燥器两种。

远红外花粉干燥箱由器体、花粉盘、电热装置、控温装置和鼓风机等部件构成（图 3–56）。器体采用镀锌铁皮制成，长 380mm、宽 340mm、高 460mm。器的前壁设计有供插入花粉盘的孔口和通气孔；后壁可以启开，以便于器具的保养；顶板装置有小型鼓风机、指示灯、电源开关和调温旋钮；器内两侧壁采用铁纱夹以棉布保温；后箱和顶部均设计有挡板，其与后壁和顶板之间形成各花粉盘间独立的排风道，以便各自排出湿气。花粉盘 4 个，其盘框采用镀锌铁皮制成，盘底采用铁纱制成，使用时，在盘底先铺一块白色的棉布，再铺上蜂花粉；各个花粉盘的前向盘框上均设计有供插入温度计的小孔，以插入温度计观察器内的温度。电热装置为两层采用电远红外加热片组成的电热器；分别装置在上部两花粉盘之间和下部两花粉盘之间，分别同时对上下两个花粉盘内的蜂花粉加热。控温装置采用双金属片温控器构成，装置在器体顶板上，用于把干燥器的工作温度自动控制在 40 ～ 45℃。鼓风机采用小型鼓风机构成，装置在器体顶板中央，用于加速排出器内的湿气。

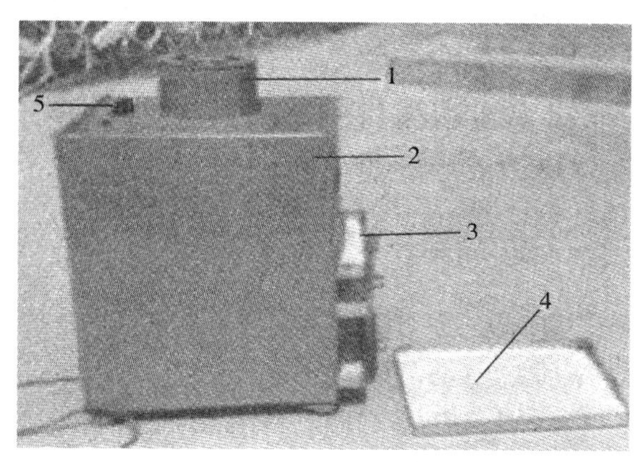

图 3–56　YHG–1 型远红外花粉干燥箱

1. 小型鼓风机；2. 器体；3. 花粉盘；4. 花粉盘；5. 调温旋钮

传送带式远红外蜂花粉干燥器主要由转动带、进料漏斗、远红外灯电热器和蜂花粉容器组成（图 3–57）。转动带由传送带和转动辊组成。传送带宽度为 600mm，工作时蜂花粉从进料漏斗落至带上，在运行中进行干燥。转动辊 2 个，中心距为 2m ，由电动机驱动，带动传送带，以每小时 200mm 的速度运行。进料漏斗采用不锈钢板制成，待干燥的蜂花粉从出口徐徐落至传送带上，送至干燥。远红外灯电热器由 16 个功率为 250W 远红外灯组成，分成两排与传送带平行装在传送带正上方、距传送带 200mm 处。蜂花粉容器采用不锈钢板制成，放在传送带干燥的蜂花粉输出端下方，用于承接干燥的蜂花粉。

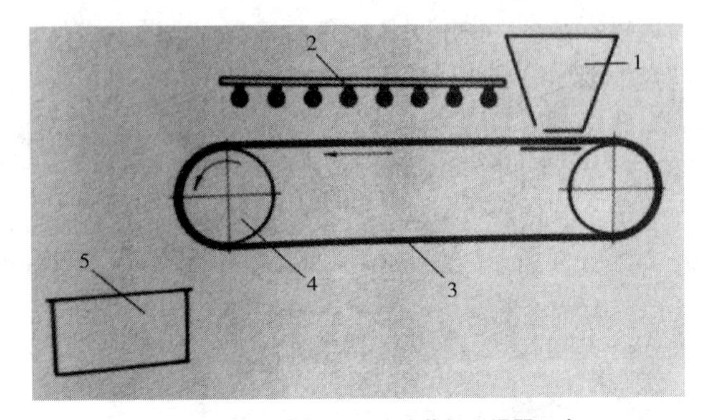

图 3–57 传送带式远红外蜂花粉干燥器示意

（引自 Le Api，Celli G，1983）

1. 进料漏斗；2. 远红外灯电热器；3. 传送带；4. 转动辊；5. 蜂花粉容器

三、蜂花粉净化器械

蜂花粉净化机由机架、原料漏斗、顶层筛盘、鼓风机、底层筛盘和电动装置组成（图 3–58）。机架采用木板制成。原料漏斗采用木板制成，用于装待净化的蜂花粉，底部有一个可调节的蜂花粉出口，用于控制净化蜂花粉的速率。顶层筛盘由一块不锈钢纱网水平装在矩形木盘中而成，用于除去蜂花粉中体积比蜂花粉大的杂质；筛盘上部较低端有一个侧向杂质出口，用于导出筛出的杂质；下部有一个蜂花粉出口，用于把通过顶层筛盘的蜂花粉导入鼓风机。鼓风机圆柱形机身内有一个具鼓风叶片的转子，用于扬除蜂花粉中较轻的杂质，其风道与顶层筛盘蜂花粉出口相应长处有一个蜂花粉通道，以让顶层筛盘的蜂花粉落下，穿过鼓风机至底层筛盘。底层筛盘由两层不锈钢纱网水平装在矩形木盘内而成。上层纱网网眼较大，用于根据体积大小对蜂花粉进行分级，下层纱网网眼较小，用于筛出细小的杂质和花粉团。筛盘的侧向有一个蜂花粉出口，用于导出体积较大的蜂花粉；前向有两个出口，上出口为蜂花粉出口，用于导出相对较小的蜂花粉，下出口为杂质出口，用于导出细小的杂质和花粉团。电动装置由电动机、传动轮、传动带和凸轮传动杆组成。电动机两台，其中一台可调速，用于带动鼓风机转子鼓风；另一台用于带动凸轮传动杆，从而带动 2 个筛盘筛动。凸轮传动杆用于将圆周运动变成直线运动，使 2 个筛盘作直线运动。

图 3–58　蜂花粉净化机

（引自 Amer.Bee Jour.，Iannuzzi J，1984）

1. 原料漏斗；2. 顶层筛盘；3. 机架；4. 电动机；5. 电动机；6. 鼓风机；7. 底层筛盘

第六节　蜂蜡生产器械

蜂蜡采收器械主要有采蜡器、日光熔蜡器、蒸汽熔蜡器和榨蜡器等。

一、采蜡器

采蜡器是用于生产蜂蜡的框架。采用采蜡器生产蜂蜡，不但可以增加蜂蜡的产量，而且可以提高蜂蜡的质量。采蜡器一般采用普通巢框改制而成。改制的方法，一是普通巢框的上梁拆下，在框内上部 1/2 处钉一横木，并在两侧条上端各钉一铁片作框耳，上梁架放在框耳上（图 3–59）；二是在普通巢框内的中部钉上一横木，把巢框分成上下两部分。

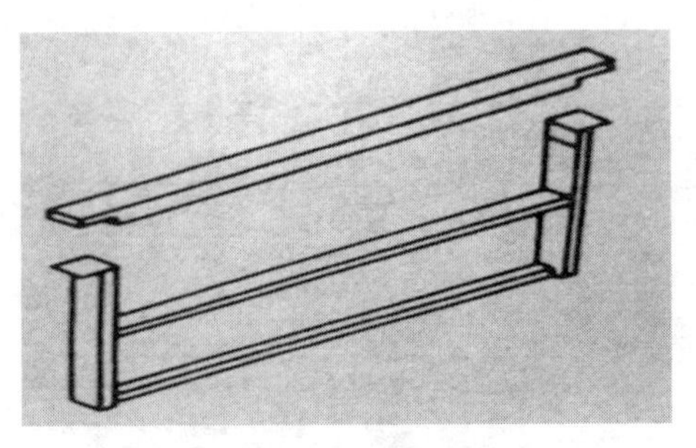

图 3-59　采蜡框

二、日光熔蜡器

日光熔蜡器是利用太阳能提取蜂蜡的器具。它提取蜂蜡省力省工，提取的蜂蜡颜色浅、质量好，并且器内的高温还能杀死蜂蜡中孢子虫的孢子、阿米巴的孢囊和蜂蝇、蜡螟、巢虫、蜂螨等蜜蜂病虫。日光熔蜡器提取蜂蜡的出蜡率在 50% ～ 75%，因此蜡渣应再采用其他蜂蜡提取设备做进一步处理。

日光熔蜡器由器体、接蜡盖、蜂蜡原料搁架、蜡容器、器盖和支架构成（图 3-60）。器体采用杉木或铁板制成，内部涂白漆，使射入器内的太阳光均反射至蜂蜡原料上；外部涂黑漆，以利于吸收太阳光能。器体通常制作严密，以减少箱内外空气对流，防止箱内热量散失。接蜡盘采用不锈钢板制作，用于承接蜂蜡原料受热后滴下的液蜡；其前向有一个出蜡口，用于把盘中的液蜡导入其下的蜡容器内。蜂蜡原料搁架采用硬质不锈钢纱网制成，放在接蜡盘内，用于铺放蜂蜡原料。蜡容器采用不锈钢板制成，用于承接提取的蜂蜡。器盖采用双层玻璃嵌装于木框或铁框内而成；双层玻璃夹层间隔 6 ～ 10mm，以空气隔热防止器内的热通过玻璃传导出去而散失；器盖与器体接合严密，以减少箱内、外空气对流，防止箱内热量散失。支架采用杉木或金属制成，用于将器体支离地面和使器体保持一定的倾斜度，以让太阳光直射入器内。

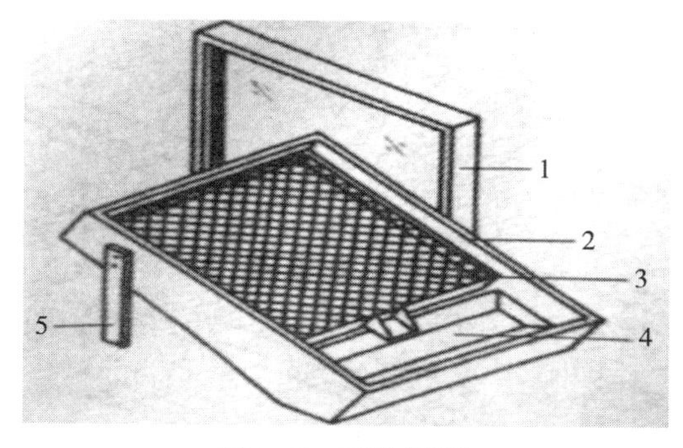

图 3-60　日光熔蜡器

1. 器盖；2. 器体；3. 蜂蜡原料搁架；4. 蜡容器；5. 支架

三、蒸汽熔蜡器

蒸汽熔蜡器是利用蒸汽热提取蜂蜡的器具。它提取蜂蜡的出蜡率可达 70%，但费用较高。目前，蒸汽熔蜡器的型式较多，按其结构大体可分为双重式蒸汽熔蜡器和高压蒸汽熔蜡器两类。

1. 双重式蒸汽熔蜡器

简易蒸汽熔蜡器由外锅、内锅、原料篮和锅盖构成（图 3-61）。内锅、外锅均呈圆柱形，采用不锈钢制作。内锅上部的锅壁设计有供导入蒸汽的蒸汽通孔；下部有一出蜡口，从外锅的侧壁穿出，用于导出提炼出的蜂蜡。原料篮采用不锈钢纱网制成，用于装蜂蜡原料，熔蜡时装置在内锅中。锅盖采用不锈钢板制成。

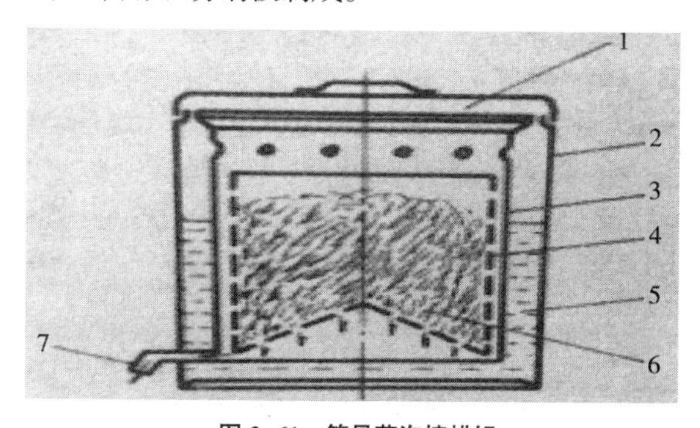

图 3-61　简易蒸汽熔蜡锅

1. 锅盖；2. 外锅；3. 内锅；4. 原料篮；5. 清水；6. 蜂蜡原料；7. 出蜡口

2. 高压蒸汽熔蜡器

高压蒸汽熔蜡器也由外锅、内锅、原料篮和锅盖构成（图 3–62）。外锅采用不锈钢制成，呈圆柱形，直径 530mm，高 630mm。其下部有一排水口，用于工作结束时排出夹层内的水。内锅采用不锈钢制成，呈圆柱形，直径 465mm，高 465mm。其底为倒圆锥形，中央有一出蜡口穿过外锅壁伸出，用于导出内锅提炼出的蜂蜡。原料篮篮体采用冲孔的不锈钢板制成，呈圆柱形，直径 455mm，高 150mm，配有两个长度为 370mm 的提手。锅盖采用不锈钢制成，配有压紧横梁，以在工作时锁紧锅盖。

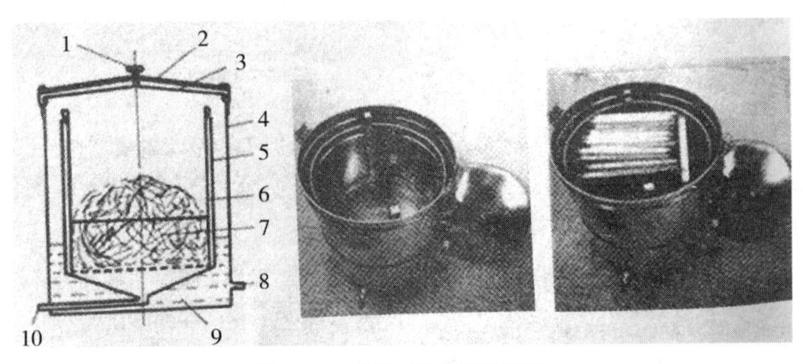

图 3–62　高压蒸汽熔蜡器结构

1. 压紧螺杆；2. 压紧横梁；3. 锅盖；4. 外锅；5. 内锅；
6. 原料篮；7. 蜂蜡原料；8. 排水口；9. 出蜡口；10. 排水口

四、榨蜡器

榨蜡器是利用压力从含蜂蜡的热原料中提取蜂蜡的器具。它除了用于直接提取蜂蜡原料中的蜂蜡外，还可用于进一步提取日光熔蜡器或蒸汽熔蜡器剩下的蜡渣中的蜂蜡。采用榨蜡器提取蜂蜡的出蜡率和效率都较高，但提取的蜂蜡颜色较深。

1. 杠杆榨蜡器

杠杆式榨蜡器是利用杠杆原理施压的榨蜡器。它具有结构简单、可自制等优点，但提取蜂蜡的出蜡率和效率比螺杆榨蜡器和液压榨蜡器的低，仅适宜小蜂场使用。

夹棍式榨蜡器由两根方形木和一个铰链构成（图 3–63）。榨蜡时，趁热把煮烂的蜂蜡原料装入一个小麻袋中，绑牢袋口。随即两只手各持榨蜡器夹棍的一端，张开夹棍夹起把蜂蜡原料中的蜡液挤压出来。在夹压过程中，要经常变换夹压蜂蜡原料的位置，使袋中的蜂蜡原料都能受到挤压。当袋内的蜂蜡原料热度不够时，应再次加热，以使其在榨蜡过程中保持一定热度，便于榨蜡。经几次加热、挤压，即可把蜂蜡原料中绝大部分的蜂蜡榨出。

图 3–63　夹棍式榨蜡器

2. 螺杆榨蜡器

螺杆榨蜡器是利用螺杆下旋施压的榨蜡器。它的出蜡率和工作效率均较高。螺杆榨蜡器由榨蜡桶、施压螺杆、上挤板、下挤板和支架等部件构成（图 3–64）。榨蜡桶采用厚度为 2mm 的铁板制成；桶身呈圆柱形，直径约 350mm，内面间隔装置有木条，在桶内壁上构成许多纵向的长槽，以利于榨蜡时提取出的蜂蜡流下；桶身侧壁下部设计有一个出蜡口。施压螺杆采用直径约 30mm 的优质圆钢车制成，榨蜡时用于下旋对蜂蜡原料施压榨蜡。上、下挤板采用金属制成，其上有许多孔或槽，供导出提炼的蜡液。榨蜡时，下挤板置于桶内底部，上挤板置于蜂蜡原料上方。支架采用金属或坚固的木料制成，用于装置螺杆和榨蜡桶。

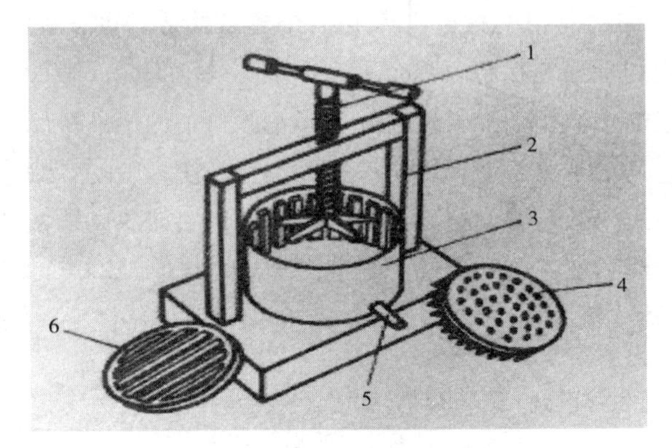

图 3–64　螺杆榨蜡器

1. 施压螺杆；2. 支架；3. 榨蜡桶；4. 下挤板；5. 出蜡口；6. 上挤板

第七节　蜂毒采集器械

一、电取蜂毒器的基本构造

电取蜂毒器是通过电击工蜂能够生产蜂毒的器具。它的形式繁多，但结构基本相同，主要由电源、电网和集毒板 3 个部分组成（图 3–65）。

图 3–65　电取蜂毒器

1. 电源

供给电取蜂毒器电网的电源主要有直流电源、交流电源和脉冲电源3种。直流电源通常采用若干个干电池串联起来，或采用蓄电池，给电网提供12～36V的直流电压。采用直流电源机动性较强，适宜用电不便的蜂场使用，但对电网间歇通电一般需人工控制。交流电源通常采用220V经变压器降压至12～36V的交流电。脉冲电源通常采用以干电池为电源的电子振荡电路产生数十伏的高频振荡电压构成。

2. 电网

通常采用直径1.5～2.2mm的不锈钢线或铜线成排地固定在框架上制成（图3–66）。电网的金属线间隙3～6mm，相邻两条金属线分别与电源不同的极相联，当工蜂与它们接触时即受电击蜇刺排毒。供装置金属线的框架通常采用木板或其他绝缘板。成排的金属线与框架的底板相距约5mm。

图3–66　电网

3. 集毒板

通常由3mm厚的玻璃板和塑料薄膜、尼龙绸或蜡纸构成，玻璃板面与塑料薄膜、尼龙绸或蜡纸间距1～1.5mm。使用时，集毒板插在电网的金属线与框架底板之间，供受电击的工蜂蜇刺排毒。采用这种结构的集毒板，蜂毒通常集于塑料薄膜、尼龙绸或蜡纸的背面和玻璃板表面上，采收的蜂毒较洁净。此外，也有仅采用玻璃板作集毒板，虽也可收集蜂毒，但较不洁净。

二、几种典型的电取蜂毒器

1. QF–1 型蜜蜂电子自动取毒器

QF–1 型蜜蜂电子自动取毒器是福建农林大学蜂学学院缪晓青教授研制，由电网、集毒板和电子振荡电路构成（图 3–67）。电网采用塑料栅板电镀而成。集毒板由塑料薄膜、塑料屉框和玻璃板构成。电源电子电路以 3V 直流电（两节 5 号电池），通过电子振荡电路间隔输出脉冲电压作为电网的电源，同时由电子延时电路自动控制电网总体工作时间。

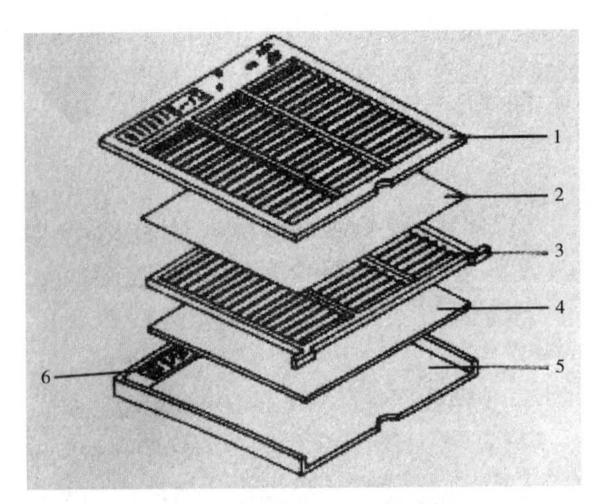

图 3–67　QF–1 型蜜蜂电子自动取毒器

1. 电网；2. 塑料薄膜；3. 塑料屉框；4. 玻璃板；5. 底板；6. 电子电路装置

2. 封闭式蜜蜂蜂毒采集器

封闭式蜜蜂蜂毒采集器由电源控制器、电网箱、取毒板、抖蜂漏斗和储蜂笼等部件构成（图 3–68）。

交、直流电两用，交流电源输入电压为 220V，输出供给电网的电压为 24V、28V、32V 和 36V 共 4 个挡位，通过换挡开关选择；直流电源采用 20 节 1 号干电池，装在器体内的电池盒，输出供给电网的电压为 22.5V 和 36V 两挡，通过换挡开关选择。电网箱由箱体和电网 2 个部分组成，箱体由塑料制成，电网装置在箱体四壁内面和底部。电网箱上盖可开启，盖上设计有投蜂口，以便装进蜜蜂。取毒板采用玻璃板，取蜂毒时插于电网和箱体壁之间。抖蜂漏斗采用塑料薄膜，呈漏斗状；用于将待取毒的蜜蜂装入储蜂笼。贮蜂笼采用尼龙纱网制成，用于净化待取的蜜蜂。

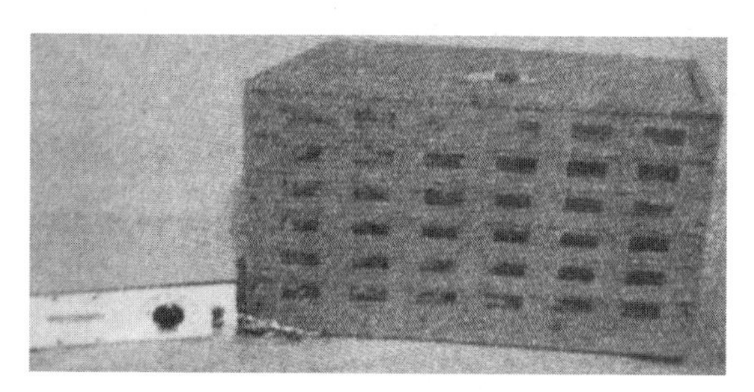

图 3–68　封闭式蜜蜂蜂毒采集器

第八节　蜂胶生产器械

蜂胶采集器是用于生产蜂胶的器具，主要有采胶覆布、副盖式集胶器、格栅集胶器和巢门集胶器等。

一、采胶覆布

采胶覆布是采用麻布、帆布、较厚的土布或塑料纱网制作的蜂箱覆布，其大小与蜂箱体的长和宽相同。

二、副盖式集胶器

1. 纱框采集器

由尼龙纱或每厘米 2.8 目的不锈钢纱网，附在纱盖的另一面或附在与副盖大小相同的框上而成。采胶时，用纱框采胶器取代副盖，让蜜蜂在纱网上聚积蜂胶，几天后取下纱框，低温冻结，再把蜂胶震落收集起来。

2. LFJ–1 型蜂胶收集器

由我国浙江省临海市蜂业开发有限公司于 1991 年研制。采用乳白色的无毒塑料制成（图 3–69）。器上供蜜蜂积胶的槽呈“V”形，蜜蜂容易接受，产胶量高，脱胶快。采胶时，用这种蜂胶收集器取代副盖，2 ～ 3d 后检查蜜蜂在其上积胶的情况，如边缘有 1/3 以上的积胶槽填满蜂胶时，即可取胶。取胶时，将收集器浸入冷水中 2 ～ 3min，待蜂胶硬化后，轻折收集器，蜂胶即脱落。

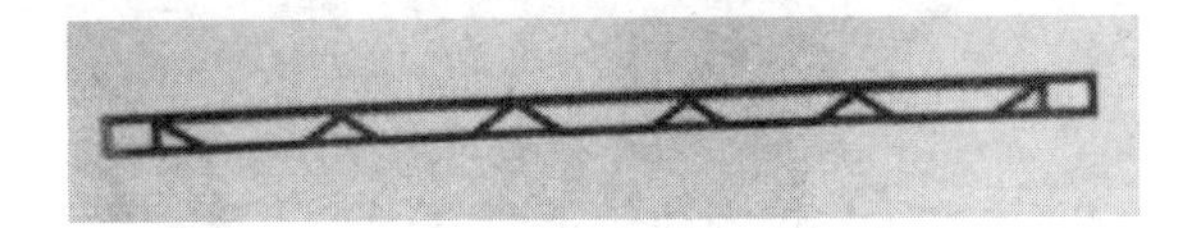

图 3–69　LFJ–1 型蜂胶收集器断面示意

3. 竹制产胶副盖

我国的一种竹制产胶副盖形似竹制的平面隔王板（图 3–70），采集胶栅栏采用直径约 2.8mm 的竹丝制成，栅栏的孔距为 2.6mm。在养蜂生产中，用这种采胶副盖代替蜂箱的副盖，当其上集满蜂胶时，便可取下刮胶。

图 3–70　竹制产胶副盖

三、格栅集胶器

常见的格栅集胶器有板状格栅集胶器和框式格栅集胶器两种。

1. 板状格栅集胶器

采用多条宽 6 ～ 10mm、厚 3mm 的板条串连而成（图 3–71）。采胶时，将格栅置于巢框与副盖之间或上下两箱体之间，也可放在脾外侧作隔板。每隔 15 ～ 20d 采胶 1 次，取胶时可以直接刮取，也可冷冻后震落。

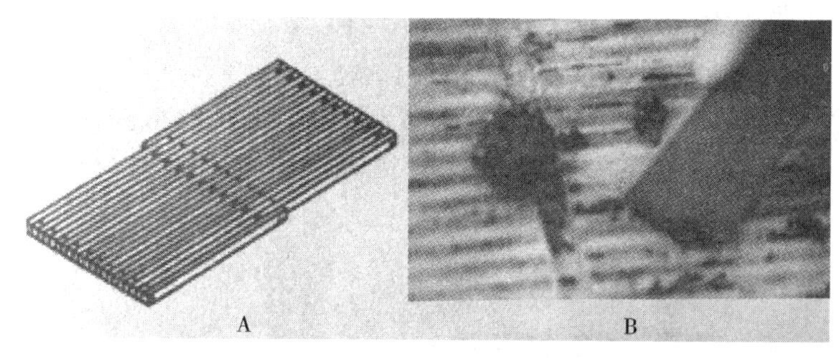

图 3–71　板状格栅集胶器（A）和刮胶情况（B）

2. 框式格栅集胶器

由一个框架装上成排的金属丝构成（图 3–72）。框架形似巢框，厚度仅为巢框的 1/2。金属丝直径 2 ～ 3mm，间距 3 ～ 4mm。供蜜蜂在其间积胶。

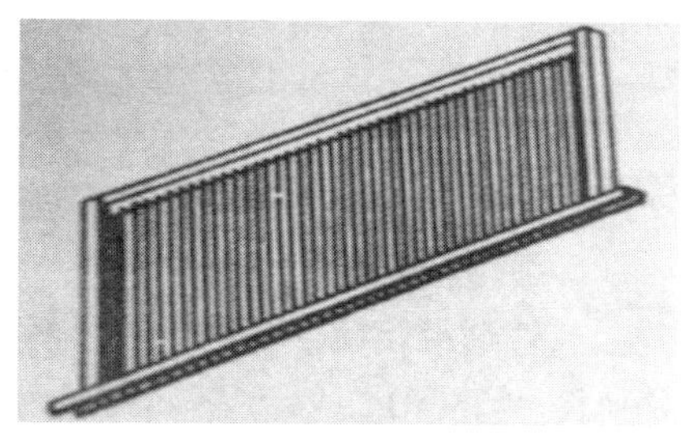

图 3–72　框式格栅集胶器

四、巢门集胶器

巢门集胶器是采用细木条或竹片间隔 3mm 装在一个与巢门板大小相同的框架两侧，中间留有巢门而成（图 3–73）。它较适于多箱体养蜂的蜂群采胶，一般流蜜期、夏季和初秋气温较高时在强群上使用。采胶时，用巢门

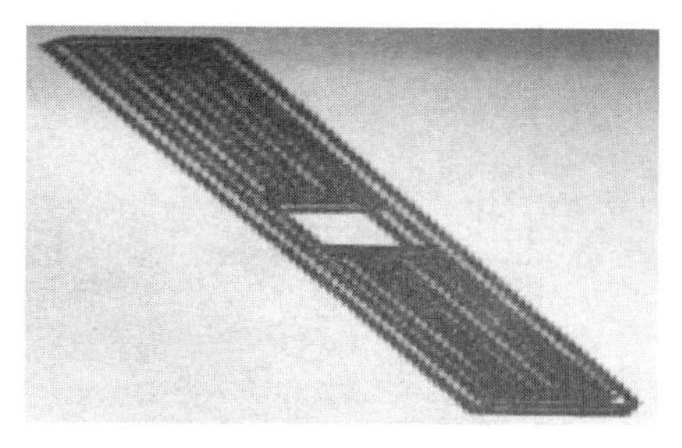

图 3–73　巢门集胶器

集胶器取代巢门板，蜜蜂为缩小巢门和填塞缝隙，在其上聚积蜂胶。每隔 12d 取下刮胶 1 次，一般每次可采胶 40g。

五、箱式集胶器

箱式集胶器有底箱集胶器和继箱集胶器两种。

1. 底箱集胶器

底箱集胶器是在长 505mm、宽 89mm、厚 19mm 的木板上锯出 8 条长 432mm、宽 5mm 的通槽制成（图 3–74）。

图 3–74　底箱集胶器

2. 继箱集胶器

在普通继箱后壁和侧壁的内面挖有多条长 120mm、宽 3.5mm 的细槽（图 3–75 A），或钻有多个直径 10mm 的通孔而成（图 3–75 B）。若采用钻孔的，应在通孔的外部覆盖细铁纱网，以防盗蜂。

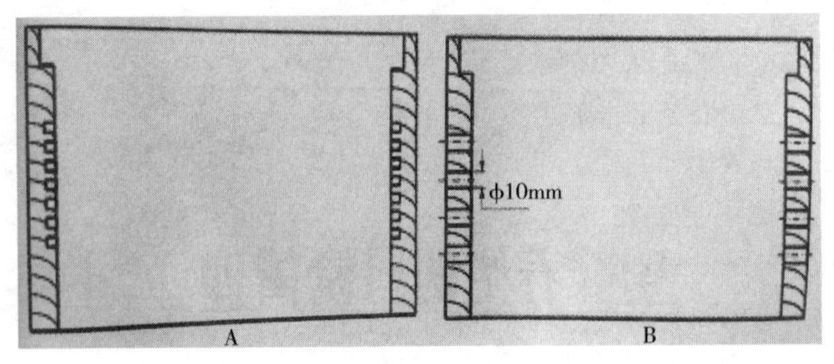

图 3–75　继箱集胶器

六、蜂胶提取机

蜂胶提取机由河北廊坊市蜂业设备研究所研发，见图 3-76。

1. 蜂胶提取加工工艺流程

冷处理→粉碎除杂→溶胶→过滤→提取

乙醇　纯蜂胶

2. 原料处理

蜂胶为胶质性状，受热变软，不易破碎，因此在粉碎之前将蜂胶置于 1 ～ 4℃下冷冻硬后粉碎成粉末，一般以 50 ～ 100 目为宜，然后经过人工处理去杂。

3. 溶胶

15kg 原蜂胶粉加入 95% 的 50kg 乙醇中，在 18 ～ 25℃下浸泡 24h，中间每隔 4 ～ 5h 搅拌 1h，待原胶完全彻底溶于乙醇后置于 1 ～ 4℃下冷却 2h，除尽浮面上的蜂蜡和底层下的杂质再将滤清液进一步过滤。可采用该厂生产的离心超细过滤机（200 ～ 300 目）过滤，也可采用多层细布多级过滤。

4. 提取

开启电加热，当提取罐温度达到 50℃左右，开启真空泵在真空为 0.085MPa 状态下打开进料阀控制大小进料，视镜可观察以细雾状为准，约 30min 进料完关闭进料阀，此时，常压浓缩温度控制在 40℃，物料在底部翻滚，泡沫由大变小，到泡沫变为蚕豆大小，说明接近要求，可以出料。

5. 冷却

在提取过程中，冷凝是不可缺少的装置。冷却装置的水温度越低越好，一般在 10℃以下有利于热交换和酒精完全回收，该回收罐设有试管，可随时看到回到多少乙醇液，可确定蜂胶提取的纯度。

6. 出料

经过过滤浓缩把蜂胶中多余水分和所有乙醇全部回收至冷却罐，而剩下的 99% 纯蜂胶，此时正是黏稠状，应趁热出料，开启上盖或打开下出料阀，将蜂胶放于料盘中，放置于暗处冷存备用。

图 3–76　蜂胶提取机

第九节　辅助工具

一、管理工具

养蜂管理最常用的是起刮刀，采用优质钢锻成，用于开箱时撬动副盖、继箱、巢框、隔王板和刮铲蜂胶、赘脾及清理箱底污物、起小钉等，是管理蜂群不可缺少的工具（图 3–77）。

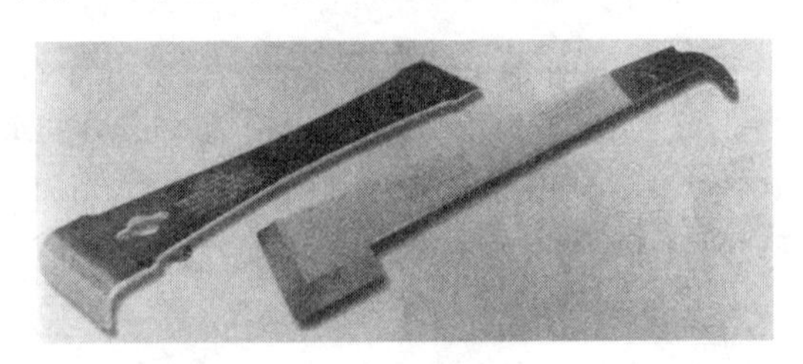

图 3–77　起刮刀

二、防护工具

1. 蜂帽

用于保护头部和颈部免遭蜜蜂蜇刺，有圆形和方形两种（图 3–78），其前向视野部分采用黑色尼龙纱网制作。圆形蜂帽采用黑色纱网和尼龙网制作，为我国养蜂者普遍使用；方形蜂帽由铝合金和铁纱网制作，多为国外养蜂者采用。

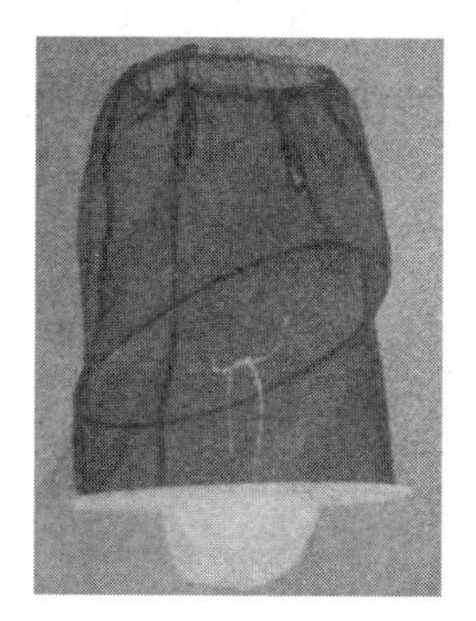
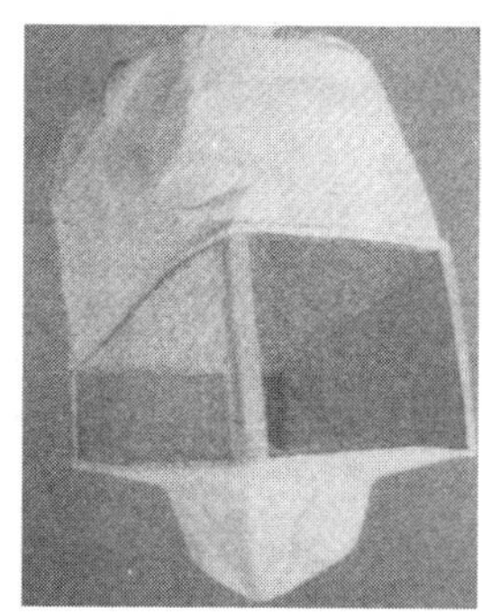

图 3–78　蜂帽

2. 养蜂服装

（1）防护衣服

采用白布缝制，袖口或裤脚口都有松紧带，以防蜜蜂进入。养蜂工作衫常与蜂帽连在一起，蜂帽不用时垂挂于身后。养蜂套服通常制成衣裤连成一体的形式，前面装拉链（图 3–79）。

图 3–79　穿戴防蜂衣帽

（2）防护手套

由质地厚、密的白色帆布缝合制成，长及肘部，端部沾有橡胶膜或直接用皮革制成，袖口采用能松紧的橡胶带缩小缝隙，用于保护手部。

三、喷烟器

在进行蜂群检查、采收蜂蜜、生产王浆、培育蜂王等作业时，蜜蜂常常会因蜂巢受到干扰而蜇刺操作人员，影响工作效率。因此，在从事与蜜蜂直接接触的操作时，常常借助喷烟器喷烟镇服蜜蜂，以保证操作人员的安全和工作的顺利进行。

喷烟器是用于发烟、喷烟镇服蜜蜂的器具。型式多种，但按其鼓风装置大体可分为风箱式喷烟器、电动式喷烟器和发条式喷烟器3种。

1. 风箱式喷烟器

风箱式喷烟器结构简单、造价低、可根据需要掌握烟量。风箱式喷烟器由燃烧炉、炉盖和风箱构成（图3–80）。燃烧炉呈圆柱形，直径100mm，高254mm和173mm两种，采用不锈钢板或镀锌铁皮制成，用于装发烟燃料点燃发烟。燃烧炉的侧壁下部有一个通气管，与蜂箱的出气孔相对，一方面可把风箱鼓出的风引入燃烧炉，另一方面可使燃烧炉保持通风，维持燃料闷燃。燃烧炉内有一个炉栅，用于支起燃料，以利于炉底通风，使炉内

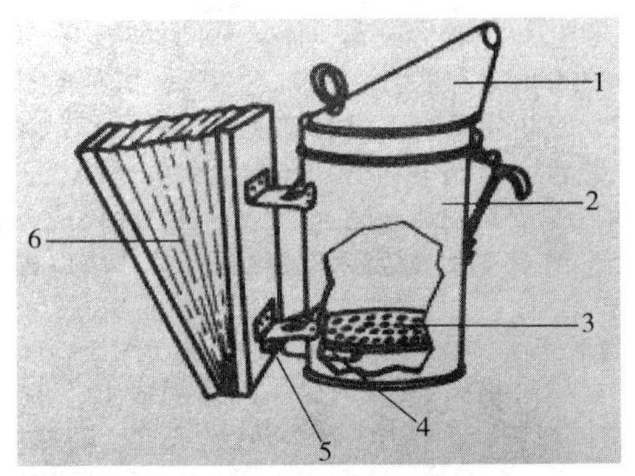

图3–80　风箱式喷烟器

（引自 The ABC and XYZ OF Bee Culture，Root A I，1980）

1. 炉盖；2. 燃烧炉；3. 炉栅；4. 通气管；5. 出气孔；6. 风箱

燃料保持闷燃。炉盖大都呈斜圆锥形，通常采用铰链与炉体连接；炉盖上的喷烟口朝向侧面，喷烟时只要略将器身倾斜，便可把烟喷到需要喷烟处。蜂箱由两块木板中间夹以弹簧，并在四周钉上皮革制成，用于鼓风助燃和喷烟；蜂箱的内侧板下部有一个出气孔，用以把鼓出的风送入燃烧炉内。

2. 电动式喷烟器

电动式喷烟器由燃烧炉、炉盖、电动鼓风装置和提把构成（图3–81）。整个喷烟器分成上下两个部分，上部为燃烧炉，下部是圆柱形盒体；燃烧炉和盒体之间采用4个螺丝联成一体，其间保持10～15mm的间隔，以通气和隔热。燃烧炉的底部有许多直径5～6mm的通气孔。炉盖除了在盖内增设一道铁纱网，以防使用时火星和烟灰冒出来外，其他结构与蜂箱式喷烟器相同。电动鼓风装置由微型电动机、螺旋桨和电池构成。电动机和电池安装在圆柱形盒体内。螺旋桨安装在燃烧炉炉栅与炉底构成的空间内。提把采用电木制成，其上装有电动鼓风装置的电源开关，用以控制鼓风喷烟。

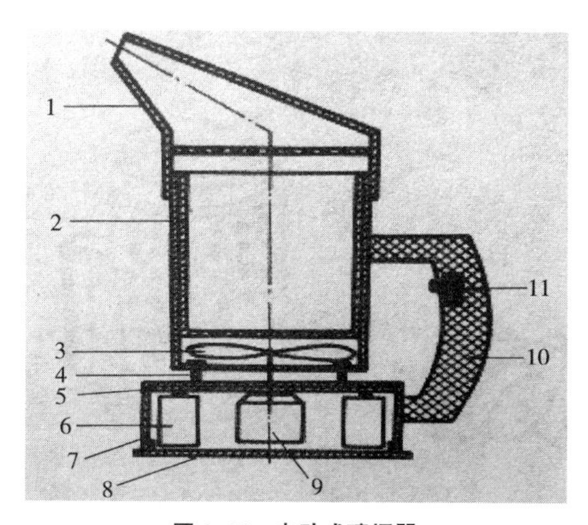

图3–81　电动式喷烟器

1. 炉盖；2. 燃烧炉；3. 螺旋桨；4. 螺丝；5. 隔热材料；6. 电池；
7. 盒体；8. 盒底盖；9. 微型电动机；10. 提把；11. 电源开关

3. 发条式喷烟器

发条式喷烟器由器体、鼓风装置和提把构成（图3–82）。器体比风箱式喷烟器的小，带有隔热护套。器体内有一间壁隔成上、下两室，上室约占 2/3 空间，用作燃烧炉，下室用以安装鼓风装置；间壁上有一个直径为 10mm 的圆孔，用以把鼓风机生产的风导入燃烧炉内。鼓风装置由机械转动装置和微型鼓风机组成。机械转动装置类似钟表的转动装置，以发条为动力驱动齿轮转动，从而带动安装在齿轮转动轴上的鼓风机叶片转动鼓风。机械转动装置上设计有制动装置，其操作杆伸出器体外以便控制；机械转动装置的发条上紧器也伸出器外，便于随时上紧发条。

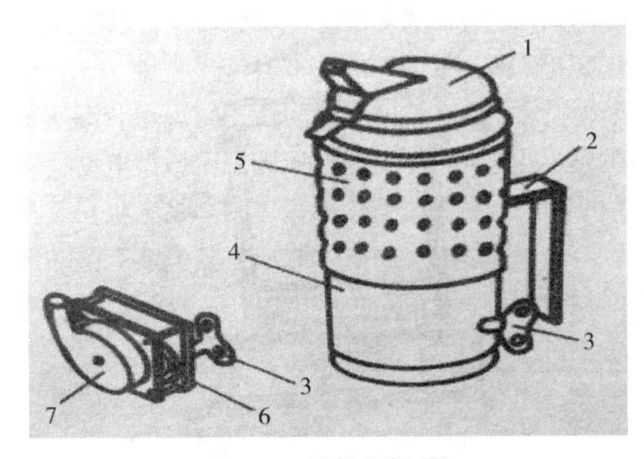

图 3–82 发条式喷烟器

1. 炉盖；2. 提把；3. 发条上紧器；4. 器体；5. 防护罩；6. 转动装置；7. 微型鼓风机

四、饲喂工具

饲喂器是用来盛装饲料供蜜蜂取食的容器，主要是流体饲料饲喂器，用来盛装糖浆、蜂蜜和水供蜜蜂取食。大体可分成巢门饲喂器、巢内饲喂器、箱底饲喂器和箱顶饲喂器四类。

（一）巢门饲喂器

巢门饲喂器插在蜂箱的巢门口供蜜蜂取食。

1. 瓶式巢门饲喂器

瓶式巢门饲喂器由一个广口瓶和一个木底座组成（图 3–83）。广口

图 3-83 瓶式巢门饲喂器

瓶可容纳 0.5 ～ 1kg 糖浆，瓶盖上钻有若干直径 1mm 的小孔供蜂吸食。木底座上部有可倒插广口瓶的圆孔，当瓶子倒装在圆孔内时，瓶口距底座板约有 10mm 的距离作为蜜蜂取食通道；木底座的一端呈台阶状，使用时用于插在不同高度的巢门上。

使用时，把已装满糖浆的广口瓶盖子盖紧，并迅速倒插于底座的圆孔内，然后将木底座的台阶状一端插入巢门，供蜂吸食。

2. 巢门饲喂器构造

巢门饲喂器由器体和器盖组成。器体呈圆锥台形，口径约 90mm，底部直径约为 80mm，高约 106mm，可容糖浆 0.5 ～ 0.75kg；器体上口沿有一个槽口，与器盖配合形成糖浆出口。器盖呈浅盘状，具高约 3mm 的边，以与器体接合。

（二）巢内饲喂器

巢内饲喂器主要有框式饲喂器和上梁式饲喂器等型式。

1. 框式饲喂器

框式饲喂器有全框式饲喂器、半框式饲喂器和浅框式饲喂器 3 种（图 3-84）。

（1）全框式饲喂器

通常采用胶合板、纤维板和塑料制成，其形状和大小与巢框相同。木制的框式饲喂器有类似巢框，但上梁中间断开一节的框架两侧钉上胶合板或纤维板构成（图 3-84 A）；塑料制的则通过注塑而成。器内平放一块薄木板或纵放一片无毒塑料纱网供蜜蜂取食时攀附，避免蜜蜂溺死。框式饲喂器可容纳糖浆约 2.5kg，适于大量补助饲喂。

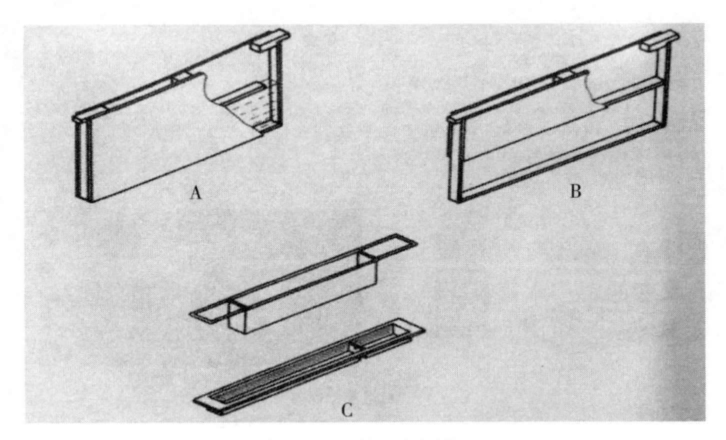

图 3–84　框式饲喂器

A. 全框式饲喂器；B. 半框式饲喂器；C. 浅框式饲喂器

（2）半框式饲喂器

半框式饲喂器通常采用木框架和胶合板制成，形似巢框。其上半部结构与全框式饲喂器相同，下半部的结构与普通巢框相同（图 3–84 B）。这种饲喂器可容纳糖浆约 1kg，适用于补助饲喂。

（3）浅框式饲喂器

浅框式饲喂器有金属浅框式饲喂器和塑料浅框式饲喂器两种（图 3–84 C）。金属浅框式饲喂器采用镀锌铁皮和粗铁线制成。盛糖浆的盒体长 380mm、宽 30mm、高 70mm，可容纳糖浆约 0.7kg，用于补助饲喂。塑料浅框式饲喂器采用塑料注塑而成。盒体分成两个大小不同的区，分别用于补助饲喂和奖励饲喂。这种饲喂器可容纳糖浆约 1kg。

2. 上梁式饲喂器

上梁式饲喂器由普通巢框的上梁凿槽形成（图 3–85）。有的把巢框上梁设计得比较厚，以凿槽作饲喂器。采用这种饲喂器具有不增加附件、不多占巢内空间

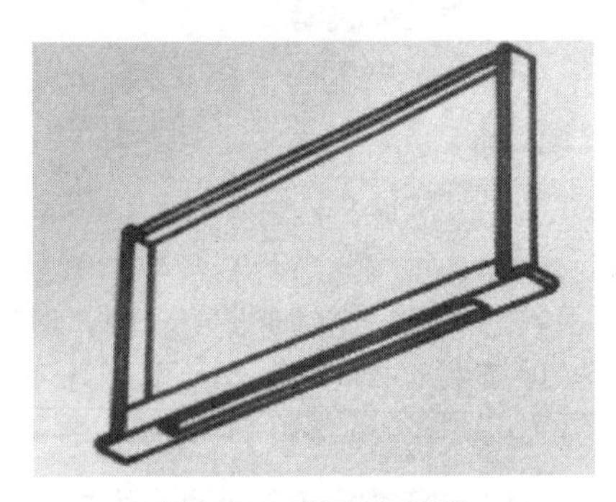

图 3–85　上梁式饲喂器

和巢顶温度高等优点，尤适用于弱小蜂群和交尾群。上梁饲喂器容量有限，仅适于奖励饲喂。一般每个蜂群采用 1 ～ 3 个即可。

（三）箱底饲喂器

箱底饲喂器置于蜂箱底供蜜蜂取食。它采用木板制成，长度比活底蜂箱体外围的宽度长出 80mm，宽 60mm，高 48mm。器内由一隔板横向隔成蜜蜂取食区和加糖浆区，两区通过隔板下部高 2 ～ 3mm 的间隙相通，以让加入的糖浆进入蜜蜂取食区。蜜蜂取食区的长度与蜂箱体外围宽度相同，其内纵向设计有 3 ～ 4 块薄木板，以增加蜜蜂爬附面积，供较多的蜜蜂同时取食。加糖浆区长度约为 80mm，露出箱外，可在箱外给饲喂器加入糖浆。加糖浆区配有插板盖，以防盗蜂。

箱底饲喂器适用于活底蜂箱。使用时，将活底蜂箱的活动底板向前移一个饲喂器的宽度，然后把饲喂器放置于蜂箱底部向前移出的空位上，并使蜜蜂取食区上口紧靠箱体下沿。最后通过加糖浆区加入糖浆喂蜂。

（四）箱顶饲喂器

箱顶饲喂器使用时置于蜂箱体的上方供蜜蜂取食（图 3–86）。它具有容量大有利于蜜蜂取食、饲喂时不必开箱和常年可寄放于蜂箱上等优点，在国外使用较多。

箱顶饲喂器通常采用木板、纤维板或塑料制成，呈矩形或圆形。器内用蜜蜂限制罩分成两区，罩内为蜜蜂吸蜜区，罩外为贮蜜区。吸蜜区有蜜蜂进入的通道，箱内的蜜蜂通过它进入器内取食。贮蜜区用于盛装加入的糖浆。蜜蜂限制罩通常采用木板、透明塑料、金属板或纱网构成，用于限制蜜蜂在吸蜜区内取食和防止蜜蜂进入贮蜜区溺死。它的下沿通常设计有小缺口，供贮蜜区内的糖浆流入吸蜜区。限制罩大部分都设计成可拆的，以便饲喂结束后取下，让蜜蜂进入贮蜜区清理残余的糖浆。

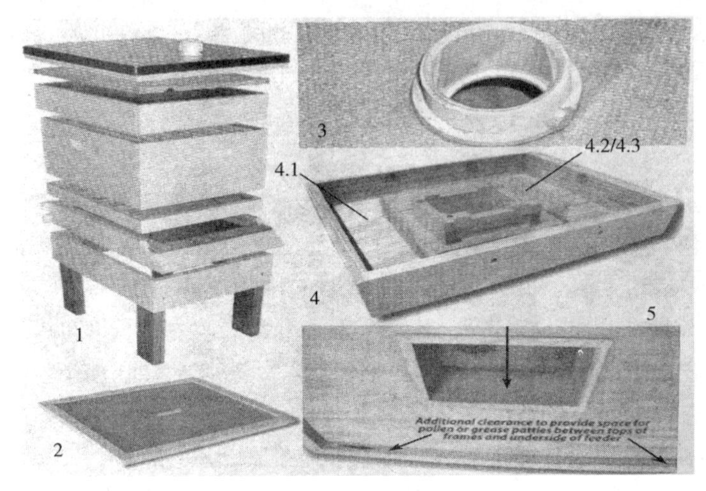

图 3–86　箱顶饲喂器

（引自 www.draperbee.com）

1. 器体；2；副盖；3. 加料孔；4. 正面观；4.1 贮存糖浆槽；4.2 隔蜂网罩；4.3 蜜蜂吮吸区；5. 背（下）面观，蜜蜂通道

箱顶饲喂器的型式繁多，但根据其置于箱顶部位的不同，大体可分为箱式箱顶饲喂器和盘式箱顶饲喂器两类。

1. 箱式箱顶饲喂器

使用时置于蜂箱箱体与副盖之间。它通常采用木板或塑料制成，长度和宽度与蜂箱相同，但高度仅 60 ～ 100mm，容糖浆量约 10kg。

（1）Miller 式箱顶饲喂器

Miller 式箱顶饲喂器是典型的箱顶饲喂器之一，蜜蜂吸蜜区通常设置在器内中央纵向长方向上。蜜蜂限制罩可开启，便于清理（图 3–87）。

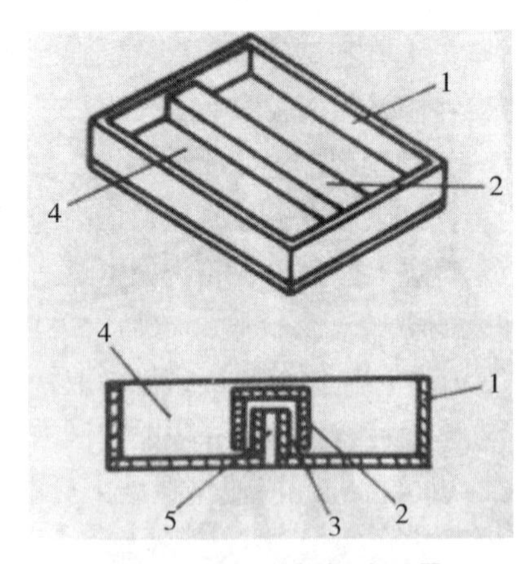

图 3–87　Miller 式箱顶饲喂器

1. 器体；2. 蜜蜂限制罩；3. 蜜蜂吸蜜区；4. 贮蜜区；5. 蜜蜂通道

Miller 式箱顶饲喂器在国外

流行较广。有的养蜂者根据它的原理把蜜蜂吸蜜区通常设置在器体的一边，并采用每厘米 2.8 目的铁纱网制作蜜蜂限制罩，既利于蜜蜂附着，又利于群蜂通风，获得了较好的使用效果。

（2）Adam 式箱顶饲喂器

Adam 式箱顶饲喂器的蜜蜂吸蜜区设置在器体内中心，由正四棱柱台形的木块与铁制方形的蜜蜂限制罩构成（图 3–88），木块的中心有直径为 20mm 的圆孔，作蜜蜂通道。饲喂器高约 70mm，能容纳 5kg 糖浆。由于供蜜蜂附着取食的面积小，饲喂的效率较低。

2. 盘式箱顶饲喂器

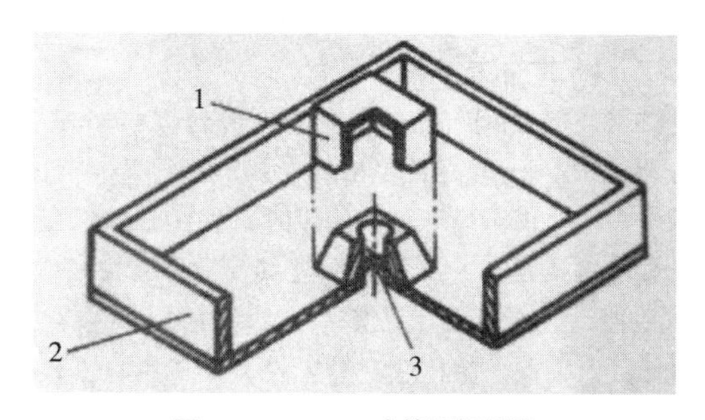

图 3–88　Adam 式箱顶饲喂器

1. 蜜蜂限制罩；2. 器体；3. 蜜蜂通道

盘式箱顶饲喂器置于副盖与箱盖之间，因此在蜂箱副盖中心必须凿出一个比饲喂器蜜蜂通道略大的圆孔，以搭接饲喂器的蜜蜂通道和供蜜蜂进入饲喂器取食；并且要在副盖与箱盖之间加一个空继箱架高箱盖。盘式箱顶饲喂器大多采用塑料制成，大都设计有器盖，以防盗蜂（图 3–89）。这种饲喂器能容纳 1 ～ 10kg 糖浆。

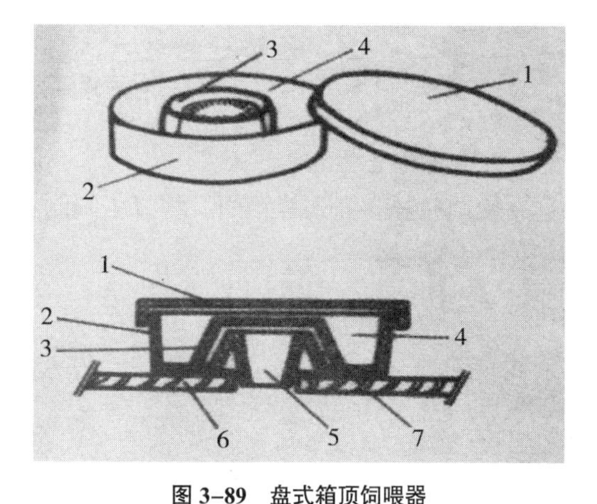

图 3–89　盘式箱顶饲喂器

1. 器盖；2. 器体；3. 蜜蜂限制罩；4. 贮蜜区；5. 蜜蜂通道；6. 副盖；7. 蜜蜂吸蜜区

除了上述的两类箱顶饲喂器外，美国还设计了一种塑料桶式箱顶饲喂器，有容量为 7kg 和 14kg 两种规格。它的原理与瓶式饲喂器相同，桶盖的中心设计有许多小孔供蜜蜂取食。使用时，把饲喂器倒置于最上层蜂箱的框梁上；或在蜂箱副盖凿 1 ～ 3 个大小与饲喂器的饲喂孔相近的通孔，把 1 ～ 3 个这种饲喂器倒置于副盖上，饲喂孔对准副盖的通孔，然后再在蜂箱上加一空继箱并盖上箱盖。这种饲喂器容量大，用于补助饲喂。

五、限王工具

限制蜂王活动范围的工具，有隔王板和王笼等。有平面和立面两种，均由隔王栅板镶嵌在框架上构成。它使蜂巢隔离为繁殖区和生产区，即育虫区与贮蜜区、育王区和产浆区，以便提高产量和质量。

1. 平面隔王板

使用时水平置于上、下两箱体之间，把蜂王限制在育虫箱内繁殖（图 3–90）。

图 3–90　平面隔王板

2. 立面隔王板

使用时竖立插入蜂箱内，将蜂王限制在巢箱选定的巢脾上产卵繁殖（图 3–91）。

图 3–91　立面隔王板

3. 拼合隔王板

由立面隔王板和局部平面隔王板构成，把蜂王限制在巢箱特定的巢脾上产卵，而巢箱和继箱之间无隔王板阻拦，让工蜂顺畅地通过上下继箱，以提高效率。在养蜂生产上，应用于雄蜂蛹的生产和机械化或程序化蜂王浆生产（图 3–92）。

图 3–92　拼合隔王板

4. 王笼

秋末、春初断子治螨和换王时，常用来禁闭蜂王或包裹报纸介绍蜂王（图 3–93）。

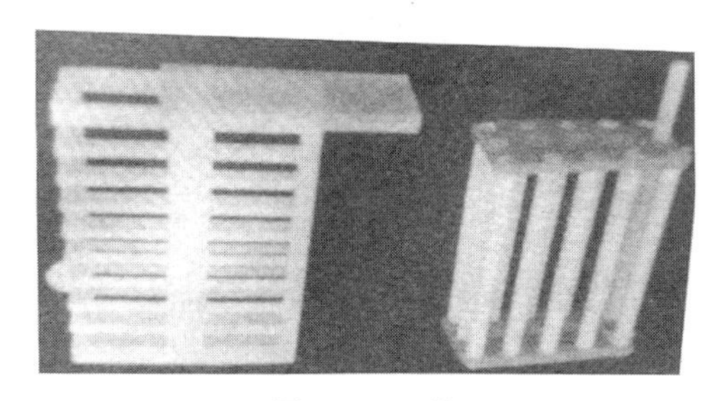

图 3–93　王笼

六、上础工具

将蜂蜡巢础固定在巢框或巢蜜格中的工具。

（一）巢础埋线器

1. 埋线板

由 1 块长度和宽度分别略小于巢框的内围宽度和高度、厚度为 15 ～ 20mm 的木质平板，配上两条垫木构成（图 3–94）。埋线时置于框内巢础下面作垫板，并在其上垫一块湿布，防止蜂蜡与埋线板粘连。

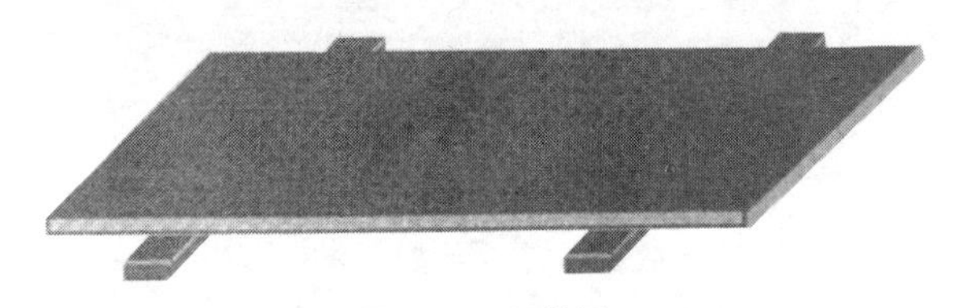

图 3–94　埋线板

2. 埋线器

（1）烙铁埋线器

由尖端带凹槽的四棱柱形铜块配上手柄构成（图 3–95）。使用时，把铜块端置于火上加热，然后手持埋线器，将凹槽扣在框线上，轻压并顺框线滑过，使框线下面的础蜡熔化，并与框线粘合。

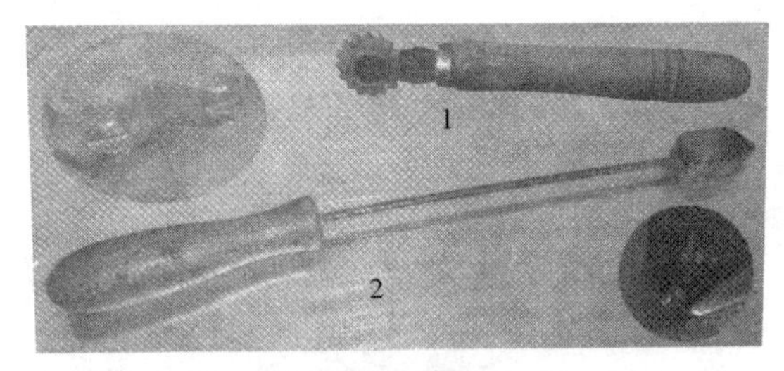

图 3–95　埋线器

1. 齿轮式；2. 烙铁式

（2）齿轮埋线器

由齿轮配上手柄构成。齿轮采用金属制成，齿尖有凹槽（图 3–95）。使用时，凹槽卡在框线上，用力下压并沿框线向前滚动，即可把框线压入巢础。

（3）电热埋线器

电流通过框线时产生热量，将蜂蜡熔化，断开电源，框线与巢础粘合（图 3–96）。输入电压 220V，埋线电压 9V，功率 100W，埋线速度为每框 7 ～ 8s。

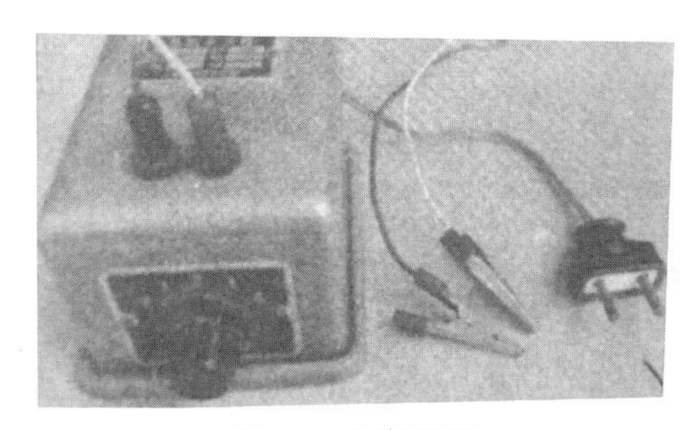

图 3–96　电热埋线器

（二）巢础固定器

用于将巢础固定在巢框上梁腹面或础线上（图 3–97）。

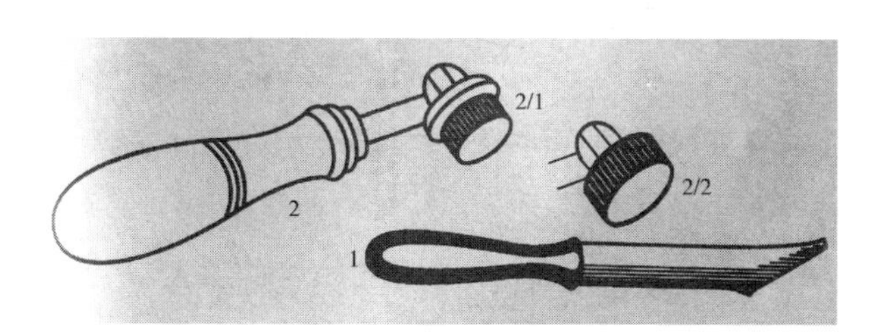

图 3–97　巢础固定器

1. 压边器；2. 蜡液管；2/1 蜡液管的通气孔；2/2 蜡液管的出蜡口

1. 蜡管

采用不锈钢制成，由蜡液管配上手柄构成。使用时，把蜡管插入熔蜡器中装满蜡液，握住蜡管的手柄，并用大拇指压住蜡液管的通气孔，然后提起灌蜡。灌蜡时将蜡液管的出蜡口靠在巢框上梁腹面础沟口上，松开大拇指，蜡液即从出蜡口流出，沿着槽口移动灌蜡。整个础沟都灌上蜡液，即完成巢框的灌蜡固定巢础工作。

2. 压边器

由金属辊配上手柄构成，用于将巢础粘在巢框上或巢蜜格础线上。

七、运载工具

（一）蜂箱装载机

蜂箱装载机与蜂箱底座相结合，将成组摆放在底座上的蜂群，装上运输车或从车上卸下来。叉把为两人抬蜂箱的专用工具（图 3–98）。

图 3–98　蜂箱装载车

（二）集约化养蜂平台——五征养蜂专用车

为了让养蜂车更适应中国养蜂业现状，满足更多养蜂人的需求，全国人大代表宋心仿老师和五征集团联合研制养蜂车（图 3–99），该养蜂专用车设置紧凑，功能齐全，既方便蜂群运输，又有利生产，可改善生活，能大大提高养蜂产量和效益，非常适合养蜂转地饲养。五征养蜂车改变了养蜂的生产模式，由地面分散饲养变为车上摞叠饲养。养蜂车改写了养蜂的历史，由手工劳作变为机械化生产，由陈旧落后跃为科学先进行列。

1. 五征养蜂车车型种类

（1）大型 A：带房，车厢 6.9m×2.4m，两侧固定饲养 80 群，通道可装载 70 ～ 80 群，可共运载 150 ～ 160 继箱群。

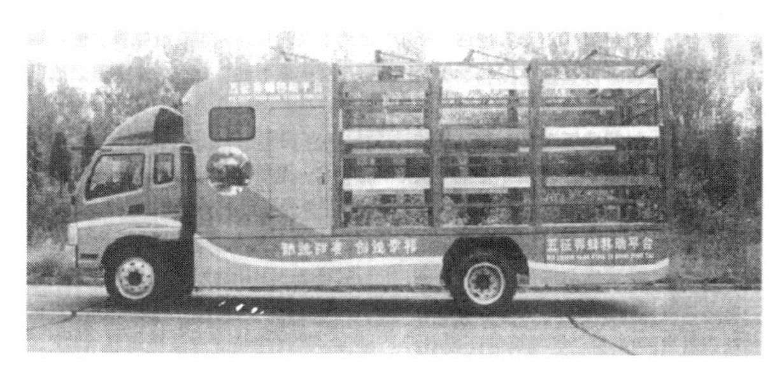

图 3-99　五征养蜂专用车

（2）大型 B：不带房，车厢 6.9m×2.4m，两侧固定饲养 112 群，通道可装载 100 ～ 110 群，可共运载 210 ～ 220 继箱群。

（3）小型 A：带房，车厢 6.0m×2.2m，两侧固定饲养 64 群，通道可装载 50 ～ 60 群，可共运载 110 ～ 120 继箱群。

（4）小型 B：不带房，车厢 6.0m×2.2m，其中固定饲养 96 群，通道可装载 80 ～ 90 群，可共运载 170 ～ 180 继箱群。

2. 房车

养蜂专用车上装备有 4.8m^2 的小房，房内配置有多功能折叠工作台，可用于生活和移虫、取浆等生产活动；在房内可享受舒适安逸生活，也可安全卫生生产。

3. 电源

养蜂专用车上除汽车电源外，还可选配小型汽油发电机组。

4. 便于拆装

该养蜂专用车的专用机件，便于安装，也方便拆卸，可根据生产需要，灵活决定使用用途，或养蜂运蜂，也可用于物品运输，一车多功能多用途。

5. 集约化养蜂平台

（1）多功能巢门罩

采用多功能巢门罩，蜂箱实行集约化放置，从而使单个巢门的关闭，改为十多个蜂箱一组一次性完成，增加了便利性和灵活性，巢门关闭后并不影响蜂群在巢内的正常活动。

（2）脱粉器

多功能巢门罩与脱粉器的配合使用，不会使蜜蜂因惯性把粉团带入巢内，脱下的粉团由架下的漏斗装入容器中，提高了脱粉效率。由于离地放置蜂箱，生产的粉团不受尘土的污染，也免遭蜜蜂的咬食，洁净而粒匀。

（3）喂料给水自动化系统

将繁重的奖饲和喂水工作由单箱改为整个平台多箱一次性加入料斗完成。可方便地进行常年巢内喂水，节约了大量蜂力，也减少了外出采水造成的伤亡。

（4）可拆式继箱

可多箱体取成熟蜜，有利于药剂及气流脱蜂的应用。不用时拆开放于箱隙间。

（5）声纳监控系统

利用蜂群产生分蜂热后，蜂王叫声频率制成的声纳监控系统来提醒蜂农，以便处理。

（6）组合暗室

保温顶板及罩布可以组合成一个暗室，为蜂群的越冬、春繁提供了合适的环境，降低了体质和饲料的消耗，生产季节打开门窗成为蜂农舒适的工作室，改善了生活条件。

（7）取蜜及灌装机械

成熟蜜脾经过脱蜂后，立即进行机械取蜜、过滤及灌装，可直接上市，既避免中转环节的污染，又降低了成本。

这些集约化养蜂平台的应用，可避免蜂箱受潮湿而引起的腐烂，也使蜜蜂免遭天敌的伤害，又使蜂群的生产管理和转场能实现机械化及自动化，还能生产出高质量的蜂产品，提高了劳动效率，为实施真正意义上的养蜂机械化奠定基础。

（三）蜂箱移动托盘

蜂箱体积大而且笨重，搬运不方便只能人工搬运，费力费时，效率低。为此，在蜂箱底部安装移动托盘（图 3–100），养蜂人可根据需要靠蜂箱移动托盘随意拉动蜂箱，省时省力，提高效率。

图 3–100　蜂箱移动托盘

（四）电动葫芦

钢丝绳电动葫芦由减速器、控制箱、钢丝绳、锥形电动机、按钮开关组成（图 3–101），具有结构紧凑、制动可靠、运行平稳、噪声小、操作方便、体积小、重量轻、维护简单的特点，可以改善劳动条件，提高劳动生产率，平稳轻松地将蜂箱提起和降落，减少转场劳动强度。

图 3–101　电动葫芦

八、保蜂工具

蜜蜂保护工具主要有两罐雾化器、遮阴装置等。

1. 两罐雾化器

用于施药防治大蜂螨的器械，由贮药罐即压力罐、加热罐、螺旋管等组成（图 3–102）。以煤油作为药品的载体，以酒精燃烧作为热源，通过手动加压，药液通过螺旋管并被加热罐加热而雾化。

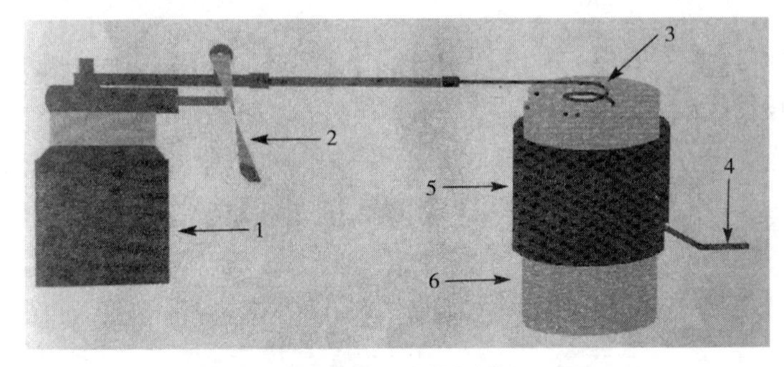

图 3–102　两罐雾化器

1. 药液灌；2. 动力系统；3. 螺旋加热管；4. 喷头；5. 防风罩；6. 燃烧罐

2. 遮阴装置

一种遮蔽蜂群、隔热的篷布，由表层的银铂返阳光膜、红色冰丝、炭黑塑料蔽光层和红塑料透明层组成，层层透气、遮挡阳光，并可在上洒水。具有蔽光、保持温度、透气等功能。用于预防和制止盗蜂，保持温度和黑暗，防止空飞，延长蜜蜂寿命，避免农药中毒等。根据具体情况，决定关蜂和放蜂时间、排泄时间、是否洒水等。在 32℃以上高温期，罩蜂超过 6h 的，须加强通风。

九、分蜂群收捕器

分蜂群收捕器用于收捕分蜂团。常见的有竹编收蜂笼、铁纱收捕器和袋式收捕器等。

1. 竹编收蜂笼

竹编收蜂笼由两个钟形竹篓套叠在一起，中间衬以棕丝构成，口径约 200mm，高约 300mm。收捕分蜂团时，在笼内喷点蜂蜜后将笼口紧靠在蜂团上方，用蜂刷驱蜂进笼。所收捕的分蜂团过箱时，可在蜂箱上方直接把笼内的蜂团抖入蜂箱即可。

2. 铁纱收捕器

铁纱收捕器采用金属框架和铁纱制成，形似倒棱形漏斗，上口有活盖，下部有插板盖。两侧提耳，收捕高处的分蜂团时可绑在竹竿上（图 3–103）。收捕分蜂团时，打开上盖，从下方套住蜂团，再用力振动蜂团附着物，使分蜂团落入器内，随即扣盖。所收捕的分蜂团过箱时，抽去收捕器下部的抽板，把蜂抖入蜂箱即成。

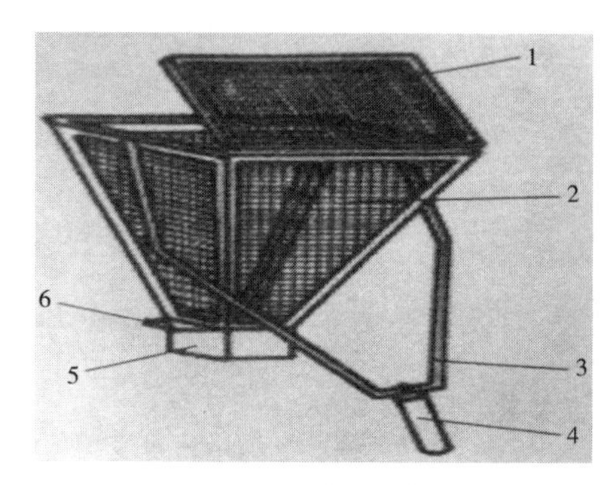

图 3–103　铁纱收捕器

1. 器盖；2. 器体；3. 提耳；4. 竹竿；5. 蜜蜂出口；6. 抽板

3. 袋式收捕器

袋式收捕器采用圆形金属框架、白布袋、撑杆和拉绳构成（图 3–104）。布袋上口套有圆形金属框架，下口可以收紧和启开。收捕分蜂团时，从下方套住蜂团，然后通过拉绳振动蜂团附着物，分蜂团即落入袋内。

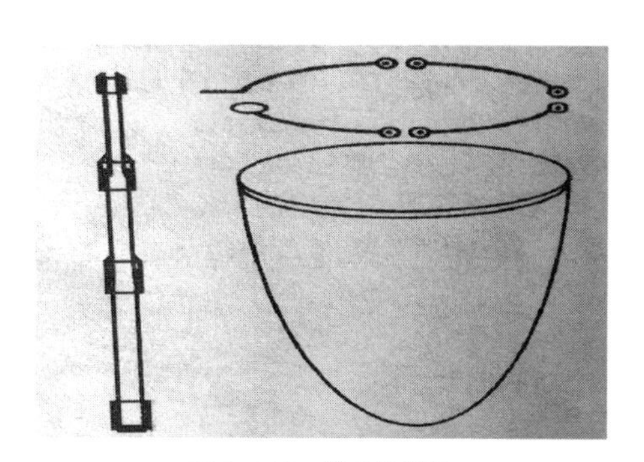
图 3–104　袋式收捕器

十、氧原子消毒器消毒

氧原子消毒器通电时，电火花产生臭氧，有杀菌消毒作用。巢脾消毒可选用功率为 3W 的氧原子消毒器（图 3–105）。4 ～ 5 个装满巢脾的继箱堆在一起，从下面通入消毒器导管，然后密封继箱，通电 2h 即可完成消毒。

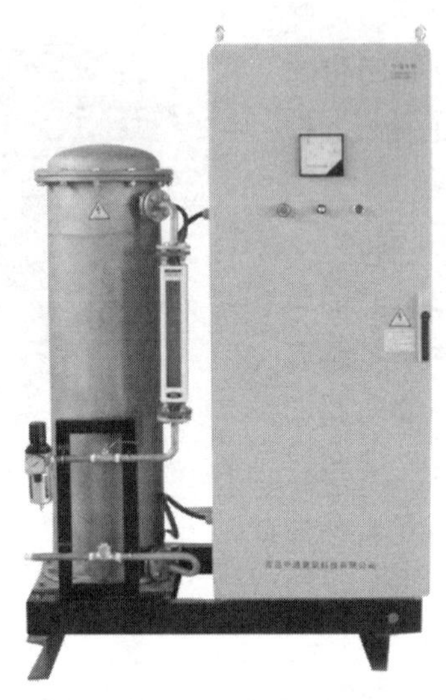

图 3-105　氧原子消毒器

十一、太阳能板

多个太阳能电池片的组装件，是太阳能发电系统中的核心部分（图 3-106）。在蜂场安装太阳能板，极大解决了生活用电、生产用电问题。

图 3-106　太阳能电池板

十二、其他电动养蜂管理工具

我国养蜂业机械化程度甚低，养蜂生产仍延用20世纪初期的陈旧蜂机具。放蜂饲养、取蜜挖浆、蜂群检查等基本靠手工操作，劳动强度大，但是随着时代的发展与科技的进步，养蜂机械也在不断地发展改进，电动摇蜜机、电动取浆机、电动吹蜂机等一批适合我国国情的先进养蜂工机具相继问世，在全国范围内广泛示范推广应用。以先进养蜂机械代替人工操作，大大减轻了养蜂人的劳动强度，提高了养蜂劳动效率，对于扩大蜂群养殖规模，增加养蜂收入意义重大。

1. 在蜜蜂饲养管理中的电动工具

（1）电动喷烟器

电动喷烟器系用微型电动鼓风装置取代传统的风箱鼓风装置构成，它使得喷烟器进入电的行列。目前电动喷烟器的形式虽多种多样，但其鼓风装置大体相同，鼓风装置均由微型电动机带动。

（2）电子镇蜂器

电子镇蜂器系利用电子电路，通过电磁振荡，产生一种频率为6kHz的声波镇服蜜蜂的器具。据认为，其镇服蜜蜂的效果为100%，不影响蜂群的正常生活。目前，这种镇蜂器已广泛地用于加拿大商业养蜂上，电子在镇蜂器具方面的成功应用，改变了百余年来以烟镇服蜜蜂的传统作法，是镇蜂器具上的重大发展。

（3）电动真空捕蜂器

20世纪80年代，美国生产并采用了一种脱蜂、捕蜂两用养蜂机械，既可用于脱除蜜脾上的蜜蜂，又可用于收捕分蜂群。这种两用机械由电吹风机、喷嘴、输气管和收蜂箱等部件组成。当电吹风机与喷嘴配合时，可构成电吹蜂机，用于脱除继箱内的蜜蜂；而当电吹风机与输气管、喷嘴和收蜂箱配合时，可构成电动真空捕蜂器，用于收捕分蜂群。这种真空捕蜂器的主体是电真空泵，它工作时不断地将收蜂箱中的空气抽出，使收蜂箱内形成一定程度的真空。当与之相联的吸蜂口靠近分蜂团时，蜜蜂即被吸入蜂口内，并顺输气管进入收蜂箱的纱笼内。

（4）电巢础埋线器

电巢础埋线器系利用电流通过框线使之发热熔化础蜡而把框线埋入巢础的器具。目前普遍采用的电埋线器主体由一个功率为 100W 的变压器构成，输出电压（埋线电压）为 6 ～ 12V 不等。有的增设控时功能，能根据不同情况选择通电时间。采用电埋线器，一个础框的埋线只需 6 ～ 8s，埋线效率高，质量好。

2. 在蜂产品生产上的电动工具

电工、电子技术在蜂产品生产上主要用于作蜜蜂机具的动力、发热器、时间和速度的控制、微波加热以及特色蜂具的电源等方面。

（1）用于作机具的动力

在蜂蜜采收机具方面，如电吹蜂机、电动分蜜机、割蜜盖机、离心式蜜蜡分离器以及蜜泵等蜂蜜采收机具；在蜂王浆生产方面，如电真空吸浆器、半自动取浆机和离心式蜂王浆分离机等王浆采收机具；在蜂花粉生产方面，如蜂花粉净化设备；在蜂胶生产方面，如覆布采胶机等蜂产品生产机具上作动力，使得蜂产品生产的一些环节能够全部或部分实现机械化、现代化生产。

（2）用于作机具的发热器

在蜂蜜采收方面，如电热割蜜盖刀、电热割蜜盖刨、割蜜盖机的刀片以及熔化式蜜蜡分离器等蜂蜜采收器械；在蜂花粉生产方面，如电热蜂花粉干燥器（机）等蜂产品生产器械上作发热器，为加热刀身、熔化蜡盖和干燥蜂花粉提供热量。

（3）用于时间和速度的控制

时间和速度的控制在蜂产品生产中的应用，目前主要是用于中、大型分蜜机分离蜂蜜工作运行的控制。如采用大型辐射式分蜜机分离蜂蜜，整个分离蜂蜜过程需 12 ～ 15min，开始时必须以较低的转速运行 5min，将蜜脾上约 3/4 的蜂蜜分离出来，然后再以 250 ～ 350rpm/min 的速度将蜜脾中残留的蜂蜜分离出来。这种利用电工、电子技术对机具运行工作的控制，使得养蜂机具在一定程度上实现了自动化。

（4）利用微波加热

利用微波加热主要应用于蜂蜡生产。微波是一种频率在 300Hz ～

300KHz，波长 0.003 ～ 0.3m，介于无线电波和光波之间的超高频电磁波。利用微波加热的实际过程是相当复杂的，通俗地说，微波使介质内部的分子旋转，引起摩擦发热。介质是由许多带正、负电荷的分子组成，正负电荷的极性在未加电场时排列不规则。当加上外电场后，极性分子就会旋转到顺电场方向排列。电场方向的改变，极性分子也相应旋转改变。微波蜂蜡提取器就是利用微波发生器产生一个交变电场，使位于电场内的蜂蜡原料中的水分子（极性分子），在电场力的作用下频繁地改变排列方向，从而引起分子间强烈的摩擦和碰撞，将电能转换为热能。这热能传给蜂蜡原料，从而达到熔化其中蜂蜡的目的。由于电能转变成热能的过程是在蜂蜡原料的内部和表面同时进行的，因此原料的内外受热均匀，加热效率高。

目前，利用微波加热提取蜂蜡的设备有微波离心式蜂蜡分离器和微波榨蜡器两种。

（5）用作特色蜂具的电源

如蜂毒生产，传统上直接采用直流电（如电池和蓄电池）或交流电给电取蜂毒器供电，通过电击蜜蜂刺激螫刺排毒生产蜂毒。自 20 世纪 80 年代以后，出现了用电子元件将直流电变换成交流电或脉冲电压作为电网的电源，尤其是通过电子振荡电路间隔输出频率较高的脉冲电压作为电网的电源，蜜蜂对其更为敏感，电击效果更好，而加在蜜蜂体上的电功率是直流电的 1/20，电解、电泳、电渗作用较小，伤蜂较轻，耗糖也较少。此外，还可以同机设计电子延时电路自动控制电网总体工作时间，使得电取蜂毒自动进行。

3. 在蜜蜂育种上的应用

（1）电刺激采精器

在蜜蜂人工授精采精时，通过电击适龄雄蜂，使之生殖器外翻排精，提高精液的洁净度和采精的工作效率。这种装置通常是采用干电池的直流电，通过电子装置处理后产生一个交流或脉冲电流作为电击雄蜂的电源。由于雄蜂因蜂种不同对电的敏感性也会不同，因此这种电刺激采精器一般都是设计成输出电压、频率和通电时间均可调节的，以适应不同蜂种的雄蜂，从而获得最佳的电刺激效果。

（2）电磁辐射蜂王幼虫生长加速装置

研究表明，小剂量的短波、超短波的电磁波辐射，对一些生物有促进生长的作用，但大剂量则有抑制作用。目前，采用小剂量的短波、超短波的电磁波辐射生物促进生长，已成功地用于养蚕、养禽及小动物的饲养。据此，有人设想，利用小功率的短波至超短波频段的高频电磁波对蜂王幼虫进行辐射，有望提高蜂王幼虫的生长速度，从而培育出个体大、生活力强的优质蜂王。

（3）蜜蜂温驯性测定和蜜蜂驯化仪

芬兰的 Fakhimzaden K 于 1990 年研制出笼式电取蜂毒器时声称，该取毒器不但可以用于取蜂毒，而且还可用于其他有关的科研工作，如测定蜜蜂温驯性和用于驯化蜜蜂。据此，在蜜蜂育种上通过定量（电压、频率、电击时间）电击来测试蜜蜂的温驯性和驯化蜜蜂，其应用前景广阔。

（4）蜜蜂人工羽化设备

这种设备主要由电子元件及热敏、湿敏传感器等组成，羽化蜜蜂的温度控制在（34±0.5）℃，相对湿度控制在 70% ～ 80%，适合定地养蜂且有电源的蜂场使用。在早春，利用蜜蜂人工羽化设备，将蜂群中的封盖子脾抽出置羽化设备中，让其帮助蜂群羽化蜜蜂，待蜜蜂羽化后将它们还回原群，这样可以省去蜂群为羽化蜜蜂投入的精力，让蜂群集中力量哺育更多的幼虫，加快蜂群的繁殖，使之及早投入生产。

（5）电恒温蜂王贮存箱

电恒温蜂王贮存箱采用的电子技术与蜜蜂人工羽化的设备基本相同，但其温度一般控制在 22 ～ 25℃，相对湿度控制在 70 % 左右。育王场采用这种恒温箱，可以大量储备培育的蜂王，以供养蜂季节使用。

4. 在蜜蜂保护上的应用

电工、电子技术在蜜蜂保护方面主要应用于蜂螨的防治，如热处理治螨器和电击治螨器。

（1）热处理治螨器械

热处理治螨是一种有效的治螨措施，1978 年苏联就已推广这项措施。采用热处理治螨器治螨时，电热器和控温器把器内的温度维持在

45 ～ 47℃。据认为，采用热处理治群势较弱蜂群的蜂螨时，其治螨率几乎达到 100 %；治强群的蜂螨时，其治螨率为 97% ～ 98%。

（2）电击治螨器具——“螨刷”

“螨刷”系苏联的蜂业工作者于 1990 年研制，是一种由多个采用非编织材料加工研磨、大小正好蜜蜂能通过的“孔刷”构成的，需浸在电解液中，施加 12V 的电压。“螨刷”使用时装置在巢门上，当蜜蜂通过“孔刷”时，身上的螨就会受电击而麻痹从蜂体上跌落，而蜜蜂则安然无事。据认为，这种“螨刷”对于清除蜜蜂体表螨的效果达到 100%。

5. 在巢础加工上的应用

电工、电子技术在巢础生产中的应用，主要作巢础生产机械的动力和其他设备的供热及恒温元件。巢础生产机械——轧光机和轧花机采用电动机作为动力取代了人工操作，使它们的运行电动化，进而与其他机械相配合构成了巢础生产机械化流水生产，从而实现巢础生产机械化、现代化。电热元件和控温元件使巢础生产中的蜂蜡熔化，蜡板、蜡片保温，以及巢础生产车间的温度控制自动化得以实现。

6. 在蜂产品检测中的电动工具

目前，我国主要蜂产品的收购工作大多在基层单位进行，因此对蜂产品检测仪的要求是：体积小、重量轻、便于携带、使用方便、检测快捷等。采用电子技术设计的检测仪器便可达到上述要求。采用半导体集成电路制成的检测仪，可通过如蜂蜜、蜂王浆的酸碱度、电阻率和介电系数等指标的测试，并与标样相应参数对比，从而判断蜂蜜和王浆的质量。

7. 在蜂具设计、加工上的电动工具

（1）电脑控制的蜂箱加工器械

英国的一个最大蜂具厂采用的一种电脑控制的木板切割机，在制作蜂箱时，对长短不等的木材，机器能找出最佳的下料方案切割，切割合理，效率高，并能贮存切割程序以便计算木材的浪费率。在切割过程中，如果需要，还可通过键盘指令显示切割情况或停止切割。据认为，采用这种切割机，每年至少可以减少浪费木材价 25 000 英镑。

（2）微机在蜂具设计中的应用

近几年，微机技术发展迅猛，已深入各个领域，并已开始用于指导养蜂生产。目前，微机技术虽尚未应用于蜜蜂机具的设计，但从它在工程技术设计领域广泛应用的先例，我们就不难推断微机技术在蜜蜂机具的设计上有着广泛的应用前景。如微机不但具有绘图功能，而且还有选择优化机件设计的功能，它可以用在蜂箱及其他养蜂机械的优化设计、设计图的绘制、蜂具生产中材料的利用等诸多方面，这些对于方兴未艾的蜜蜂机具快速发展提供了极为有利的条件。

8. 其他

（1）蜂群防盗报警器

我国有些蜂场为了防止蜂群被盗，采用了蜂群防盗报警器，并对防蜂群被盗起到了一定的作用。目前，在养蜂场上使用的防盗报警器大多是拉线式的，即用一段细导线系在每个蜂箱上，当搬动蜂箱，细导线即被拉断，报警器即刻发出声光报警，起到防盗的作用。

（2）蜂群日进蜜监测及记录仪

传统上监测蜂群日进蜜基本上都是把蜂箱放在台秤上，并每日记录其重量进行，此工作较费时间。而当采用电子技术，就可使这项工作自动进行。其大致的方法是：在监测蜂群的蜂箱下放置一个电阻应变片，该电阻应变片由于蜂群下压的重量不同而呈现不同的电阻率，这样流经电阻片的电流强度就会随电阻的变化而变化。这变化的电流一方面传至仪表显示蜂群的重量，另一方面传至记录仪记录所监测到的重量。

（3）蜂群声音监听器

蜜蜂在许多情况下都会通过发出声音传递信息，但这些声音是相当微弱的，只有有经验的养蜂者专注倾听才能听到。当采用蜂群声音监听器后，将监听器的声音传感器插入蜂群内部，并将传感器接收到的声音信号送入电子扩音器放大，就可听到蜂群内部蜜蜂活动时发出的声音。养蜂者就可以方便地通过蜜蜂发出的声音判断群内蜜蜂工作的情况，从而制定和采取相应的饲养管理措施。

（4）群内温度监测仪

这种装置通常是采用半导体集成电路（脉冲分配器和逻辑元件）和

热传感器组成的多箱温度巡回监测装置，它既可用于蜂群内部温度变化的常规监测，也可用于群内温度超限（偏高或偏低）声光报警。这种装置可用于数十群蜜蜂箱内温度自动巡回监测，当其中一群或几群蜜蜂温度超限时，仪器就发出声音和光报警信号，并指示出温度超限蜂群的箱号，提醒养蜂者注意，及时采取措施。这项技术适用于转地运输途中蜂群和越冬蜂群的温度监测。

（5）蜂场建筑室内温、湿度自动控制装置

主要由热敏传感器、湿敏传感器、电子控制电路、电控开关和电磁阀等部件组成，用于自动控制室内的温度和湿度。这种装置通常用于蜂场的温室和越冬室，当这些蜂场建筑的温、湿度超过所控温、湿度时，装置便自动工作，或是加热提高温度，或是扇风、喷水增湿降温，将室内的温、湿度恒定在所控温、湿度点上。温室的温度一般控制在32～40℃，用于加热蜜脾使之易于切割蜜盖和降低蜂蜜的黏度以利于分离蜂蜜。越冬室的温度宜控制在0～2℃，最高不超过4℃，相对湿度控制在75%～80%，以利于蜜蜂安全越冬。

第四章　蜂群的基础管理知识

第一节　蜂场的建设

一、场地选择

养蜂场地的优劣直接影响到蜂群的发展和产量。根据饲养方式的不同，有临时和固定之分，但其要求条件基本是一致的，均需要现场勘查和周密调查之后确定。理想的放蜂场地应具备以下几个方面的条件。

1. 蜜粉源丰富

充足的蜜粉源是蜂群赖以生存的物质基础，在蜂群繁殖和生产季节，离蜂场 2 000m 以内，要求至少有 1 种以上主要蜜粉源，并有较多花期交错开放的辅助蜜粉源，蜂场与蜂场之间应至少相隔 2 000m，以保证蜂群有充足的蜜源，可减少蜜蜂疾病的传播。蜂场离蜜粉源植物越近越好，蜜粉源植物面积越大对蜂场的收获越有利。调查蜜粉源时，除注重其长势外，还要注意了解蜜粉源地块的土质、降水量、风向以及泌蜜规律、泌蜜量等。同时，还要了解施用农药情况，要及时与农业部门、植保人员及蜜粉源作物的主人取得联系，需要施杀虫农药的蜜源植物，蜂场要设在离蜜源植物至少 50 ～ 100m 以外的地方，以防止或减少蜜蜂农药中毒。所选蜂场附近的蜜粉源面积力求丰富，按蜂群计算，每群应有长势良好的油菜、紫云英、荞麦 5 亩以上；草木樨、苕子 4 亩以上；向日葵、棉花、芝麻 8 亩以上；大椴树、中龄洋槐、枣树、乌桕、荔枝、龙眼、柿树 25 棵以上。当然，在一个场地上蜜粉源不可能样样具有，但应力求选蜜粉源品种比较多且面积比较大的场地。

2. 水源良好

蜜蜂的繁殖、生产和养蜂人员的生活均离不开水，但最好避开广阔的水域，如水库、湖泊、大河以及被污染的水源，以免被风刮入水中，蜂王交尾时也很容易落水溺死，理想的水源是常年流水的小溪或小河沟。水源与水质直接影响着蜂群的繁殖与生产，应倍加注意着重选择，力求选清洁流动的水源，保证蜂群正常的水量供给。

3. 气候与环境

海拔高的山地气温往往偏低，狭谷地带容易产生强大气流，低洼沼泽地容易积水，均不宜做放蜂场地。养蜂季节不同，对地势也有不同要求。春、秋蜂群繁殖期，地势要求向阳，东、南面宽敞，没有障碍物，西、北面最好有小山坡或房屋、墙垣等；夏季气温较高，须防烈日暴晒，可选有遮阴、通风、交通方便、环境安静的场所；越冬期，应选背风向阳的场地，严防寒风侵袭和附近有振动源，保持蜂团安静，不致遭到惊吓，以免影响越冬效果。家庭养蜂，适宜选房前的一端及墙角处，注意避免人行通道，严防有毒、有害等危害物和污染源。对于固定蜂场，暂将蜂群放在预选的地方试养 2 ～ 3 年，确认符合条件以后，再进行基本建设。此外，尽可能不要在农药厂、药库或糖厂、糖库附近建场放蜂，以免引起不必要的伤亡。

交通便利是现代生产、生活的重要条件，保持交通便利至关重要。转地放养的临时蜂场也应达到进出方便的目的，但不要图省事将蜂群放在公路路基上，以防蜜蜂蜇伤人、畜引发纠纷。同时，在路基上放蜂有违《中华人民共和国道路交通安全法》和《中华人民共和国公路法》相关规定，严格地讲是一种违规或违法行为，万一发生案情（如被行车撞伤），不仅得不到法律保护，还有可能被追究责任。故选场址一定离开公路干线，起码应距路基 20m 以上，选择在地势高、坐北朝南、背风向阳的地方。

二、排列蜂群

蜂群排列应根据场地大小、饲养方式、群势情况、地形地貌，并结合生产、试验、检查等方面的需要而定。其基本要求是，便于蜂群的管理操作，便于蜜蜂识别本群蜂箱的位置。在蜂群运到后，如箱内蜂群吵闹，可把大盖架空，以便空气流通，并对巢门喷水降温，使蜜蜂尽快趋于安静状态。待排列好，再对巢门喷水 1 ～ 2 次，而后开启巢门。蜂群排列没有固定模式（图 4–1），蜂群较少、场地宽阔可予以散放，亦有单箱排列或双箱并列，箱距 1 ～ 2m，排距 4m 以上，前后排各群交错排列。大型蜂场蜂群数量多，场地受限制，可双箱或多箱并列，箱距不得小于 0.4m。转地放蜂途中在车站、码头临时放蜂时，场地特别拥挤，可将蜂群呈方形或圆形排列，也可“一条龙”长条并列，即排成一行或多行，各箱箱距适当贴近一点，冬季越冬或春繁期也可紧靠并排，以便蜂群保温取暖。排列蜂群时还要考虑到蜜蜂偏巢因素，强弱群搭配成组，结合地形地貌及场内固有或人工设置的标记合理摆放。试验群要根据试验目的来安排，不可混为一体。交尾群应分散放置在蜂场外围目标清晰处，巢门方向不可一致，巢门前置有特殊标记，以免处女王交尾归来错投他群。车站、码头作短暂放蜂，如场地实在拥挤时，还可四箱背靠背排列，这样管理比较方便。蜂群排列时，蜂箱离地面架高 10 ～ 20cm，夏天或雨季还可稍高一点，以免地面潮湿沤烂箱底或敌害侵入。蜂箱左右保持平衡，前低后高，以便清理箱底和防止雨水流进箱内。平时巢门宜朝南方或稍偏东南方，这样可提早接受阳光照射，有利于蜜蜂早出勤。巢门前不可有高的障碍物和杂草、垃圾等。不论哪种排列法，巢门都不能对着路灯、诱虫灯、高音喇叭或高压电线，以避免光、电、声的刺激引起骚乱造成损失，也不可面对墙壁或篱笆等建筑物，使蜜蜂进出受阻。

规模较小的家庭养蜂平时在庭院内放蜂时，蜂群的排列应根据院子的具体情况具体安排。因为农家院建筑物不一定规范，院内堆放物比较杂，要求在排列蜂群前应将堆放物进行清理，空出较大、较齐整的空场，再因地势并结合走向进行排列。常用的方法是将蜂群沿墙根排列，将强群排到北屋墙前，小群或交尾群安置在南屋墙下，必须注意的是严防屋檐水滴下浸泡蜂群，尤其要避开家人经常活动的地域或通道，以防蜜蜂蜇人或伤及蜜蜂。

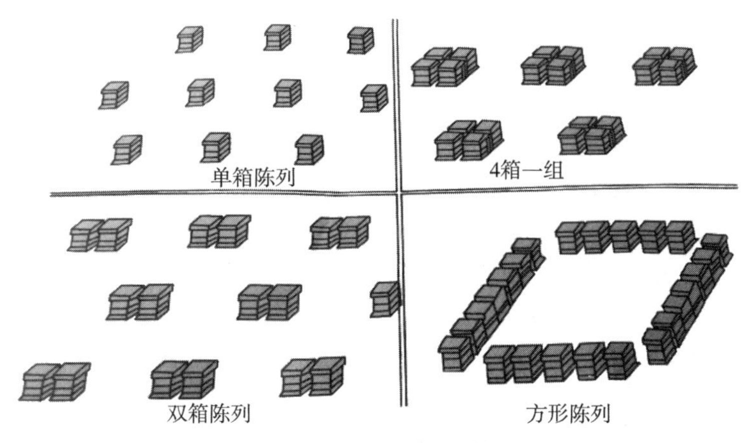

图 4–1　排列蜂群的几种模式

第二节　蜂群的常规管理技术

一、检查蜂群

检查蜂群，是为了了解蜂群内部情况，以便酌情采取处理措施。检查方法主要有开箱检查和箱外观察两种。

（一）开箱检查

开箱检查是蜂群饲养管理中最基本的操作技术，开箱操作会对蜂群正常的生产生活造成干扰，故应尽量选择合适的时间并缩短操作时间。开箱检查的时间要视具体情况而定，大流蜜或盗蜂猖狂期及酷暑期可在早晚检查，以免影响蜜蜂出勤或引起盗蜂。早春、晚秋检查要选温暖天气的中午，最好选择在 18 ～ 30℃晴暖无风的时间进行，尽量避免在阴凉处 14℃以下的天气开箱，操作时间一般不要超过 10min，以防冻伤子脾，检查时要站在蜂群的一侧或后方，不要堵挡蜜蜂的出归通道。开箱时，养蜂人员身上切忌带有葱、蒜、汗臭、香粉等异味。开箱时的顺序是启下蜂箱箱盖，用启刮刀轻轻撬动副盖，用手指推移，使副盖与箱口粘着的蜂胶脱离，轻轻拿下副盖放在巢门前（但不要堵住巢门），再用检查盖布（用一面积大于箱口的黑布，中间开 100mm 宽、490mm 长的检查口）罩住箱口，并根据需要调动检查口。接下来即可提脾检查，方法是用启刮刀一端的弯刃，依次插入各蜂路间近框耳处，轻轻撬动隔板和巢框，稍稍拉开框距，使框耳与箱身槽沟粘连的蜂胶分开，再用双手的拇指和食指紧捏两端框耳，将巢脾垂直由箱内向上提出，巢脾间不要擦着，以免擦伤蜂王或引起蜂怒。提脾检查须在箱上方进行，以防蜂王掉落。提出巢脾的一面对着视线，与眼睛保持约 30cm 的距离，然后，左手略放低，右手稍提高，以巢脾上梁为轴，将巢脾翻转，把捏住框耳的双手放平看另一面。在翻转时，要使巢脾卧立与地面始终保持垂直，可防止蜜汁及花粉从巢房掉出（图 4–2）。如需撤出子脾、蜜脾，先松动框耳，扩大蜂路，将巢脾提到有半张露出箱口时，握脾的手势改为大拇指在上，食指在下，紧握框耳，用腕力上下快速振动几下，利用惯性将蜜蜂抖离巢脾。

根据检查蜂群的范围、目的及要求的不同，开箱检查又可分为全面检查和局部检查。

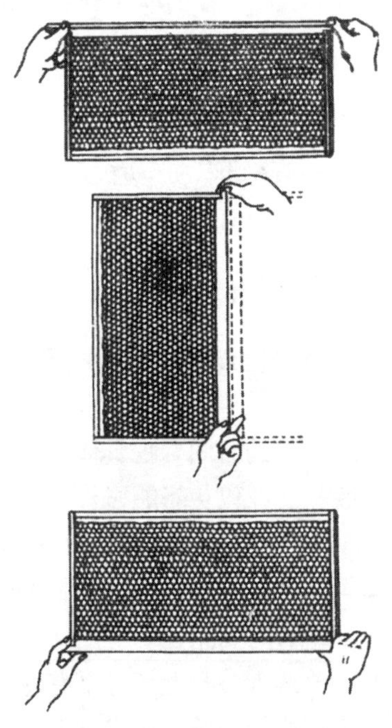

图 4–2　翻转巢脾的操作顺序

全面检查就是开箱后将箱内巢脾逐个提出全部查看，全面了解箱内情况，如蜂王健康情况、产卵面积大小、幼虫哺育情况、蜜蜂和子脾增减幅度、饲料余缺、有无病害、蜂巢是否拥挤等，在分蜂季节还应注意有无自然王台及分蜂热。局部检查就是从整个蜂群中选择有代表性的巢脾抽出少部分察看，大体推测蜂群和整体情况。如隔板外有挂蜂说明蜂数已经增长，要考虑加脾扩巢；巢房内有新产的卵（卵站立着）证明蜂王正常存在，不必逐脾寻王；脾上有急造王台是失王现象；有自然王台说明出现分蜂热等。无论是全面检查，或是局部检查，在一定程度上会影响蜂群的正常秩序和破坏巢内温、湿度的恒定。所以，操作时要注意做到轻、稳、快、慢相结合。轻，即开箱、提脾、抖蜂、放脾、覆盖的动作要轻；稳，即提脾、放脾、抖蜂时，巢脾必须保持垂直，不便撞击；快，即检查速度要快，操作时间要短，有问题要及时处理；慢，即放回副盖、隔王板时动作要慢，严防压死或挤伤蜜蜂。初次检查蜂群，要克服恐惧心理，如发现蜜蜂有震怒情绪，可用喷烟器轻轻喷放淡烟少许，蜜蜂受烟熏后，相应地安静一些。

检查蜂群的一个重要目的就是了解群势的强弱。在通常情况下，养蜂人多用强群、中等群和弱群来表达群势，强群、中等群、弱群一般以蜜蜂数、子脾数来计算，具体情况见表 4–1。

表 4–1　蜂群强弱对照（框）

蜂种	时期	强群		中等群		弱群	
		蜂数	子脾数	蜂数	子脾数	蜂数	子脾数
西方蜜蜂	早春繁殖期	>6	>4	4 ～ 5	>3	<3	<3
	夏季强盛期	>16	>10	>10	>7	<10	<7
	冬前断子期	>8	—	6 ～ 7	—	<5	—
中华蜜蜂	早春繁殖期	>3	>2	>2	>1	<1	<1
	夏季强盛期	>10	>6	>5	>3	<5	<3
	冬前断子期	>4	>3	>3	>2	<3	<2

（二）箱外观察

受低温、盗蜂等方面影响，不便开箱检查时，也可通过箱外观察来判断蜂群的内情。

1. 活动正常

蜜蜂出勤积极，采回大量花粉，秩序井然，是繁殖旺盛现象。

2. 流蜜情况

出巢蜂腹空，行动匆匆；回巢蜂腹大，疲劳紧张，不时落到巢门前稍息片刻再进入巢内，说明蜜粉源进入大流蜜期。

3. 走失蜂王

工蜂不时聚集在巢门口振动翅膀或来回焦躁地爬动，巢门口秩序混乱，出勤蜂减少，惊慌不安，是失王现象。

4. 缺少饲料

阴冷或不利于活动的季节，多数蜂群停止活动，只是个别蜂群的蜜蜂仍忙乱地出巢活动，或在箱底及周围无力爬动，并有弃出的幼虫，说明该群饲料短缺或耗尽。

5. 敌害入侵

巢门口蜜蜂混乱，并有残片蜡渣和无头、少胸的死蜂，是老鼠或其他敌害侵入箱内的现象。

6. 分蜂热

蜜蜂消极怠工，出勤蜂明显减少，巢门口有"蜂胡子"，是蜂群产生分蜂热的现象。

7. 麻痹病

蜜蜂变黑发亮，绒毛几乎掉光，腹部膨大，身体颤抖，在地上无力地爬行，呈瘫痪状，是蜂群患有麻痹病现象。

8. 蜂螨为害

常有发育不良，翅膀残缺不全，四肢乏力，出房不久的幼蜂出巢爬行，互相摩擦、清洗，是蜂螨为害严重现象。

9. 下痢病

蜜蜂颜色发黑，腹部胀大，飞翔困难，在巢门前跳跃爬行，巢门附近发现稀粪便，是蜜蜂患有下痢病或孢子虫病现象。

10. 白垩病

在巢门口发现有白色石灰状、轮廓不明显的较大虫尸，有些虫尸上有白色菌丝，也有个别部位颜色发黑，这是蜂群患白垩病症状。

11. 农药中毒

巢门前突然出现大量死蜂，有的出勤蜂采集归来未及进巢就翻滚折腾不久死亡。死蜂翅膀展开，吻长伸，腹部弯曲，有的还带有花粉团，说明是蜜粉源植物施以农药，引起中毒。

12. 胡蜂侵害

巢门口守卫蜂增多，惊觉地来回游动，情绪振奋，并有被咬死或伤残的蜜蜂，说明遭到胡蜂或其他敌害的袭击。

13. 发生盗蜂

外界蜜粉源稀少，蜂箱周围有蜂绕飞寻机侵入，巢门前有工蜂撕咬，进巢蜂腹小，出巢蜂腹大，说明已发生盗蜂。

14. 发生围王

群内有阵阵轰响声，巢门口有蜂惊慌不安，发出尖叫声，不时有蜂将伤、残、死蜂拖出巢门，则是围王现象。

15. 花期结束

蜜蜂出勤减少，巢门守护蜂增多，雄蜂被驱逐出巢，说明外界蜜粉源已过，蜜蜂警戒性提高或进入秋末贮备饲料阶段。

16. 产卵情况

如外界有蜜粉源，群势相似的蜂群中，部分蜂群工蜂勤采花粉，说明箱内有卵和幼虫，蜂王旺产；而个别蜂群采花粉的蜂稀少，可能蜂王产卵少或者失王。

17. 幼蜂试飞

天气晴和，每天 3:00 左右，很多蜜蜂在巢门前有秩序地上下翻飞，头若礼拜，飞翔高度较低，热闹非凡，这是幼蜂在试飞。

18. 巢内过热

巢门不时发生拥挤，很多蜜蜂爬伏在巢门口，部分工蜂有秩序地振翅扇风，说明巢内过热，通风不良。

19. 春繁情况

早春气温较低，工蜂飞出巢外采水，或箱底巢门前有蜜蜂拖出的结晶粒，说明过于干燥造成蜜蜂口渴，或是蜂王开始产卵，哺育蜂饲喂幼虫导致缺水。

20. 发臭招引

部分蜜蜂聚集在巢门口，头向里尾向外，高高举腹振翅发臭，是招引同伴或外出交尾的处女王归巢的表现。

（三）记录

平时对蜂群管理，做好蜂群记录是一项重要工作。做好记录对于掌握蜜蜂的生活生产活动和发展规律，了解蜜源植物的开花、泌蜜等情况有重要作用，有助于养蜂人制定生产计划，提高养蜂效益。

1. 蜂群检查记录

蜂群检查记录有两种表格：一种是全场蜂群的总表，它是按检查次序（日期顺序）记录全场蜂群的情况及各种管理工作的。根据它可以了解蜂群在当地的环境条件下变化发展的规律，并且可以比较各个蜂群的生产性能和生物学特性；另一种是分表，记录个别蜂群在一年中的变化情况、发现的问题及处理方法。它可以帮助了解个别蜂群的消长情况、生产性能和特性（表 4–2，表 4–3）。

表 4–2　蜂群检查记录表（总表）

______ 蜂场 ____ 年 ____ 月 ____ 日　大气 _____ 气温 _____ 蜜粉源 _____

蜂群号码	蜂王情况	巢脾数						群势			发现的问题或工作事项
		共计	子脾	蜜脾	粉脾	空脾	巢础框	蜜蜂	卵虫脾	蛹脾	

管理人 _______ 检查人 ________

表 4–3　蜂群情况记录表（分表）

________ 蜂场　　　　　　第 _______ 号蜂群

上代母群号 第 _____ 号　蜂王出生日期 ______ 年 _____ 月 _____ 日

检查日期	蜂王情况	巢脾数						群势			发现的问题或工作事项
		共计	子脾	蜜脾	粉脾	空脾	巢础框	蜜蜂	卵虫脾	蛹脾	

每次检查蜂群时，把蜂群的情况和处理工作简要地填写在总表内，以后再把各个蜂群分别记入分表。在每次检查蜂群前，先看看上次的记录，做到心中有数。

表内“发现问题”或“工作事项”栏，主要记载检查发现的问题和处理方法。例如，出现雄蜂的日期，发现王台、缺水、缺粉、加脾或减脾、加继箱等。

2. 蜂场日记

它主要记录影响蜂群生活活动的自然条件变化情况，包括气象和正在开花流蜜的主要植物，以及示重群的重量等相关事项（表 4–4）。经过多年记载和仔细分析蜂场日记，可以得出当地气候的变化规律，主要蜜源植物的泌蜜规律，以及它们对于蜂群生活生产的影响。例如，备注栏中记录了普遍发生分蜂热的日期，且表现基本相似，然后研究、分析巢内外的相关条件，就会逐渐认识哪些因素是促成分蜂热的主要原因。

表 4–4　蜂场日记

日期	阴处气温			相对湿度	降水量	气象			蜜源植物	备注
	7 时	13 时	21 时			上午	下午	夜间		

3. 示重群的记录

示重群是放在地秤上的有代表性蜂群，用来测定其每日重量的变化，以便了解蜜源的开始、结束日期和采蜜量。如果示重群的重量不变，表明有蜜源，但是采回巢内的蜜、粉仅够蜂群当日的消耗；倘若重量增加，就表示采来的饲料除去消耗以外还有剩余；重量减轻，则表示蜜源稀少。

检查次数不可过勤，通常以半月检查 1 次为宜，每次检查均应做好检查记录，根据多年的记录，预先制订蜂场工作计划和生产指标，加强养蜂工作的计划性和可行性，以便更为有效地科学决策发展生产和提高经济收入。

二、蜂群换箱

在更换蜂箱时，要把被换蜂箱往后移动一箱之地，在原位置摆放应换入的空箱，把原箱的巢脾带蜂和蜂王按原顺序提入空箱中，再往箱内前的踏板上抖落一框蜂，以招引外勤蜂归巢。如果换的是新蜂箱无蜂巢气味，踏板上放一块本群的木隔板或自然脾以便招蜂进巢。

1. 两箱换入一箱

有时为了保温或管理的需要，把两个弱群换入一个蜂箱中。这时要在两群原来的位置中间放一个双格空蜂箱，然后将两群的脾与蜂按位置分别提到双格箱内，每格放 1 群。双格箱的摆放应效仿原巢门式样保留两个巢门，使外勤蜂分别进入本群，以免造成混乱围王。过 2 ～ 3d 以后两群彼此适应，可以把两个巢门调近一点，中间隔一块三角形木块，根据管理需要可灵活掌握，便于调整平衡外勤蜂。

2. 一箱换入两箱

两群在一箱中繁殖到满箱，要分巢换入两箱时，在原群的位置上放两个紧靠在一起的蜂箱，把蜂和脾按原位置从双格箱内分别提到两个空箱内，两群的巢门暂时留在两箱紧靠的位置上，傍晚将两箱拉开一点距离，以便盖严大盖，以后逐渐把巢门改到中间。

三、预防蜂蜇

初学养蜂对蜜蜂蜇刺反应敏感，甚至产生畏惧。这就需要多了解蜜蜂的生物学特性，平时多预防。

①开箱检查时动作要轻，不能震动蜂群，更不能站在巢门前，阻挡蜜蜂的出入通道。

②提巢脾或处理蜂群时须轻拿稳放，严禁压死蜜蜂，激起蜜蜂震怒。

③穿着浅色衣服，保持清洁，不能有汗臭味。

④身上、手上避免有特殊气味，不要涂抹带有刺激性的香水等。

⑤酒后或吃过蒜后应尽量减少与蜜蜂的接触。

⑥阴雨低温或蜜粉源已过，蜜蜂处于戒备期，尽量减少检查蜂群，即使必须检查，时间也不宜过长。

⑦检查蜂群时应戴好蜂帽，特殊情况下还应扎紧裤口、袖口，预防蜜蜂爬入裤内。

⑧遇到蜜蜂发怒萦绕身旁狂飞乱舞时，一定不要惊慌狂跑或惊叫，顽强镇静慢慢退出，或边退边轻轻脱下一件上衣包盖头部，缓缓走进室内、帐篷或树丛中。

⑨万一被蜂蜇后，不要丢掉巢脾惊慌乱扑打，否则会引起更多蜜蜂的围攻。万一遇到蜜蜂追赶，可采取急转弯或拐到墙角处，可有效甩掉追赶的蜜蜂。

⑩被蜂蜇后，用指甲轻轻刮去蜇针，再用湿毛巾抹去蜂毒的气味，然后涂上少许氨水或肥皂等碱性溶液；或用抗组胺乳涂抹被蜇处，可减轻持续性局部疼痛。如果发生过敏现象，服用阿司匹林可减轻蜂蜇的过敏反应；伤情严重者，应速去医院治疗。有条件的养蜂场应适量准备一些防蜇药物，如氨水、阿司匹林、氯化钙、咖啡因及脱敏药物等，氯化钙在应急时可用作解毒用，咖啡因可用作强心急救，做到有备无患，以防万一。

四、喂饲蜂群

为了加快蜂群发展，快速繁殖蜂群多产王浆，以及在歉收年份补充蜂群饲料，需要进行饲喂。蜂群喂饲可分为补救喂饲、补充喂饲和奖励喂饲，其方法也有些差别，但其目的是相同的，就是人为地向蜂群提供蜂蜜（糖浆）、蜂花粉和水，根据蜂群需要有时也加喂食盐或药物。补救喂饲是在个别情况下蜂群内饲料用完，蜜蜂因饥饿致生命垂危时，采取的紧急抢救措施，方法是将蜂蜜喷到蜜蜂身上，以利于饿蜂食用。越冬期间需要将蜂群搬到暖室内，待蜂群散团苏醒后再进行补救饲喂措施。补充饲喂是在蜂群饲料不甚充足时，比较量大地补助给蜂群。例如晚秋补喂越冬饲料，每晚可给予 2 ～ 3kg 的蜂蜜，并争取在几日内喂足。奖励喂饲是根据蜜蜂得到饲料补充，即可提高活动积极性的特点，在蜂群饲料尚充足时，每日或隔日傍晚喂给少量蜜汁，刺激蜂王多产卵、工蜂多泌浆，以促进繁殖或取浆。

补救喂饲、补充喂饲所用蜜汁浓度较高，蜜水比例4∶1.5即可。奖励喂饲浓度适量减小，蜜水比例1∶1.2即可。如果饲喂糖浆代替蜂蜜，为了促进蔗糖转化，可在糖浆中加入0.1%的酒石酸。饲喂方法是，将蜜（糖）汁盛入喂饲器或喂饲盒内，傍晚放入巢内隔板外侧供蜜蜂食用。饲喂时间须得注意，以天气趋黑蜜蜂安静下来为宜，并防止将蜜汁洒到箱外，以免导致蜜蜂发生混乱或引起盗蜂。

蜂花粉是蜜蜂营养蛋白质的主要来源，早春繁殖期蜜粉源植物尚未开花，补喂花粉或花粉代用品也是很重要的。喂饲方法，首先将准备好的花粉或花粉代用品碾成细粉，一是喂饲蜜汁加入少量代喂，二是盛入托盘或小盒内，拌入少量蜂蜜，放入蜂场明显处，任凭蜜蜂自采。

春秋繁殖期或干燥期，为减少蜜蜂远出采水所造成的损失，场内应设置喂水装置，例如在场内放置一至数个盆，盛入沙石子，以清水浸泡超过沙石面，整日保持有水，不能干枯，保证蜜蜂随时采用。瓶式喂饲器喂水，可放入巢门口，也可直接放入蜂箱内的隔板外侧。特别在干燥期（如枣花后期），天气炎热，蜜蜂飞行困难，蜂群用水量大，也可用巢脾灌满清水，直接插入蜂群巢脾的边侧，有利蜂群降温、增湿，减少蜂群劳动强度。繁殖期喂水时，可加入适量食盐，水盐比例是100∶1.2，这样更有利于蜜蜂泌浆育虫。喂饲时，必须在喂饲器内放上浮板或草秆，使蜜蜂采食时不致淹死。

根据蜂群保健、防病治病和生产繁殖的需要，有时需要给蜂群喂药。喂药方法一是饲喂，将药品兑入饲料中喂服；再是喷脾，将蜂药喷洒到蜂体上，供蜜蜂快速采用。用药量不可过大，以一位成人用量，喂、喷4～5个中等蜂群为宜。所需注意的是，喂喷药物一定要避免对蜂产品的污染，生产期及采蜜期前10d应停止用药。

专用饲喂器各蜂具商店有售，有单箱独用的，也有多箱混用的，有的还可减轻开箱之劳，甚为科学。

五、修筑保存巢脾

（一）修筑巢脾

修筑巢脾的最好季节是春末蜜蜂发展盛期和流蜜初期。这时蜂群处于繁殖盛期，泌蜡适龄蜂增多，蜂王产卵积极，蜂群对扩大巢房有强烈的欲望，没有分蜂情绪，温度也不甚高，故此适宜修造巢脾。修脾与造脾的做法不尽相同：修脾，是在没有新巢础或有意对老巢脾再利用时，用锋利的割蜜刀蘸着热水将老巢脾的巢房部分或全部割去，仅剩中间一层薄片，清理干净后喷少许蜜水加入蜂群，由蜜蜂二次加工成新的巢脾；造脾，即用新巢础、巢框筑造新巢脾。安装巢础，有钻孔、穿线、埋线、滴蜡 4 道工序。步骤是在巢础框的两边条上对直钻 4 个孔，横串 24 号或 26 号细铅丝 4 根，拉直、绷紧，用手握一块蜡团沿铅丝来回摩擦，使巢框上的铅丝包裹上一层薄薄的蜂蜡外衣。将巢础片平整地别挂在铅丝之间，上部插进巢础框的槽沟里，用蜡汁固定，然后平放在巢础板（与巢础同样大的光滑板）上，把埋线器的缺口套在铅丝上，轻轻推进，将铅丝埋入巢础内，以牢固、平整为准（图 4–3）。

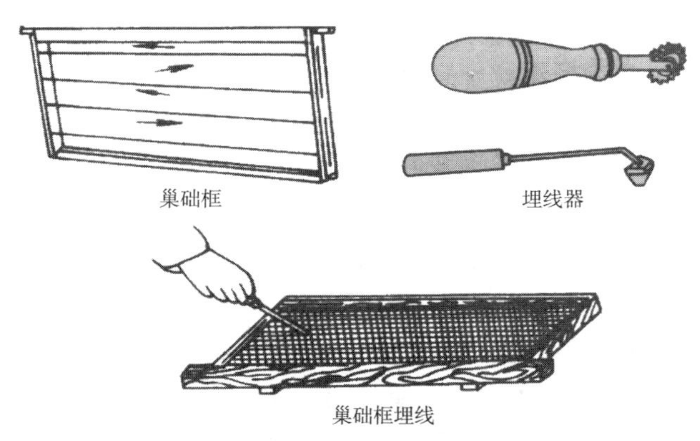

图 4–3　埋线器埋线

筑造巢脾适宜繁殖旺盛、无分蜂热的中等群势，也可以在适宜的中等群内使用，使巢房的雏形定型后，再抽调到强群中利用其强大的泌蜡能力把巢房加高，造好后再决定是留给本群使用还是抽出保存或调给其他蜂群。试验证明，蜂群内哺育幼虫最多的时期，也是造脾的高峰。因为哺育蜂也是泌蜡适龄蜂，它们在哺育幼虫的同时，分泌出的蜡液渐渐地积累成蜡鳞，便将其转移到没有巢脾的空间或巢础上造脾，其积极性非常高涨。

加巢础的时间以傍晚为宜。位置，中小群可加在蜂巢中间的虫、子脾之间；强群加在外部的蜜、子脾之间；继箱强群加在继箱内的子脾之间。每次加 1 ～ 2 张，不要过多，待筑完抽出后再另行加入，一次加入过多，效果较差。加巢础框时，喷上少量蜜水，蜜蜂接受得更快。塑料巢础则应预先涂上薄薄的一层蜂蜡，蜜蜂更容易接受。处女王群、无王群、有病群不能加入巢础筑造巢脾。有分蜂情绪的蜂群加入新巢础，容易筑造出有较多雄蜂房的巢脾，影响使用价值。正常造脾应事前选好适宜造脾的蜂群，群势保留充足饲料及幼虫，傍晚喂饲糖浆，插入 2 张带巢础的巢础框，当夜就可筑造好 2 张半成品新脾，第二天检查时抽出，再在原位置加入同样多的巢础框，这样分批积累，可得大量新脾。在短时间内需要大量新巢脾时，可采用突击造脾法，做法是选出繁殖力强盛、无分蜂情绪的强群，巢内只保留 2 ～ 3 张幼虫脾，其余巢脾全部脱蜂提出，傍晚一次加入 3 ～ 5 个巢础框与幼虫脾间隔摆放，同时喂给蜂群 1kg 蜜汁，这样一夜就可造出较好的半成品巢脾，根据需要可将半成品脾抽出或调给其他蜂群。造脾群还可连续放入第二批或更多批次的巢础框。当然，造脾群要想长期保持造脾势头，须得及时补充带有饲料的老子脾或直接补充幼龄蜂，只有保持较多的泌蜡适龄蜂和饲料（蜜、粉）充足，方能生产出较多的优质巢脾。

修理改造老巢脾的蜂群要求与筑造新巢脾基本相同，考虑到其接受程度稍有差异，可将泌蜡适龄蜂较多且造脾积极性较高的蜂群用来改造老巢脾；也可组织成改造老巢脾专用群，将原群中的部分巢脾抽出，使蜂巢拥挤造成蜂群急需巢脾的欲望，在予以奖励喂饲的前提下，每群插入 2 张削好的老巢脾，正常情况当夜就可将两面巢孔加筑成 7 ～ 8 成高度。

（二）保存巢脾

巢脾在不使用的情况下容易发霉、积尘、生巢虫、招引老鼠和盗蜂。因此，从蜂群中抽出的巢脾要妥善保管。刚取过蜜的巢脾要放回蜂群，让蜜蜂清理干净后再取出存放。存放前要用启刮刀刮除巢框上的蜂胶、蜡片，并将蜜脾、花粉脾、空脾分开单存，空脾要按新旧程度和质量优劣加以分类，不能与蜜脾等混放。为了避免巢虫滋生，在存放前用硫黄彻底熏脾。方法是将硫黄点燃放入巢箱内，把巢脾摆放在继箱内，叠加在巢箱上，连加 2 ～ 3 个，密闭熏蒸 20min 即可达到目的。长期贮存每隔 10 ～ 15d 熏 1 次，连熏 3 次。染病群的巢脾最好熔化成蜂蜡，否则要进行严格消毒处理后再贮存。方法是用 4% 福尔马林溶液或 0.1% 新洁尔灭溶液灌满巢房孔，浸泡 24h，将药液甩出，再用清水冲洗，晾干后分存。北京华瞻蜂业研究所研制成功的“消毒片”，对巢脾、蜂具均具有较好的灭菌作用，可以喷脾，也可用来灌脾。贮存装箱时脾与脾之间应有 5mm 以上间隙，箱内安放 1 ～ 2 个卫生球，贮存仓库要求干燥、清洁、严密，不得有药物等任何污染。贮存仓库及存放点要经常检查，严防老鼠的为害，一旦发现鼠害须及时捕杀。一旦存放不当，巢脾发霉生虫，必须更新，方法如下。

把巢脾的两侧沿着底部把整面的旧巢房（房壁和房口）削去，表面喷洒少许蜜汁，重新放入蜂群，让蜜蜂把房壁修筑成新巢房。

为了更有效地储存巢脾，北京霍伯雄特制了一种新蜂具——巢脾框架，既可分类存放，又可随生产季节任意拿取，同时还具有制作简易、占地面积少、防水、防鼠等优点，适用于大型蜂场储存巢脾。

六、蜂群的调整与合并

在饲养强群和保持强群的过程中，因蜂王繁殖力或管理等方面原因，造成群势强弱不均，必须随时进行调整群势或合并蜂群。主要是对采集蜂、幼蜂、子脾进行调整，应根据不同目的，采取分散繁殖、集中生产、强群越冬等不同措施。每当群势太弱，难以继续生存、发展，或者失王又无成熟王台补充时，均应及时合并。合并蜂群的原则，一般是弱群合入强群，无王群合入有王群。因各群的群味不同，加之蜜蜂本能的警惕性，难以任其合并到一块，处理不好就会引起残酷斗杀，造成损失。

1. 直接合并

在流蜜期或早春、晚秋气温较低时，以及长途运输初到场地，蜜蜂情绪处于混乱其警惕性相对淡薄时，采取直接合并法合并蜂群成功的可能性较大。但必须注意：①合并前一天首先将被并弱群的蜂王或王台除掉；②长期无王、无子的被并群事先一天换进虫、卵脾，改变其孤独感；③合并前 1h 对被并群与合并群施以同样措施，如喷酒、滴香水、放樟脑丸及蒜泥等，目的是改变和统一蜂群的群味；④若两群相距太远，应采取逐渐迁移法将被并群与合并群靠拢。以上准备工作完成后，可在傍晚蜜蜂安静后轻轻打开箱盖，将被并群移到合并群隔板外侧，最好相隔 2 ～ 3cm。操作时手脚一定要轻，尽量不要惊动蜜蜂，如动作不慎震怒蜂群，随即喷少量清水到巢脾上或从巢门口向里喷少许淡烟。合并后马上将被并群的蜂箱拿走，将合并群的蜂箱向被并群位置移一点，最好置原两群中间。第二天上午开箱检查，如果已无敌意可抽去中间隔板合并到一块，即告合并成功。如双群敌意未消，可延长观察一段时间，直到敌意消除、气味相投，再合并为一群。

2. 间接合并

在外界缺乏蜜粉源或蜂群易激怒时，须采用间接合并法。即将被并群与合并群放入同一个蜂箱，中间用铁纱或其他可以相互通气但又不能相互交往的物件相隔，待到两群气味相投后再合并到一起。例如用报纸合并，傍晚将继箱加在合并群的巢箱上，中间平隔一张戳有小孔的报纸，再将被并群提到继箱内，盖好箱盖。此间蜜蜂间试探着往来，并不断扩大交往，待报纸被咬穿，群味也就基本相同，合并到一起即告成功。应注意的是，采用间接合并法，也得处理好上述（直接合并）4 个方面问题，尽量减轻被并群与合并群之间的敌意，这是合并成功的关键因素。

在养蜂实践中，有些养蜂人在合并蜂群时与治螨相结合，即合并前一天，对合并群应用“绝螨二号”或“治螨香粉”等药物治螨，从而起到统一合并双方蜂味的作用，不妨一试。

七、诱入蜂王

诱入蜂王，就是在失王或换王时，设法将准备好的蜂王安排到需要的蜂群中，并保证需要群顺利接受。诱入方法主要有直接诱入和间接诱入两种方法。诱入蜂王所需要的条件大致与合并蜂群相同，一是在诱王前一天须将被诱入群的老王或王台除掉；二是失王过久、老蜂甚多或无子脾的蜂群，应提前 1 ～ 2d 补给卵虫脾，改变其孤僻感。诱王前应喂足诱入群的饲料，一般情况下，稳重的老蜂王较活泼的新蜂王容易被接受。

（一）直接诱入

直接诱入蜂王的先决条件是失王不久，外界有充足的蜜粉源，蜂群情绪稳定。方法之一，傍晚提前 2h 将被诱蜂王抓出蜂巢饥饿 2h，之后涂少许蜂蜜在蜂王身上，轻轻地开箱放入框梁上，也可制一喇叭纸筒，使蜂王从纸筒一端自行爬入群内。工蜂发现突临的蜂王身上带有蜂蜜，便通过清理表示亲近，蜂王受饥饿进巢后只顾寻食，不慌张，蜂群无震怒反应，容易接受。方法之二，是将带有蜂王的巢脾连同部分幼蜂一起提到诱入群的隔板外侧，待双方无敌意时再并到一起，诱王也即成功。方法之三，偷梁换柱法：轻轻打开蜂箱，将需要更换的老劣蜂王轻轻拿走，随即将优良的蜂王悄悄放入原老劣蜂王的位置上；只要不使其惊慌乱跑，一般容易成功。方法之四，如所诱蜂王活泼慌乱，可在其背部涂上蜂蜜，加大其身体负重量，从巢门口放入让其自行爬进蜂巢，为了配合其行动，可点燃喷烟器从巢门向内喷烟，也可点燃敌螨熏烟剂放入蜂巢，人为地造成蜂群混乱一阵，转移蜂群注意力，有助于诱王成功。诱入蜂王后不要随便开箱或震动蜂群，可通过巢外观察判断诱入蜂王是否被围。如果蜜蜂情绪稳定安静，巢前没有蜜蜂来回乱爬，蜜蜂采蜜、采粉活动正常，即诱入成功。方法之五，低温诱王法：早春或越冬前，由于冷气侵袭，气温较低，蜜蜂反应迟钝，活动能力低，警戒性相对淡薄，可选择气温在 10℃以下的天气，蜜蜂呈半结团状态时，采用偷梁换柱法，轻轻地为之诱入成熟蜂王，易于成功。方法之六，花期诱王法：外界蜜粉源大流蜜期，蜜蜂忙于采集，争斗性不强，加之蜂群各自的群味被相同的花蜜气味所冲淡，群与群之间的警戒性大大降低，傍晚可直接将蜂王诱入被介绍群，一般比较安全。方法之七，冷冻王浆诱王法：取出冷冻王浆，自然升温至10℃以上，涂抹在老蜂王全身，老蜂王受冻受湿，活动量减弱，放入诱王群的框梁上，工蜂为老王吸吮王浆，气味渐渐融合，慢慢爬进群内，诱王成功性相对提高。方法之八，一次性诱入法：从强群中选抽出2张饲料脾和2张马上出房的子脾，放入一空箱内，并注意保温，待少量幼蜂出房后，直接诱入蜂王，该法比较安全。方法之九，转移位置诱王法：对于失王时间较长的蜂群，诱王实在困难时，可将蜂群从原位置随意搬到本场某一角，随即剔除所有王台，待外勤蜂基本返回原处后，再诱入成熟蜂王，成功率大大提高。

（二）间接诱入

在外界没有蜜粉源，蜂群容易激怒时期，或者长期失王的情况下，诱入蜂王比较困难。此时，为确保被诱蜂王安全，可采用诱入器诱入法。框式诱入器就是将被诱蜂王连同原群的一张巢脾及少量蜜蜂装入其中，密封，插入被诱群内，使之双方无法交往但气味相通，经过一段时间的共同生活失去敌意时，再去掉诱入器放出蜂王。此法比较安全，蜂王也能照常产卵，但应注意随诱的工蜂要选幼蜂，因为幼蜂对群体的气味认识淡薄，容易诱入。如无全框式诱入器，也可采用盒式诱入器，方法是捉几只幼蜂连同蜂王一同罩在诱入群的蜜脾上，过1～2d检查，发现诱入器外的工蜂对蜂王有亲近感，不时伸进吻舔舐蜂王，即可撤去诱入器，放出蜂王。如有蜜蜂围着诱入器嘶叫，有攻击之意，切不可放出。如以上两种诱入器均没有，也可临时用铁窗纱制作，应急时也可以火柴内盒代用，注意在底部戳几个小洞通气，也可收到同样效果。另外，还有气味诱王法、王笼诱王法、纸筒诱王法、幼蜂诱王法、两群互换诱王法、处女王诱王法等。如果蜂群失王在10d以内，应加入1～3张幼虫脾，若失王时间超过半个月，应诱入成熟王台，当处女王出房后，再调入2～3张幼虫脾即可。

无论是直接诱入或者间接诱入释放蜂王时，有时出现蜂王飞逃现象，如果当时箱盖是打开着的，要保持原样，不久蜂王会飞回，倘若盖上箱盖，改变了原样，蜂王飞回时，常会误入他群而被杀死。蜂王诱入前必须彻底清除蜂群中所有王台。由于处女王行迹惊慌，不易被接受，在诱入时须谨慎操作、倍加小心。

八、解救蜂王

处女王错投、诱入蜂王不成功、合并蜂群、治螨、蜂群中毒以及盗蜂等情况，往往引起蜂王被围攻。其主要表现是以蜂王为核心形成一个大小不一的蜂团，众蜜蜂情绪激昂纷纷乱乱，有的欲置蜂王于死地，使之生命垂危。发现蜂王被围，切不可惊慌失措，应及时稳妥地采取应急解救措施。一般方法是向蜂群喷洒清水或稀薄蜜汁，迫使围王工蜂散开。当发现蜜蜂咬住蜂王的某部位不放时，切不可用手硬拽，更不能喷烟镇压，否则会激怒嘶咬的蜜蜂拼命相抗，终致蜂王于死地。假若蜂团较大蜂群极端愤怒，可迅速将蜂团连同蜂王一齐投入清水中，蜜蜂受凉遭淹便马上散开，再将蜂王救起。如蜂王受伤较轻行动矫健，即刻用盒式诱入器罩扣在巢脾上加以保护，直到被蜂群接受再释放出来。如果被围困蜂王肢体受伤致残，失去利用价值的，则予以淘汰。

释放幽闭蜂王时，常常遭到工蜂驱杀，据薛承坤的经验，可在释放前两天傍晚，对需要诱入的蜂王群进行饲喂蜜水，工蜂兴奋不已，产生繁殖欲望；同时，蜂王也会加强运动，产生同步效应，此时释放，可较好地避免发生围王现象。

对于多次利用的交尾群，老蜂较多，容易发生围王，应经常调入幼虫脾，换出空巢脾，保证蜂群新老工蜂交替，同时也加大了蜂群的育虫负担，有利于解除其孤僻感，可有效地防止处女王受围。

九、防止盗蜂

弱群、病群、无王群以及交尾群，因其防御能力差，在外界蜜粉源缺乏时，极易遭到其他蜂群的侵入和掠夺，掠夺蜂称为盗蜂，被掠夺群称为被盗群。引起盗蜂的原因，除其自身的防御能力低下外，饲料不足，检查时间过长，蜜汁滴在箱外，蜂箱破旧缝隙宽，巢门开得过大及不同蜂种的蜜蜂在同一蜂场饲养等因素，均可引起盗蜂。盗蜂初期发生在个别群，如防止措施不利，很快便会扩展到邻群、同排或全场混盗。盗蜂的出现往往引起工蜂斗杀、蜂王被围、场内混乱乃至全群（被盗）出逃不良现象发生。盗蜂大部分是老年工蜂，身体发黑，行动诡诈，围绕被盗群乱钻、乱飞，伺机侵入。被盗群门口成对抱团撕杀，并有不少腹部勾起的伤残蜂和死蜂。查访识别盗蜂的方法，可在被盗巢门前搭板上撒上面粉，腹部胀饱、惊慌出巢的盗蜂可把面粉粘带回盗群；再者盗群盗性成癖，出勤早、收工晚，飞翔迅速且翅音尖锐。查出盗群、被盗群后，方能有的放矢，采取有效的防范措施。

防止盗蜂主要以预防为主，平时严格按照蜂场操作规范行事，消除引起盗蜂的一切不利因素。①选择、培育盗性差的蜂种。②外界无蜜源时尽量少开箱检查，必须检查时最好选择早晚蜜蜂活动减少时进行，时间须短。③喂饲要在趋黑傍晚蜜蜂终止活动后进行，严防蜜汁滴在箱外。如有洒落的蜜汁，立刻用水冲洗或用土掩埋。非常时期补助饲喂时，先喂强群，用强群的蜜脾补助弱群。④糊严蜂箱缝隙。⑤外界缺乏蜜粉源时，要缩小巢门，以不影响蜂群正常活动为准。有必要时也可安装防盗巢门（进出口弯曲复杂，做贼心虚的盗蜂不敢轻易穿入）。⑥严密保存蜜粉脾及蜡渣、蜡屑等。⑦合并无王及丧失自卫能力的弱群、病群。⑧发现病群，立刻隔离治疗。⑨中蜂和西方蜜蜂分场饲养。易发生盗蜂时期，中蜂应采用直径 4mm 的圆孔巢门。

一旦发生盗蜂，须引起高度重视，及时采取措施制止，方法如下。①轻度盗蜂可以用草把、树枝遮盖或改变巢门，同时还要加强邻群的防范；②缩小巢门，经常喷水控制盗蜂的活动量；③被盗群巢门口放置樟脑丸或煤油棉球等有异味物质，用以迷惑、驱逐盗蜂；④限制盗群活动量或改变盗群内部结构，例如抽出蜜脾、短时间拿走蜂王、间断地关闭巢门等，用以抑制其盗性；⑤蜂场内个别群发生盗蜂，盗性又难以控制时，清晨将被盗群搬到阴凉处关门幽闭。原址放一空箱安装幽闭巢门（能进不能出）用以收集盗蜂，傍晚将收集起来的全部盗蜂搬到 5 000m 以外的地方另立一群饲养，或者予以杀死。因为盗蜂多发生在无蜜粉源期，绝大多数是老年工蜂，保留价值不高；⑥如盗蜂严重或全场发生混盗难以解除时，只有举场迁移到 5 000m 以外，待盗性解除，再迁回原址；⑦在巢门口安装一根或几根内径 6 ～ 10mm、长 50 ～ 80mm 的塑料管或竹管，周围空隙用泥堵严，或者安装市售的塑料盗蜂预防器，这样有利于被盗群进行自卫，而盗蜂则不敢轻易冒犯；⑧在人工分蜂时易发生盗蜂，新分出群应立即关闭巢门，安放于僻静处，待傍晚时再打开巢门，让逼急的老蜂返回大群，小群只剩下幼蜂，蜂群恢复平静；⑨如果是意蜂盗中蜂群，可将中蜂群的巢门用鲜泥巴封死，再以直径不超过 4.5mm 的细棒在鲜泥巴上戳几个小洞，可供中蜂自由出入，而意蜂无法通过；⑩发生盗蜂时，把巢门缩小到仅容 1 ～ 2 只工蜂通过，上部用蚕丝以图钉钉住、遮掩住巢门，本群蜜蜂可自由出入，外来盗蜂惊慌进犯一触即逃。

防治盗蜂综合管理至关重要，最为重要的是饲养强群并随时保持饲料充足，平时对蜂群加强科学管理，使盗蜂无机可乘。

十、人工分蜂

人工分蜂又称人工分群，即根据生产需要并结合蜂群内部具体条件和外界蜜粉源情况，提出部分蜜蜂及子脾、蜜粉脾，有计划、有目的地增加蜂群数量，扩大生产能力，这是扩大蜂场规模、增强综合实力的重要途径。实行人工分蜂，还可有效地制止蜂群发生自然分蜂，并有利于良种的选育和推广。人工分蜂经常采用的方法主要有以下几个方面。

1. 均等分蜂法

在当地大流蜜期到来前 40 ～ 50d，可采用这种方法，把一群蜜蜂和子脾（蛹、幼虫和卵）分为大致相等的两群。具体作法是：将被分蜂群往一边移动半个蜂箱的位置，在原蜂群旁边放一个空蜂箱，把被分出的蜂、子脾、蜜脾、粉脾各提出一半放到空蜂箱内。由于原群的群味、颜色等要素能够吸引采集蜂，所以分蜂提脾时，应多抖一些蜜蜂给分出群，尽量多提面积较大的蛹脾，少提虫、卵脾。几个小时后，新分群出现失王情绪时，再诱入一只优质的新产卵王。为了尽快发挥作用投入生产，较强的新分群不宜诱入王台，因为新蜂王要经 20 余天才能产卵，这样势必影响蜂群的发展，不利于尽快形成采集强群。分蜂时，如果蜂数偏巢严重，应适当地对蜂箱的位置相应调整，促使新分群与原群的蜂数不致相差太多，避免出现子多蜂少。

2. 不均分蜂法

把一群蜂分为蜜蜂和子脾数量较为悬殊的两群或多群，将老蜂王留在原群，以产卵王或成熟王台组建成新分群，使之组建成一个独立的生产繁殖单位。具体做法是：将 1 张子脾、1 张虫脾和 1 ～ 2 张蜜粉脾，并带有 3 ～ 4 框蜜蜂，放入离原群较远的蜂箱内，置蜂场一隅，并缩小巢门，几小时后为之诱入一只优质新产卵王，也可诱一个即将出房的成熟王台。

分群提蜂时，可从原群多提出一些蜜蜂，因部分外勤蜂是要返回原群的。分蜂后，要及时进行检查，如发现蜂量不足，可从原群抽调适量幼蜂予以补充，避免蜂脾比例失调导致保温不良等现象发生。如果离流蜜期时间较长，可用封盖子脾把分出群逐步补强，使之成为一个生产群；也可发挥新分群的产卵能力，将卵脾调给强群哺育，实行以弱补强。

3. 联合分蜂法

联合分蜂又称混合分蜂，是从两个或两个以上蜂群中各提 1 ～ 2 张饲料充足并带幼蜂的封盖子脾，放入同一空箱内组合成 3 ～ 6 框的分蜂群。次日再诱入一只新产卵王或成熟王台。采用这种方法进行分蜂，对原群的繁殖和生产影响不大，而且还能使蜂群保持积极的工作情绪。该法比较适用于本年度提早分蜂，这是加快繁殖增强蜂场实力的一种有效措施。春季在几个处于繁殖状态的中等蜂群中，每隔 6 ～ 7d 提出一框带蜂封盖子脾，组合成新分群，经过一个半月的紧张繁殖，即可壮大成具有较强生产力的强群，可以赶得上夏、秋季节的生产，还可用其再次进行分蜂繁殖。

4. 交尾群的管理

交尾群的管理，必须注意以下几个方面：①根据分蜂的目的、时间和新分群群势情况，制订切合实际的管理及发展计划，按计划加强蜂群管理；②安置好适宜位置，确定了巢门位置后，不可随便移动、改变；

③保证饲料充足，蜂王交尾期不宜随意加喂饲料；④巢门口的标记物件不能随便挪动；⑤根据天气变化情况，注意遮阴或保温；⑥缩小巢门糊严蜂箱缝隙，注意防盗和防止胡蜂等其他敌害侵入；⑦交尾期间，处女蜂王特别惊慌，不宜过多开箱检查，须勤作箱外观察，了解蜂王是否遭围；⑧出房半个月以上仍交不上尾或交尾情况不佳以及体质受损的处女蜂王，可根据情况考虑是否取缔。

不论采用何种分蜂法，新分群的群势一般较弱，调解巢温、育虫、采集、防卫等能力较差，要加强管理，必要时应采取补饲、遮阴、防盗等辅助措施，使新蜂王充分发挥其产卵性能，以加速新分群的发展。

十一、收捕逃蜂

因管理不当或蜂种品质低下、敌害干扰、蜜粉源缺乏、天气闷热等内外因素，以及蜂群的结构（部分蜜蜂自行离巢分居）与情绪发生变化，有时也会出现整群飞逃现象。出现自然分蜂或飞逃的时间，多发生在久雨初晴或晴暖的天气，一般在10:00—16:00。自然分蜂或飞逃初始，先是少量侦察蜂出巢探路，继而是大批蜜蜂涌出蜂箱在蜂场上空盘旋飞翔，待蜂王被簇拥着飞出蜂巢后，便形成一股强劲的蜂流，绕蜂场上空飞行一阵，便远行出走或集结在蜂场附近的树枝或建筑物上，形成一个松散的蜂团，不久再改迁所选中的新居。中蜂飞逃现象较为严重，且有一次就远飞的特点。

控制蜂群自然分蜂或飞逃，应以预防为主，具体方法可参照防止自然分蜂的技术要点去做，尽量不使蜜蜂发生飞逃。一旦发生自然分蜂或飞逃，在蜂王尚未出巢前可迅速关闭巢门，用洒水等降温措施使蜂群安静下来再做处理，已出巢的蜜蜂发现蜂王未能出巢也会自行返回原巢。如果蜂群已就近结团，可视其结团物及具体位置予以收捕。假如飞出蜂结团在树枝、篱笆及能活动或可以折取的物件上，可将蜂箱移到结团物的下面，将蜂团抖落在蜂箱内，也可将树枝或篱笆竿折断，把蜂团取下抖入蜂箱中。也可自制或购买专用的捕蜂网，捕蜂网由网柄、网圈、网袋组成，网柄有伸缩功能（图4–4），需要时用网柄高举网袋使之接近并网住蜂团，将蜂团抖入网中，取回。如果蜜蜂结团在墙角、高树干或不易活动的物件上，可将巢脾灌上少量蜜汁捆绑在一根可以够到蜂团的竹竿或木棒上，轻轻举到蜂团附近，引诱蜂团爬到巢脾上，待蜂王上脾后，用蜂王诱入器罩住连同上脾的蜜蜂取回，其他蜜蜂也会逐渐飞回原群。在车站、码头或蜂群迁出地收捕失散的乱蜂，可采用一弱群，并将此群的蜂王扣住，把蜂箱摆放到散乱蜂较多，且地势偏高的明显位置，乱蜂会自然投入。收捕回来的蜜蜂，可根据蜂场需要及原群情况予以及时处理，或组成新分蜂群，或对原群处理后并入原群。

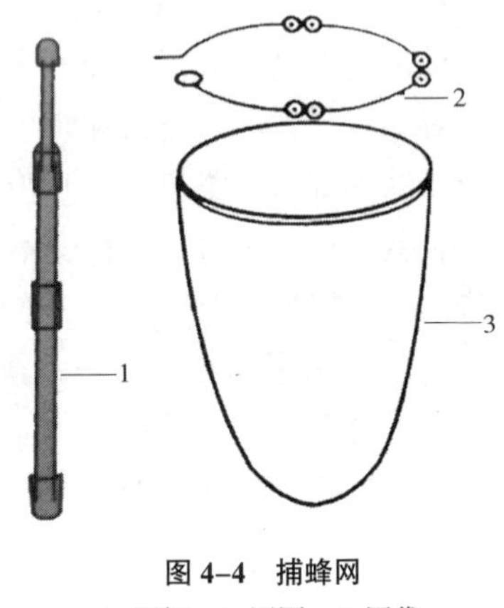

图 4–4 捕蜂网

1. 网柄；2. 网圈；3. 网袋

十二、双王群管理

饲养双王群是培养强群行之有效的主要措施之一，养蜂人员时常组织双王群饲养。饲养双王群的好处比较有利于蜂群相互保温和加快繁殖速度，能充分利用过剩幼蜂的哺育力培育出更多的蜜蜂，推迟蜂群出现分蜂热的时间。组织双王群的时间，各蜂场要根据本地的气候、蜜源、群势和蜂场的物质条件和生产计划灵活确定，基本原则是在本地主要蜜粉源开始开花泌蜜时，其群势必须繁殖成强壮生产群。另一种情况是，秋末组织双王群，届时将两个较小的蜂群用中隔板隔离放入一个蜂箱中，有利于蜂群的安全过冬，同时也有利于早春的繁殖和春蜜的采收。

双王群的组织，一是将两个小群装入一个蜂箱，两群之间须用中隔板隔离；另一种是用铁纱中隔板将一个蜂群分为两区，一区由原来蜂王繁殖，另一区再介绍一个成功蜂王或作为交尾群，待处女蜂王交尾成功便可双王繁殖。目前，我国主要采用这种形式饲养双王群，另外还有双育虫箱双王群、垂直分隔双育虫箱双王群、并联式双王群等（图 4–5）。双王群一般由卧式十六框蜂箱组成，待蜂群发展到一定规模（如不能容纳时），再分巢饲养。另一种是用十框标准蜂箱组成，中隔板两侧各有一只产卵王繁殖，巢箱内蜂满后再加继箱，巢、继箱之间加平式隔王板，将两只蜂王全部压在巢箱内，组成两个繁殖小区，并保证两只蜂王不致串通相遇。中隔板上梁必须与平式隔王板的中间通梁靠紧，不能有间隙。为了加快繁殖，巢箱内的蛹脾应及时调入继箱内，继箱内出完房的空脾再调入巢箱，保证巢箱两繁殖区内有充足的产卵空巢房。双王群中尽管是双王繁殖，但群味是一致的，蜜蜂之间无任何界限。待第一个继箱蜂满后可再加第二个或第三个，从而组成强大的生产群，大大提高了繁殖速度和生产效益。经过多年实践与试验证明，早春组成双王群管理，同等群势的双王群比单王群增产蜂蜜 29%～30%，增产王浆 30%～50%。繁殖速度加快 30%～40%。双王群经过加强管理，有利于形成三箱体或多箱体蜂群，必将大大提高蜂产品产量和质量。双王群如果管理不善，往往容易偏集一方，致一方拥挤，而另一方稀疏。解决这个问题的方法，一是尽量拉远各区间巢门的间距，巢门中间加一标记物，增强蜜蜂的记忆力；二是尽可能均衡各区的群势及虫蛹脾，使各区的蜂数趋于相等。

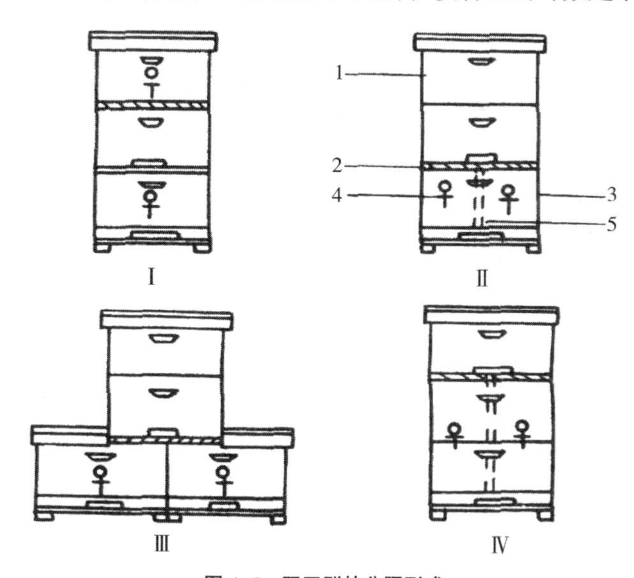

图 4–5　双王群的分隔形式

I. 横向分隔双育虫箱双王群；Ⅱ . 垂直分隔单育虫箱双王群；

Ⅲ . 并联式双育虫箱双王群；Ⅳ . 垂直分隔双育虫箱双王群

1. 继箱；2. 隔王板；3. 巢箱；4. 有王繁殖区；5. 闸板

随着养蜂技术的不断发展，养蜂实践中饲养双王群技术在逐渐成熟和提高，许多养蜂师傅发明创造了很多行之有效的新方法、新技术，例如黑龙江虎林县杨多福师傅的数控养蜂法、山东乐陵县张功勋师傅的分区养蜂法，均值得学习和推广。

十三、蜂脾关系

调整和运用好蜂与脾的关系，是蜂群管理中的一项重要技术内容。一年四季不管是恢复期还是增殖期、流蜜期或越冬期，都要涉及蜂与脾的关系和排列。巢脾多少及安排得合理与否，可以改变蜂群的内在条件，引起数量和质量的变化，对蜂群的繁殖、生产和越冬等重大步骤造成影响。因此，调整和运用好蜂脾关系，不能仅从主观愿望出发，更不能随意而为之，必须根据蜂群、气候、蜜源等客观因素来科学把关、灵活掌握。

在日常蜂群管理中，多少蜂放几张巢脾及每一张巢脾安排到何处为宜，是有一定条件限制的，并随时结合蜂群内、外因素及自然条件变化，及时予以增减和调换。正常情况是，繁殖期或温度较低时，要紧脾饲养，做到蜂多于脾，以每成 250 只计算，每脾应保持蜜蜂 12 成以上（3 000 只）为宜；晚春、初秋或蜂群过渡阶段，应保持蜂脾相称，即每脾 2 500 只蜜蜂；而大流蜜期群势已相当强壮，温度也相应地增高，加之群内需要较多的空巢房，加工盛装花蜜，故应暂时将巢脾适量放松一点，做到脾多于蜂，但最低也得保持 8 成以上蜂（每脾 2 000 只）。大流蜜期过后须得尽快调整巢脾，根据下一部的工作情况，可考虑是否继续保持现状，还是抽出多余的空脾。紧脾饲养保持群势强盛，是获取高产及增强抗逆力的保证条件之一。

巢脾的合理安放也非常重要，在正常情况下，供蜂王产卵的空脾应放在繁殖区的中间，而饲料脾则放在蜂群外围，巢础易放在虫卵之间，大子脾应放在靠近饲料脾的内侧。这些常识也须根据季节等因素合理变动，例如冬季得把大蜜脾放在蜂群的中部，空脾须得全部撤出，蜂、脾比例越大（甚至高于 15 成），越有利于越冬的保温和安全。平时管理蜂脾关系情况见表 4–5。

表 4–5　不同时期、情况下蜂脾关系调整

原因			蜂路（mm）	蜂脾关系
恢复期	早春，气温不稳定，必须加强对子脾的保温和互助作用，保持蜜蜂高度密集		8 ~ 9	蜂多于脾 2 ~ 3 成，注重饲料脾的补充调整
增殖期	外界气温未稳定，但有所升高	早春始花期，繁殖旺盛	9	蜂略多于脾 1 ~ 2 成，注重提供产卵脾
		早春流蜜期，以繁殖为主	9 ~ 10	蜂略多于脾，注意调整虫卵脾
复壮期	气温趋稳，群势渐强，重点是组织生产强群		10	蜂略多于脾或蜂脾相称，调整子脾，补充强群
流蜜期	前期	组成强群，投入生产	10	蜂脾相称，清理饲料脾
	中期	集中力量开展生产，进行创收	10 ~ 12	脾多于蜂（8 成蜂），补充生产空脾
	后期	抓紧生产，兼顾今后的安排	10 ~ 12	脾略多于蜂，适量缩紧
秋繁期	前期	气温较高，抓紧秋季生产	10	蜂脾相称，以子脾补弱群
	后期	气温渐凉，注重秋季繁殖	8 ~ 10	蜂多于脾 2 ~ 3 成，抽出空脾加强子脾保护
越冬期	室内	保持蜂团密集稳定	12 ~ 14	蜂多于脾 3 ~ 4 成，大蜜脾放中间
	室外	保持蜂团密集稳定	12 ~ 16	蜂多于脾 4 ~ 5 成，大蜜脾放中间

两巢脾之间的距离被养蜂人称作蜂路，蜂路的宽与窄直接影响着蜂群的生活与生产，应根据季节的不同和蜂群的需要予以灵活掌握，科学调整。

十四、工蜂产卵群的处理

蜂群丧失蜂王后，控制工蜂卵巢发育的“蜂王物质”随即中断，蜜蜂情绪变得激动高昂，加之哺育工作量减少，体内营养腺分泌过剩，致其生殖器官发育膨胀起来，经过15d以上的孕育，个别工蜂便开始产卵。工蜂产卵极无规律，巢房底、壁四处可见，且一房多卵，杂乱无章。工蜂产的卵全部为未受精卵，只能发育成瘦小无用的雄蜂，除去生产雄蜂蛹以外，不再有任何使用及生存价值。

发生工蜂产卵后，该群蜜蜂再难接受其他蜂王，要想根除也比较难，须得采取一些技术措施。

（1）确定工蜂已产卵的无王群后，不要急于为之介绍新蜂王，首先应将工蜂卵脾全部清除提出，剔除或捏死那些有疑产卵的工蜂，给蜂群补入较多的虫卵脾，加重其哺育任务，较大量地消耗掉分泌的过剩王浆，促使其情绪趋稳，再分别任选以下一个方案：①为之导入一只成熟王台，待其出房交尾成功后，工蜂产卵现象也就解除；②用蜂王罩，罩扣住一只老龄蜂王于蜂巢中间，利用其“蜂王物质”控制工蜂巢不再发育，之后再设法为之成功介绍一只优质蜂王，或用新加入的虫卵使蜜蜂自行急造几个王台，从中选择一只较好的，予以保留。

（2）为了改造工蜂产卵群，可采用移步换景法。傍晚先撤走工蜂产卵群的巢脾，然后将正常蜂群里带有封盖王台的虫卵放入工蜂产卵群，随即将产卵群里所有蜜蜂提出，抖落到蜂箱前搭板上，使其自行爬入蜂箱内，立即盖箱，一夜后便开始培育蜂子，恢复正常。对个别在前搭板上徘徊的老龄蜂，应疑为产卵工蜂，可予以清除或处死。

（3）如工蜂产卵无王群甚小，又经几次努力均失败时，可将蜂巢移走，把工蜂抖散在蜂场内，任其自行选择新的群体。

还可根据产卵工蜂生理变化特点，采取“快刀斩乱麻”的办法，即提走产卵工蜂群的巢脾，置于日光下照晒，不产卵工蜂留恋原巢，大部分返回巢内；而产卵工蜂却死守巢脾，不肯离开，一段时间（1～2d）后将它们抖落到一隅，任其消亡。

十五、控制分蜂热

蜂群发展到一定程度，其内部结构发生变化，蜂与王的比值差距拉大，大量青幼龄工蜂出现过剩，外界缺少蜜粉源，采集蜂无所事事，加之气候炎热，巢内蜂多拥挤等多种因素，促成蜂群发生分蜂热。发生分蜂热的预兆是，蜂王大量产雄蜂卵，工蜂积极造台，继而蜂王产卵明显下降，工蜂出勤减少，消极怠工，并在巢门前形成蜂胡子，等待分群另居。处于这种状态的蜂群采集力严重下降，如不及时解除，外界即便蜜源盛开，也获不到高产。

预防分蜂热的方法，主要是选择善于维持强群的蜂种，淘汰老劣蜂王，选用产卵力旺盛的新王。平时要加强管理，主要是注意蜂群的遮阴、通风等措施，根据蜂数的增长需要适时加脾扩大箱内空间。饲养双王群，缩小蜂与王的比值，及时割除王台，同时积极开展蜂王浆生产，也能起到抑制分蜂热的作用。一旦分蜂热发展到比较明显的程度，巢内出现封盖王台，蜂王腹部已收缩，工蜂很少从事巢内、外工作，在巢门前闲聚，说明分蜂期已临近，应抓紧采取控制措施。

1. 进行人工分蜂

要有步骤按计划实行人工分蜂，在最适宜的时期繁殖新蜂群。从有分蜂热的蜂群中分出一部分蜜蜂和子脾。组成新分群，不但预防了原群的分蜂，防止了飞逃，而且还增加了蜂群数。

2. 及时扩大蜂巢空间

采取加脾、加继箱等方法扩大巢内空间，解除巢内拥挤现象，同时开展蜂王浆生产，给蜂王创造多产卵的条件，增加蜂群的哺育负担，人为地增加其工作量，可有效地转移蜂群的分蜂情绪。

3. 改变蜂巢条件

分隔蜂巢，扩大巢门，刺激蜜蜂多造脾产卵；干旱高热季节，应注意蜂群的遮阴降温，巢内添加水脾，提高蜂巢湿度，降低巢温。

4. 调入空脾

分蜂热严重的蜂群，在流蜜开始时，可把全部子脾提出补给弱群，换入空脾。换脾时将蜜蜂抖落到巢门前，让蜜蜂自行爬入巢内，使蜜蜂感到情况突变，后继无力，不再具备分蜂条件，分蜂情绪便很快消失，全力投入采蜜和繁殖。

5. 调换蜂群位置

流蜜期到来之初，如有个别蜂群分蜂热难以控制时，可结合组织采蜜群进行解除，方法是将邻近的蜂群挪动靠拢，清晨将有分蜂热的蜂群一次性搬运到蜂场的另一位置，外勤蜂返回到临近的蜂群，加强了该群的采集力，而原群也因减少部分蜜蜂使分蜂情绪锐减。

6. 加虫、卵脾

流蜜期前发生分蜂热的蜂群，在加强管理的情况下，彻底消除雄蜂蛹和王台基，并从其群中调入虫、卵使其哺育，加大了蜂群的负担，也可起到抑制分蜂热的作用。另外，短时提走蜂王或模拟分蜂，使蜂群造成认识上的混乱，产生一种已经分过蜂的假象，也能起到控制分蜂热的效果。

十六、巢门管理

巢门，是蜜蜂活动的必然通道，对蜂群的繁殖与生产起着直接作用。

在蜜蜂饲养过程中，巢门的管理是一项烦琐、细致的工作，养蜂人员需要随时随地根据群势强弱、气温高低、湿度大小、蜜粉源好坏等条件的变化而灵活掌握。这些变化着的因素并不是孤立的，有时还存在着对立的因素。例如，夏季为了通风需要开大巢门，可巢门过大又不利于防盗和抗敌。这就要求在巢门管理上，绝不能松懈，不论扩还是缩均要全面考虑，灵活掌握。这种灵活是有分寸和有原则的，那就是蜂群的需要。只有根据蜂群的需要灵活掌握巢门，因势因时科学管理，才有利于蜂群的繁殖和夺取高产。巢门的常规管理主要有以下几个方面。

1. 巢门的变动

蜜蜂有很强的定向、识巢性能，如果需要变动巢门时，不可急于求成。只能每天变动一点，例如无论向左或是向右、向高或是向下变动，每次只能移动十几厘米，使蜜蜂逐渐接受，为了提高蜜蜂的记忆，也可用蜜蜂所熟悉的标记予以诱导。如时间紧迫，需要强制性改动巢门方位时，只可利用未经认巢飞行的幼年蜂。

2. 巢门的开关

当蜂群受闷吵闹严重时，不可贸然开启巢门，以防蜜蜂一涌而出造成偏巢等损失，只有通过喷水等降温方式使蜂群安静下来后，再开启巢门。当蜂群飞逃之初（蜂王尚未出巢）或发现蜂外出采集中毒，应立即关闭巢门，并采取相应的处理措施，以免造成更大损失。蜂群搬运前需要关闭巢门，应在傍晚外勤蜂全部返回后进行。巢门口如有蜂胡子，可予以喷水，蜜蜂受潮便迅速进入箱内。火车长途转运途中，可利用蜜蜂恋子的特性，对巢门实行开关相结合的方法，具体方法可参照转地放蜂的有关章节。

3. 巢门的扩缩

巢门的扩与缩，在正常情况下是热扩、冷缩；中午扩，傍晚缩；壮群扩，弱群缩；有蜜粉源扩，无蜜粉源缩。如果两种因素并举，不便决定是扩还是缩时，可视其当时的主要矛盾而定。如天气闷热盗蜂又猖狂时，白天可适当将巢门缩小，以便蜜蜂抵御敌害和盗蜂，同时可采取打开箱盖或箱底通风孔的方法予以通风。

整个蜜蜂活动中的巢门管理，可分为 3 个时期，即繁殖期、蜜粉源衔接期和主要流蜜期。根据 3 个时期的特点，养蜂科技人员采用十框标准箱，对不同群势在不同时期的巢门大小如何更有利于蜂群的繁殖与生产，做了试验和调查，认为以表 4–6 所列的情况处理为宜。

表 4–6　不同群势、时期巢门变化

时期	群势（框）	巢门（mm）		备注
		高	长	
春秋繁殖期	3 7 10	8 8 8	10 30 50	此间昼夜温差较大，晚间应适当缩小巢门。寒流和风吹时要用草帘等物遮挡巢门
蜜粉源衔接期	3 7 10 15	8 8 10 10	15 40 90 120	注意巢门观察，发现盗蜂及时处理

续表

时期	群势（框）	巢门（mm）		备注
		高	长	
主要流蜜期	3 7 10 15	8 10 10 20	20 120 300 300	强壮的继箱群。可拔起巢门挡板，夜间落下 10mm，以利于蜜蜂防止敌害和维持巢内湿度，排出蜜汁中水分

十七、蜜蜂偏巢

尽管蜜蜂有很强的定向、识巢能力，但受蜂种退化等多种因素影响，在蜂群饲养管理中，蜜蜂偏巢乃是一种常见现象。尤其是在蜂群经转运新落场址或举群混飞等情况下，偏巢现象尤为明显，对蜂群的危害带有灾难性。蜜蜂偏巢的产生，造成蜂群内部机理急剧变化，导致强群更强，弱群更弱或者强群变弱，弱群围王，工蜂斗杀，传播疾病等不正常现象，影响蜂群的繁殖和生产，并易传播病虫害，造成经济损失。

经过试验和多年养蜂实践发现，蜜蜂偏巢有其规律性，主要是偏向上风头、高处、飞行集中区及光源处。偏巢的因素、规律及防治方法分叙如下。

1. 蜂种

蜂种品质的低劣、退化，使蜜蜂的生物本能下降，并产生与其本能不一致的行为，这种行为多发生在生存中处于劣势的病、弱群或无王群，这类蜂群最易发生偏巢（主要是偏出到他群中）。防止方法是加强蜜蜂良种选育，发挥杂交优势的作用，培育定向力强、认巢性能高的蜂种，淘汰定向力差的蜂种。同时加强蜂群管理，保持群势强壮，及时处理病、劣、弱和无王群，是避免发生偏巢的重要措施。

2. 迷巢群

经过长途运输途中受闷，新落场址环境变化，蜂群的正常生理机能机制遭到破坏，猛然开启巢门后，惊慌出巢未及时辨认巢门的蜜蜂个体间的信息传递中断，失去了群体的制约与招引，而致产生迷巢蜂，促成了偏巢现象的发生。防止方法是：加强运输途中蜂群的管理，不致蜂群受闷。落场后首先喷水降温，让蜜蜂恢复安静后再开启巢门。蜜蜂早春排泄时，由于经过长期越冬突遇温暖天气，诸多蜂群的蜜蜂集中外出，忙于排泄腹内涨满的粪便，混飞中容易出现偏巢。如果偏巢比较严重，当时可直接把偏入群的部分蜜蜂调给偏出群，暂时把带蜂的巢脾放在隔板外侧（注意不要提走偏出群蜂王），隔夜后即可合并到一起。

3. 蜜蜂特性

蜜蜂的生物学特性是表现在多方面的。蜜蜂的恋群性、抗逆性、向上性、趋光性等，在维护群体等方面起着主导作用，然而表现在偏巢方面却成为弊端。当新落场址，迷巢蜂往往选择飞行集中区一起飞行，经过一段时间的狂飞乱舞，便同一些蜜蜂一起涌入飞行集中区的某一群或邻近的几个群，这是其恋群特性所决定的。有时某群蜂发生飞逃，逃蜂在蜂场上空盘旋飞行时，其他群的蜜蜂也有加入其行列参与飞行并跟随远遁的现象。从而进一步说明蜜蜂恋群特性在偏巢方面的表现尤为明显。解除此问题的方法是排列蜂群时，有目的地将强弱群搭配排列，并尽可能地拉开箱距与排距，避免形成飞行集中区，也可用不同颜色、新旧蜂箱间隔着摆放，或采取长排分组的办法，隔 3 ～ 4 群放 1 个空箱，以增加蜜蜂识巢能力。开启巢门时最好先开启弱群，后开启强群，或者边开巢门边用喷雾器喷雾以控制蜜蜂的活动量。

4. 自然因素

风向、风力、光源以及地理环境等因素，均对迷巢蜂产生影响。因为蜜蜂有顽强的抗逆性，三级以上风力时，迷巢蜂往往顶风挺进，偏入上风头的蜂群内。这一偏巢现象无论是新落场，或是在原场址均有不同程度的发生。受蜜蜂向上特性影响，摆蜂场地高低不平时，在其他因素干扰的情况下，低处的迷巢蜂偏入高处的蜂群内。光源是蜜蜂的主要反射条件，蜂群呈前后排列或长条排列时，迷巢蜂容易偏向前方或太阳方向，这是趋光特性和表现。故此，在选择放蜂场地时，尽可能地选择平坦、宽敞的场地，根据场地小区气候的特点，人为地设置防风屏障或便于蜜蜂辨认的标记物。蜂箱间距保持 0.5m 左右，排距 6m 以上。场地高低不平时，根据蜂群需要将有待补充蜂数的蜂群摆于高处。场地十分拥挤时，例如在车站、码头作短暂放蜂，可将蜂群呈圆形或方形排列，这样各群巢门方位不一，无前、后、左、右之分，有利于以本场为中心形成飞行集中区，能较好地防止本场蜂外偏。若偏巢严重，在外界蜜粉源较好的条件下，也可把偏出群和偏入群互换位置。

5. 管理因素

管理不当（如堵挡巢门前蜜蜂通道）也会引起蜜蜂偏巢。平时在蜂群管理过程中必须严守操作规程，避免人为地造成蜂群混乱。不要随便更换蜂箱或箱址以及巢门方位，及时处理病、弱群及无王群。新落场址开启巢门时，须根据蜜蜂偏巢规律，结合时间、风向、群势、排列、场地环境等因素，视当时的主要矛盾灵活掌握，不可冒然行事。一旦发生偏巢，应首先找出引起偏巢的主导因素，分清偏出、偏入群，对症下药。在蜜蜂混飞之际，应喷雾降温及控制蜜蜂活动量，刺激蜂群发臭，或者在偏出通道上设置障碍（如将空蜂箱高高堆垒），对控制蜜蜂偏巢可起到一定作用。

另外，在饲养双王群时，工蜂偏巢现象时有发生。纠正办法如下。①在两群中间开巢门，并在巢门挡上放一个三角形的小木块，利用其左右滑动性调节巢门大小。原则是：蜂多的群巢门应小一些，蜂少群相应大一些；②采用两群互调子脾法，即将大群的老封盖子脾调给小群，把小群的卵虫脾调给大群，这样群势可得到平衡。方法是调整隔王板的位置，使原本为一群的蜜蜂，在强、弱两产卵区内得到互补，使其充分发挥作用，强壮群势。也可用框式隔王板（实质是一巢两王，各居一方）来解决双王群偏巢现象。

蜜蜂偏巢的危害固然很大，平时加强防范是正确的，但在特定情况下也可对之进行有效利用，例如用来组织采集生产群，方法是：在追花夺蜜前 1 周将生产群的蜂王罩起来，待搬到蜜源地时，根据风向有意将之摆到上风头，使迷巢蜂偏入有助增强其采集实力。

十八、蜂王的储存

养蜂场储存一些备用蜂王，可以随时更换衰老的、受伤的蜂王，也可以随时补充丧失的蜂王。储存蜂王是有一定条件及技术要求的，如果方法不当，会对蜂王造成不利影响，轻则延长开产期，重则影响到产卵力，以致蜂群拒绝接受这种产卵不正常的蜂王，必须因时因势加以管理，方可得到理想的效果。

（一）按储存时间分类

1. 短期储存方法

可将王笼放在室内有控制条件的地方存放。温度必须控制在24～27℃，相对湿度为60%～70%，无阳光直射、无穿堂风。要注意王笼内炼糖的数量，并保证足量优质，同时每天补喂蜂王几次清水，将水滴在纱网上，保持王笼湿润，不要放在靠近暖气片处，切记不要使饲料失水过干，以免影响蜂王的食用和健康。

2. 中、长期储存方法

又称“蜂王库”贮存法，即在蜂群中贮存，利用蜂群较长时间存养备用蜂王。储王蜂群可以是有王的，也可以是无王的，一般多采用无王群。如采用有王群储王，该群至少应作巢、继箱分层饲养，用隔王板将原群蜂王隔离在下面的巢箱内，储存的蜂王放在上面的继箱中。如果大量储王，可做一专用储王的框架，该框分作2～3层，每层放10～12个王笼。王笼摆放时，背靠背，纱网朝外，炼糖一端朝下，储王框安放蜂群中的位置要便于工蜂饲喂，最好置于蜂路中间，小幼虫脾放于储王框的两侧。这样可以保证蜂王有适宜的稳定温度，有助于吸引哺育蜂的注意和哺育。

（二）按储存方式不同分类

1. 室内储存

罗马尼亚采用一种特制的塑料“蜂王储存盒”储存蜂王，苏联在此基础上研究试用了一种“微型蜂王储存盒”。近几年来，我国在这方面也做了不少工作，并有较大突破，单脾蜂王储存盒便是例证。储存时，在储存盒内安装一块重250～300g的小蜜脾，将所存蜂王分格存放其中，室内温度要求在20℃以上，注意根据工蜂取走情况随时增补，单只储存时间可达3个月，蜂王诱到蜂群中产卵正常，是一种行之有效的方法。

2. 蜂群内储存

在交尾群或强壮群的继箱中，用隔王器或蜂王幽闭笼（图 4–6），把蜂王储存在饲料充足的虫卵脾之间，有利于蜂王存活，且不需要经常开箱检查。也可以用王笼集中储王，方法是：储王前 2d，提出即将出房的子脾若干张及蜜粉脾各 1 张，放入一空箱内，由幼蜂组成 1 个储王群，随即将蜂王装入王笼内，挂在储王群的蜂路间即可。王笼放入 2d 后，可放出 1 只蜂王从事产卵。如果储王时间较长，可轮流放王，但只限 1 只在外产卵。需要注意的是，温度较低时，王笼不可过于靠边放置，以免冻死靠边的蜂王；气温较高时则需要注意蜂群的通风和遮阴。

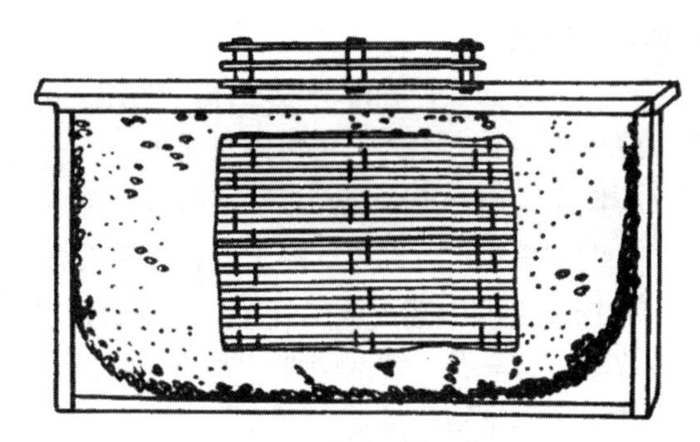

图 4–6　长方形储王笼

3. 蜂巢外储存

将待储蜂王放入盛有炼糖或高浓度蜂蜜的较大型王笼内，同时捉 10 ～ 15 只幼蜂投入其中，它们会尽力照料蜂王的生活，放入温度适宜的背风处，半个月至 20d 没有问题。该法适用于野外放蜂的流动蜂场。

十九、蜂群迁移

蜜蜂经过认巢飞行后，对本群的位置、巢门方向有了牢固的印象，如果将其迁移到它们飞翔范围内的任何一个地方，在一段时间内不少蜜蜂仍要飞回原来的位置。因此，在近距离迁移蜂群时，要采取适当的措施。

1. 逐渐迁移法

如本蜂场近距离迁移，迁移蜂群又是少量时，可采用逐渐迁移法，即每次迁移一小点，慢慢达到目的。向前后移位时，每次只能移动 50 ～ 80cm；向左右移位时，每次只能移动 20 ～ 30cm，每天上、下午各移动 1 次，不可操之过急，移动过远、过勤起不到好的效果。

2. 利用越冬期迁移法

如将蜂群搬迁出数百米或二三千米，最好在蜂群结成稳定的越冬蜂团时进行，蜜蜂经过漫长的越冬期，对原位置印象变得相对模糊，第二年早春出巢活动时便很少再飞回原址，可使损失大大减轻。

3. 直接迁移法

如将蜂群搬到离原址三四千米范围内，又不便于采用二次迁移法（一次迁出 5km 以外过半个月至 20d，再二次迁到需要搬入的地点）时，可采用直接迁移法，直接将蜂群迁入目的地。只是注意迁入新址后不要马上开启巢门，先幽闭一整日，傍晚开启巢门时，有意地在巢门前放些草把等标记物，蜜蜂经过 1d 的意志消耗，加之巢门情况大变，故容易接受新址。不过，采用此法仍有必要在原址放只空箱收集飞回的散蜂。几天后将收到的散蜂搬到 5km 以外的地方过 20d，再搬向新址。

4. 改变巢门迁移法

采用巢门塞草的方法，使蜜蜂很快建立识别新位置的意识。做法是：用新鲜的青草堵塞巢门，到达目的地后，青草渐渐干枯，其间缝隙逐渐增大，加之蜜蜂在蜂箱里极力撕咬，也可人为地助其戳一小洞，使之从小洞中钻出，便会重新做识巢试飞。飞回原址的蜜蜂也就大大减少。注意巢门塞的草必须是青草，而且堵得要疏松，以不便蜜蜂当时钻出，又要使草干后能以钻出为准。

二十、转地放蜂

转地放蜂，追花夺蜜，是获取蜂产品高产和提高经济效益的重要途径，也是蜜蜂更好地为农作物授粉的需要。转地放蜂有长途与短途之分：短途放蜂是在驻地附近近距离放蜂；长途放蜂是远距离的搬运，根据生产与繁殖的需要，在祖国南北四处大范围游动。传统的南北大转地，一般是南方繁蜂，北方采蜜，使北方蜂场变冬闲为冬忙，延长了生产时间。转地放蜂能充分利用蜜粉源植物资源，有利于充分发挥蜂群的生产力，可以有效地繁殖蜂群和获得较高的经济效益。但是，要做好以上这一点，需要充分的准备和周密的计划，盲目乱行会得到相反的效果。

1. 转地前的准备

（1）作好转地放蜂计划

转地放蜂以前，须有周密的计划和切合实际的安排，万万不可盲目乱行，以免造成蜜粉源扑空、行动被动或经济损失。转地放蜂首先要确定放蜂路线。放蜂路线的确定，要根据蜜粉源的价值、气候因素、路程远近、运输条件、蜂群状况及本场的经济力量与人员素质等情况全面权衡和周密分析。长途转运放蜂，蜂群的生产能力得到充分挖掘，蜜粉源的利用价值增高，但经济支出较多，风险也就较大，更需要认真地选择放蜂路线。实践证实，全国大范围流动放蜂比较成熟的行动路线有东、中、西 3 条。东线：福建、广东（1—2 月份，油菜）—江西、浙江（3 月份，油菜、紫云英）—上海、江苏（4 月份，油菜、苕子、紫云英）—山东（5—6 月份，刺槐、枣树）—吉林、黑龙江（7—8 月份，椴树、苕条）。中线：广西（1—2 月份，油菜）—湖南、湖北（3—4 月份，油菜、紫云英）—河南、河北（5—6 月份，刺槐、枣树）—北京（7 月份，荆条）—辽宁、内蒙古（8—9 月份，草木樨、葵花、荞麦）。西线：云南（1—2 月份，蚕豆、油菜）—四川（3 月份，油菜）—陕西、甘肃（4—6 月份，油菜、狼牙刺、草木樨）—青海、宁夏、新疆（7—9 月份，油菜、棉花、荞麦、野藿香）。

放蜂路线确定的只是一个大的方向，在实施过程中还需要确切的落实，经过实地考察后，根据需要也可随时调整。例如西线的蜂群采完四川油菜，也可转地陇海线到河南信阳地区采紫云英，之后奔东线山东采刺槐，再到吉林采椴树。总之，行动需有计划，计划要通过周密的调查访问才能落实，不能盲目行事。

（2）调查蜜粉源

落实场地确定放蜂路线后，需要事先派人到计划点落实放蜂场地，调查蜜粉源情况。场地的选择除考虑摆蜂场地的平坦、宽敞、背风向阳、生活方便、交通通达以外，更主要的是重点考虑蜜粉源植物是否充足和长势良好。每个生产群需要油菜、紫云英、荞麦等栽培蜜粉源1 300多平方米以上，刺槐、椴树、乌桕等木本蜜粉源植物需要20～80棵，并要求生长旺盛，无病虫害，雨量充沛，气候适宜，土壤适中。一般情况下沙壤土、冲积土和含石灰质较高的土壤泌蜜较多。深耕细作、勤于浇灌，花前施以磷、钾、硼砂等肥料的蜜粉源植物利用价值较高。调查蜜粉源植物时，还需向气象部门了解开花期的天气情况，因为蜜粉源无论多好，只要花期阴雨连绵或刮大风，也不会有好的收成。同时还要深入放蜂场地了解小气候，以及蜜粉源植物的长势和花期直接受气候条件的影响等相关条件，须一一弄清，做到心中有数。一般情况是，冬春低温干冻，会使植物的叶芽和花芽受冻，导致花少蜜少；秋季雨水充沛，有利于花芽的分化和形成；北方冬季下雪，保护好多年生植物的根系免受冻害；干旱高温的气候，会使植物的花期提前；阴雨低温的天气过多，花期会推迟。还要调查蜜粉源的泌蜜规律、开花时间、花期温度等。有些蜜粉源开花泌蜜有大小年，需避开小年，追赶大年。如长白山区椴树根据常规推算，单年是小年，双年是大年。同时还要向当地植保部门和农民了解蜜粉源植物的病虫害情况，力争以预防为主，在开花前将病虫害控制到最低限度，开花期杜绝用药，以防农药杀伤作物花系，造成减产和导致蜜蜂中毒。落实放蜂场地，还须到当地蜂管部门办理场地落实手续，这既是依法养蜂的重要步骤，也有利于防范纠纷，化解矛盾，提高效益，以便有计划地利用场地和蜜源，避免重复安排造成蜜蜂拥挤，减少收入。蜜源花期气候的好坏，直接关系花期的生产效果，应注意当地部门的中、长期预报，以便采取相应的措施。

（3）准备放蜂用具

转地放蜂，就是远离本地出征作战，事先需要准备好所需用具。转地放蜂所需要的用具，除蜂场内常规用具外，还需要备好放蜂人员住的帐篷或活动板房，以及野外生活用的炊具与必需品。同时还要备好固定巢脾用的框卡，用来连接巢、继箱的连接条（连接器），用来固定蜂车的大、小绳等。转地放蜂期间蜂群要发展，生产要开展，必须带足空蜂箱、巢脾、摇蜜机等设备。

（4）拼车编组

目前我国除少数大型蜂场外，多是分散的家庭蜂场和集体蜂场，规模较小，单独行动转地放养困难较多，需几个蜂场联合行动，组成养蜂联合体，团结协力，密切合作，互惠互利。联合体的规模以行动方案而定，一般以 1 ～ 2 节火车厢的装载量为宜。冬季从北方南下时用 50t 车厢，中间不留通道，可容纳 450 ～ 500 箱蜜蜂，在南方北上时可分装两个 30t 或 50t 车厢。如以汽车运输，每辆 4t 货车只能装载 70 ～ 90 群蜜蜂。随着机械化进程的发展，养蜂专用汽车早已问世，已有很多蜂场购买应用，既有利于发展养蜂生产，又方便养蜂人提高生活，一车多功能、多用途，非常适合转地养蜂者。

2. 蜂群的调整与包装

为了避免运输途中强群受闷、弱群被冻或饲料不足带来的不良后果，蜂群转运前要进行一次全面仔细的检查、调整，首要是备足运输途中所需饲料，一般每个 10 框蜂的中等蜂群，7 ～ 8d 的运期有 5 ～ 6kg 蜂蜜、1.5kg 花粉即可。实际贮存量还应多一点，要考虑到运输途中巢温升高，饲料消耗加大的因素。追花夺蜜，转地放养多在高温季节，转运前调整群势是预防途中受闷的重要途径。强群蜜蜂多，在繁殖生产等多方面有其绝对优势，但在运途中由于子脾多、饲料多、老蜂多，则成为产生热量的主要因素，因闷热导致脾毁蜂亡的现象时有发生。故此，在保持强群优势的前提下，进行相应的调整是很有必要的。调整蜂群一是将一部分封盖子脾调出补充弱群，使继箱群保持 12 ～ 15 框蜂，6 ～ 8 个子脾；二是将到下一个场地失去利用价值的部分老年蜂弃去，或提出部分蜜蜂增强小群；三是转运蜂群蜂数可略少于巢脾数，每张脾达 8 成（2 000 只）蜂即可。标准蜂箱已有 8～9 框蜂的可提前加上 1 个空继箱，以增加巢内空间，扩大散热面积。同时，根据群势预留蜜脾，继箱群留 2 张封盖蜜脾，平箱群留 1 张封盖蜜脾，放于巢箱外侧。尤其是在盛夏运输中，给每群 1 张清水脾，放在巢脾的外侧。

启运前 1 ～ 2d 要对蜂群进行包装。蜂群包装就是固定巢脾，不至于在箱内悠荡，以免挤死蜜蜂造成损失。固定巢脾一般使用框卡，框卡是用长 30 ～ 40mm、宽 25mm、厚 10 ～ 15mm 的木块，顶部钉以铁钉或小铁片而成。使用时根据蜂路的宽窄，在两头框耳处塞入相适应的框卡把整箱巢脾挤紧。也可采用紧固器固定巢脾，紧固器的横梁是一根 6 号钢条，中间挂有活动的 10 个长 30mm、宽 60mm、厚 10 ～ 15mm 的框卡，一端是形似一个框卡的固定螺头，另一端的螺纹上套有大头螺帽。使用时将框卡插入各蜂路中部，紧固大头螺帽，便能将巢脾夹紧，然后在两头框耳上钉数颗小钉将巢脾连固在箱体上。继箱群还需用连接器或木、竹板连接条固定，将巢箱与继箱稳固地连接为一体，再将铁纱副盖平稳严密地钉于箱口，包装即告完成（图 4–7）。目前使用较多的是便于转地蜂场使用的箱外包装连接器，蜂具商店均有销售。

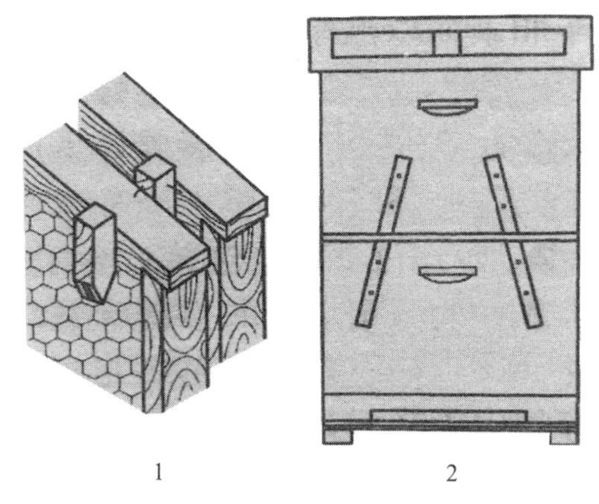

图 4–7　转地包装

1. 固定巢脾；2. 箱体连接

3. 蜂群的运输

蜂群运输以火车、汽车、船只较多，装运前首先将木质巢门板换为铁纱巢门，傍晚蜜蜂归巢后关闭。同时打开箱底暗窗和蜂箱大盖通风口，以利蜂群内空气流通，并将一块湿毛巾折叠放在副盖上面，以供蜜蜂采水解渴。汽车运输多是几十到几百千米的近途，运输时间不会太长，最好是晚上装车，一定捆绑结实牢固，夜间行程，途中要少停、短停。必须白天行程时更需要减少停靠次数和时间，必须停车时要停放在树阴下，切忌时间过长。装汽车时要将强群装在前面或外侧及上部，小群或空箱装在中间，蜂箱巢门面向行程前方，以防急刹车导致巢脾松动，造成损失。

长途转迁用火车运蜂，冬季从北方南下时，气温低可紧靠密排，不必留通道，南下时间一般在 12 月上中旬，正赶上早油菜开花，以利于早春健康顺利繁殖。从南方北上时，气温已高，蜂群已壮，应打开车厢下面的壁板。将强群排列在外面留有通道，以便养蜂人员管理和空气流通。另两排后壁紧靠排列，巢门面向通道或外侧。30 ～ 50t 车厢一般排列 3 行，高度平箱 6 ～ 7 层，继箱 3 ～ 4 层，用大麻绳牢固地捆绑，不能有任何松动。途中要注意遮阳、供水和通风，有条件的最好在车厢内摆放冰块降温，运输途中缺水不行，但向蜂箱内喷水过多也不行。途中饲水必须要适量，原则是少量多次，尤其不可将水管引入车厢，对准蜂箱大量喷水。此外，转运前尽量不要用水溶剂药物治螨，并及时处理无王群。通风不良是造成蜂巢内高温、高湿、缺氧的主要因素，应力争确保巢内通风良好，可采取扩大蜂巢空间，适当加大脾间蜂路及在蜂箱前面安装铁纱巢门罩等措施。尽可能为蜂群转运创造适宜的环境和条件。运输途中巢门管理尤为重要，巢门开、关结合运蜂，虽然放走部分老年蜂，却保证途中繁殖正常，能较好地保存实力，避免转运途中蜂群受闷的风险及损失，有利于提高蜂场的经济收入。开、关结合运蜂，是在装好火车后予以喷水降温，使蜜蜂安静下来后，提起巢门板，并马上用湿毛巾堵挡，留有不明显的缝隙，把部分吵闹的老年蜂放走，之后本着夜间开、白天关或行车开、停车关的原则，视蜂群闷闹情况及气温变化灵活掌握，尽可能地保持蜂群安静，不致有大量蜂外出丢弃。需要注意的是，当蜜蜂吵闹严重时，不可冒然开启巢门，以防蜜蜂一拥而出；再有青年蜜蜂试飞期间不要开启巢门，以免青年蜂丢失，影响下一步生产。目前长途蜂群转运，大多采用火车，在装车前 1 ～ 2d 需将蜂群运到车站附近等候。在车站放蜂时，蜂箱可摆放成方形、圆形或凹形，防止蜜蜂飞失或偏集。

轮船运蜂比较安全，装运及管理方法基本相同于火车。马车运蜂要注意蜂箱的严密度，不能有缝隙使蜜蜂跑出蜇刺牲口，注意要先装蜂后套马，到达目的地后则先卸马后卸蜂，以免引起惊奔发生危险。万一惊马造成翻车，应立即用快刀割断套绳，将马救出，再处理蜂群。

第三节　蜂群的四季管理技术

受气候、蜜粉源、蜜蜂活动规律等因素影响，春夏秋冬四季蜂群的管理各有不同。养蜂人员必须根据蜂场需要，结合各时期的气候及自然特点灵活调整管理技术，为蜂群创造适宜的生活、生产条件，从而起到发展与增效的目的。

一、春季蜂群的管理

春季，是蜜蜂复苏蜂群发展壮大阶段，为蜂群全年饲养管理的开端，是蜜蜂个体增殖的起点阶段，是全年最重要的繁殖、发展时期，因此这一时期的管理好坏，关系着本年度生产的胜负。

1. 进入繁殖期

长江以北地区的蜂群，经过漫长的越冬休眠，立春至惊蛰节令逐渐从冬眠状态复苏过来，越冬蜂团慢慢散开，活动加强，巢温升高。此间，应抓住温暖天气的中午，外界气温在12℃以上时，去除蜂箱上面和巢门前的保温物，让太阳直射蜂箱和巢门，需要时可在框梁上浇些糖水盖好，蜜蜂吃到糖浆后会刺激、促进其出巢飞翔，排泄出越冬期间积存腹中的粪便，进入早春繁殖期。早春第一次出巢排泄飞翔是很重要的，须得把握好排泄时间和当日的气温情况，适时安全地进行早春繁殖。进入繁殖期的时间各地区不一，要根据各地的气温回升情况和蜜粉源情况而定。过早温度尚低，气候不稳，蜜蜂为了繁殖需要确保巢内温、湿度付出的能量太大，得不偿失；过晚又影响春季蜜粉源植物采收。这就要求养蜂人员全面了解当地气温回升规律及最早蜜粉源植物开花时间，科学合理确定进入早春繁殖的时间。比较合适的时间是当地最早蜜粉源始花前20d或主要蜜粉源开花前40d为宜，确保主要蜜粉源到来前必须繁殖成壮群。

2. 全面检查、彻底治螨

蜂群经过排泄飞翔，蜜蜂情绪高涨，可抓紧时机进行第一次全面检查，促使蜂群更好地进行早春繁殖。检查要选择晴暖无风的中午进行，目的是清除巢内死蜂、碎蜡渣、霉变物质等，掌握蜂群情况，以了解蜂群越冬饲料消耗状况，做出促进春季繁殖的具体方案。同时根据蜂群群势和蜂王情况，妥善处理好下痢群、饥饿群、弱群、无王群等异常群。第一次全面检查首先对每群的蜂数定框并抽出多余巢脾，做到蜂多于脾，使蜜蜂高度密集，便于保温和育虫。对丧失繁殖能力的蜂群须及时合并，或将弱群组成双王群。根据各群蜂数的多少，留足或加入蜜脾、花粉脾，保证蜂群饲料充足。同时抓紧巢内无子脾的时机，彻底除治越冬过来的蜂螨，蜂王产卵以后，9d 内会出现封盖子脾，治螨工作必须要在子脾封盖前结束，以利早春健康繁殖。治螨可选用杀螨剂一号或杀螨剂二号、灭螨威、速杀螨等水溶剂药物。为了防止蜂螨产生耐药性，提高药效，最好是杀螨药物可隔年轮换使用，药液当天配制，当天用完。早春不宜选用卫生球一类的药物，以避免引起围王和盗蜂。

3. 换箱换脾

全面检查彻底治螨后，进入春繁的一项重要工作是换箱换脾，这是对蜂群全面调整的第一关，也是防病祛患的重要手段。方法是，首先对已治好蜂螨的蜜蜂进行定数定框，确定蜂数后，将之抖入到消过毒的清洁干净蜂箱中，再加入适量的优质蜜粉脾和适宜产卵的空脾。蜂与脾的比例必须把握好，因此时的蜜蜂经过漫长的冬季多已属“高龄”，加之保温的需要，所以必须做到蜂多于脾，以每一张巢脾保持 1.3 成以上或 1.5 成蜂为佳，也就是 3 框足蜂（约 7 500 只）加 2 张巢脾，有 4 框足蜂（10 000 只）可加 3 张巢脾，有 5 框蜂也可先加 3 张。总之，这时的原则是蜂数越足，蜂脾越紧越好，因此时巢内没子脾温度也低，蜂脾越紧对繁殖越有利，只是注意后期不要影响产卵繁殖。

4. 蜂巢保温

春季气温偏低，寒流频繁，加强蜂巢保温是保证顺利繁殖的首要工作。蜂巢保温，除缩紧巢脾、缩小蜂路、加强巢门管理、增强蜂群自身的御寒能力外，还需要做好巢内、巢外的保温。巢内保温，最好将蜂群放在蜂箱中间，双王群则集中于隔板两侧，两边隔板用钉子固定，空隙处用柔软的干草或废旧棉塞实，框梁上部加盖棉盖垫或几层报纸，大盖要盖严，糊严一切缝隙。箱外保温，箱底用干草垫起，蜂箱后面及左、右两侧用干草塞实，箱盖上面加盖两层草帘和一层塑料布以防雨、防潮。蜂箱前面用草帘遮盖，需要蜜蜂活动时将草帘掀起，阴雨寒冷天及夜间放下草帘保湿，但必须保证巢门畅通。寒潮期间和夜晚应缩小巢门。这样，在气温不稳定的情况下也不会冻伤子脾，保证春繁第一代蜂的健康出房，为蜂群春季繁殖奠定良好的基础。早春繁殖阶段，尽可能少开箱检查，必须检查时要选择在晴暖无风的天气，要目的明确，行动快捷，以防子脾受凉而损伤。

蜂群进入增殖期，外界气温尚未稳定，但有所升高，这时柳树花期蜜粉进得较涌，有的会出现花粉压缩子圈现象，可将一空巢脾加在边隔板旁，供蜜蜂盛装新进饲料，如果遇上坏天气，应马上抽出。此间，也可采用勃利诺夫组织蜂巢法，根据蜜蜂不同生理状况下需要巢内不同温度的生物学规律，把蜂巢分成冷暖两区或多区进行春繁管理。若有条件，还可采用地道预热法，也就是在前一年秋末，在蜂箱下面挖一地沟，一端立一烟囱，一端作灶可生火，沟上口用泥巴封严（注意严密以防火灾），早春寒冷天或夜晚可生火增温，这样既减轻蜜蜂机体生理损耗，又能加快蜂群繁殖速度，对春季发展起到良好作用。

在繁蜂过程中，天气慢慢变暖，温度、湿度也逐渐增高、增大。排湿不能忽视，晴好的中午将箱盖全部揭开，翻晒保温物，每隔几天晒 1 次，保证箱内湿度不过大。后期，可根据蜂群的发展及外界气温的升高逐渐撤除保温物。箱内保温物随蜂巢的扩大逐渐撤除；箱外的保温物待蜂群发展到一定程度，气温稳定时分批撤除，先撤箱上的，后撤周围的，最后撤除箱底的。

5. 奖励喂饲

在保证蜂群饲料充足又不至于压缩产卵圈的前提下，实行奖励喂饲，激励蜂王多产卵和提高工蜂的育虫积极性，这是促进春季繁殖的重要一环。早春气温较低，气候干燥，缺乏蜜粉源，蜂蜜、花粉、水分及盐类均需要人为供给。奖励喂饲蜂蜜的浓度不可过高，蜜水比例以 1∶1.2 为宜，如果用糖浆代替蜂蜜，可在糖浆中加入 0.1%的酒石酸以利于蔗糖转化。喂饲最好在傍晚天黑时进行，防止造成无效飞翔，不可将蜜汁滴于箱外，以防引起盗蜂。春季繁殖期蜂群消耗花粉量较大，缺粉是一种普遍现象，补喂花粉是保证幼蜂健康发育的关键措施。如有花粉脾或天然花粉补充为最好，否则可根据花粉的成分进行配制，现在市场上销售的花粉代用饲料较多，各个品牌均有不同的特点，可因群情择优选购。迫不得已时也可用牛奶粉、代乳粉等代替，干酵母或食母生兑在蜜汁中喂饲，也可起到补喂花粉的作用。脱脂大豆粉蛋白质含量较高，也可作为代用花粉补喂蜂群，方法是将脱脂大豆粉与蜂蜜调制均匀，捏成小饼，按群势强弱给予 100 ～ 150g，放在框梁上面供蜜蜂自食。

春季可采用巢门喂水，以减轻蜜蜂为采水而疲奔。喂水方法最好采用瓶式喂水器，也可用一般瓶子灌满水，瓶口用布条堵塞，其中一长布条从巢门通入箱内，瓶子倒立蜂箱前搭板上，蜜蜂可随时在浸湿的布条上汲水。喂水时可加入 1%的食盐，以补充蜜蜂繁殖对矿物质的需求。奖励喂饲蜜汁时，可适量添加磺胺类药和抗菌药物，预防病害，保证蜜蜂健康繁殖。喂药时一定要注意药量，不可过大。临近生产期须提前停下来，以防影响蜂蜜质量。

6. 扩大卵圈与蜂巢

有效扩大卵圈，增加子脾数量，是春繁阶段的重要任务，但此时外界气温不稳定，而且变化较大，蜜粉源状况变化亦较大，如果盲目扩大卵圈，增加子脾数量，气温降低时，蜜蜂护不住脾，会使子脾受冻，繁育出的蜜蜂健康状况不佳，因此，必须因群、因时制宜，灵活运用扩大卵圈，增加子脾数量。

经过新老蜂交替过程，蜂数逐渐增多，原来蜂脾已不适应蜂群发展的需要，故应添加巢脾、扩大蜂巢。早春加脾要持慎重态度，一要考虑到蜜蜂的保温、哺育能力，二要照顾到蜂王的产卵不受限制。早春繁殖期必须做到蜂多于脾，每加一张巢脾，保证有 12 ～ 14 成足蜂（每成大约 250 只蜜蜂，10 成为一框）。加脾要结合子脾面积和产卵力，除去边脾为蜜粉脾外，蛹、虫、卵脾须占现有巢脾的 75%以上，封盖子脾应占蛹、虫、卵脾的 50%左右。初期加脾可选择已繁育过几代蜂的半新巢脾，加在虫、卵脾中间，以便蜂王产卵。

受奖励喂饲和后期零星蜜粉采集的影响，有的蜂群会有蜜压卵圈现象。可选温暖的中午将蜜脾提出，用割蜜刀割开外围子脾的蜜房盖，并喷少量盐水在新割开的蜜脾上，供蜜蜂采用后产卵。如产卵集中到巢脾一端时（蜂王喜欢产卵于靠近前箱板太阳照射一方的巢脾上），可将巢脾前后方向调头，以利于扩大产卵圈。为了发挥强群哺育力和弱群产卵力的优势，可将弱群的卵脾调给强群哺育，幼蜂出房前再根据生产与繁殖需要，决定是留在强群加速采集群组织，或是抽回原群补充弱群，做到有计划发展。

随着气温的升高，蜜粉源开花期的临近，蜂群的复壮以及子脾面积的扩大，蜂与脾的比例可逐渐放松，但在春繁阶段，每张巢脾最低不能少于 10 成蜂，保持做到蜂脾相称，直到大流蜜采收季节，方可放松到每张脾 8 成蜂。加脾时，注意保持蜜脾清洁，以免细菌、病毒、有害虫卵带入。因此在加脾前，应清除掉巢脾上的蜡瘤等不洁物，再用盐水或消毒剂等杀菌消毒，将巢脾浸泡 1d，漂洗 1 ～ 2 遍，晾晒 1d 后使用。

7. 药物促繁

蜂王的产卵力除受蜂群及自然等因素影响外，很大程度取决于蜂王自身的素质。早春某些老劣蜂王产卵不得力，又无优质蜂王更换，需要将就使用时，可采用药物促繁。即使用某些药物刺激蜂王卵巢功能加强，促使蜂王多产卵，加快繁殖。南方的蜂群长年处于繁殖生产状态，早春繁殖期由于长期疲劳生产往往出现半休、半繁状，严重影响春季繁殖和生产。养蜂专家曾在早春于云南省通海县对处于半休眠状态的蜂群做了不同药物促繁观察试验，结果见表 4–7。

表 4–7　药物促繁试验情况

试验群		蜂王平均月龄（月）	试验用药	用法与用量	45d 后群势	
群数	蜂数（框）				蜂数（框）	增殖（%）
3	9	17	酸饲料	2.5kg 糖浆加米醋 50g 喂蜂 10 群，隔 2d 1 次	18.2	102
3	9	16	五茄皮	50g 干药煮药汁 500g 兑糖浆 5kg，喂蜂 20 群，隔 2d 1 次	18.8	109

续表

试验群		蜂王平均月龄（月）	试验用药	用法与用量	45d后群势	
群数	蜂数（框）				蜂数（框）	增殖（%）
3	9.2	19	己烯雌酚片	每1片兑1kg糖浆，喂蜂3群，隔2d 1次	19.6	113
3	8.9	19	懒孵鸡催醒药	每1包加1kg糖浆，喂蜂3群，隔2d 1次	19.3	117
3	9	16	多种维生素	每2片加1.5kg糖浆，喂蜂3群，隔2d 1次	18.8	109
3	9.2	17	纯糖浆	1kg糖浆喂蜂3群，隔2d 1次	18.4	100
3	9.2	17	未奖励喂饲（对照）	保证饲料充足	18	95

二、夏季蜂群的管理

经过春季繁殖，进入夏季蜂群已强壮起来。此间气温高、日照长、敌害活动猖獗、蜂群饲料消耗大、繁殖与生产矛盾突出，如饲养管理不善即会造成群势削弱，减少夏季收入，影响秋季生产。夏季蜂群管理重点是保持强盛群势，积极开展蜂王浆等蜂产品生产，为秋季蜜粉源采收打好基础。

1. 发展生产，消灭敌害

夏季，华北及以北地区是蜂群生产旺季，刺槐、枣树、荆条、椴树等主要蜜粉源相继开花，摇蜜、取浆、集粉、收蜡均可进行。而南方大部分地区夏季蜜粉源较少，是养蜂生产淡季。故而，各地养蜂人员应根据当地的蜜粉源情况、蜂群群势、气候特点作出相适应的实施方案，因地制宜地发展生产，千方百计地保持强盛群势。实行长途转地放养的蜂场，能充分利用蜜粉源，开展生产获取丰收。定地饲养的蜂场，除考虑在附近人为地栽培蜜粉源植物弥补夏季蜜粉淡季的不足外，还可考虑是否实行小转地或近距离的迁移，将蜂群迁转到有利用价值的蜜粉源地，哪怕是辅助蜜粉源，只要蜜与粉有一种能从自然界中获得，蜂群的情绪好转，蜂王产卵也不致停止。外界蜜粉源如实在不能保证蜂群需要，必须做好补充喂饲（蜂蜜、花粉），保证蜂群饲料充足，保持群势强壮无病，积极开展蜂王浆生产。夏季是生产蜂王浆的主要季节，产量高，可持续生产。

胡蜂、茄天蛾等是蜂群的主要敌害，夏季活动猖獗，对蜜蜂威胁大。在人工捕杀的同时，要设法捣毁其巢穴，彻底消灭。一种简单的方法是，将胡蜂活捉不要致伤，用一小棉球蘸足敌敌畏等触杀性剧毒药液，并以薄的塑料膜松散地包裹（以防药味散失在途中将携带的胡蜂毒死），用细线 15 ～ 20cm 将药包拴吊在胡蜂胸部，当胡蜂惊恐地逃回巢穴，乱钻乱跑，便把本来就松散的药包外层扯开，药球暴露，毒气四溢，很快便将全巢胡蜂毒死。为了避免蚂蚁对蜂群的危害，时常在蜂箱附近及蜂场内撒放生石灰，或重点捣毁蚁穴。清除箱底、箱内的蜡屑和杂物，防止箱内滋生巢虫。还要把蜂箱周围杂草除尽，积极预防各种敌害的繁衍，将之消灭在萌芽之中，保证蜂群正常繁殖与生产。对癞蛤蟆等骚扰蜜蜂的敌害应注意人工捕杀，保护蜂群安全度夏。

2. 换新王，保群势

经过春季的快速产卵繁殖。夏季遇到高温及蜜粉源不佳，蜂群情绪低落，蜂王产卵力便会下降，老劣蜂王还会停止产卵或大量产未受精卵产生雄蜂，导致分蜂热。无论从夏季繁殖保护群势需要出发，还是从发展全年生产的目的着想，换王工作均应在夏初进行。保证蜂群有健壮优质的蜂王，是开展养蜂生产的重要一环，也是安全度夏的重要措施。

蜂群中蜂王与蜂数的比值，尤需引以重视。春季每群蜂只有数千只或一二万只，经过发展夏季能达到数万只，但仍是一只蜂王产卵繁殖，产卵力与哺育力、产卵力与死亡率有所失调，悬殊明显加大，而致强群群势衰退。故此，夏初有必要多育王，使用强群采用新王繁殖，是促进繁殖、保持群势的重要措施。有条件的可把蜂群搬到花多的山区、半山区，利用山区花期长、粉足的优越条件，既可发展生产，又能保持群势，使蜂群安全度夏，同时，又能多收蜂蜜和蜂王浆。这里需要强调，蜂群的发展与繁殖是根据当地蜜粉源及生产需要有计划地安排。如蜜粉源衔接期过长或当年再无主要蜜粉源，蜂群的繁殖就需要节制，否则消耗大量饲料繁殖一些派不上用场的蜜蜂，也是一种浪费。节制繁殖的方法是缩紧巢脾，限制蜂王产卵，但必须保持蜂群有一定的群势，保证有强盛的后生力量，不致影响蜂王浆生产。

3. 遮阴、通风、喂水

夏季的主要特点是日照长，温度高，从而对蜂群形成威胁。减轻这一威胁的主要方法是为蜂群遮阴、通风和洒水降温。遮阴的方法除人为地搭凉棚外，还可结合小转地将蜂群迁移到树下或有遮阴物的地方，避免蜂群受到阳光暴晒。打开箱底通风窗和大盖上的通风孔，使群内空气流通，通风良好可有效防止分蜂热产生。也可采用叠加空继箱及扩大巢内空间等方法，以利于蜂群散温。蜂场内喷水或洒水降温增湿，改变小环境气候，为蜂群创造适宜的度夏条件，这是养蜂人应该积极争取做到的。同时蜂场内多设喂水器或喂水盆，并经常予以清理，保证饲水清洁。必要时也可将清水灌满巢脾直接插入蜂群内，方便蜜蜂采用和巢内降温增湿，但须注意经常换水，以防灌水，巢脾霉变。为避免或减少敌害和雨水侵入巢内，可设置高度为 30 ～ 60cm 的蜂箱架，把蜂箱放在箱架上，有利于箱底通风良好。养蜂人应千方百计为蜜蜂创造一个舒适的生活环境，蜜蜂才会为之创造出良好的经济效益和社会效益。

4. 南方高温地区越夏管理

我国南方夏季气温比较高，尤其是几个被称作“火炉”的地区，如广州、武汉、重庆乃至新疆的吐鲁番地区等，有时气温高达 35℃以上，外界气温大大超过巢内温度，且持续时间比较长，为蜂群的生活和生产造成极大困难。特别是南方的夏季为蜜源淡季，敌害干扰也比较大，在高温影响下极易导致蜂群自然停产，间断繁殖，从而加大了蜂群安全度夏的难度。鉴于此，南方蜂群度夏，除注重以上几个方面管理要点外，还应做好以下几点。一是尽量将蜂群搬运到山区及地势较高、温度相应较低的地方，山区有部分山花吐粉，有利繁殖。二是搭设凉棚、架设箱架，加强通风，在蜂群上方用茅草等搭设凉棚，棚顶尽可能地大一点、厚一些，四周无遮拦、无障碍、宽敞亮堂，遮阴通风效果好。以棍棒架设木架，将蜂群摆放木架上，以减轻地面高温的煎蒸之苦。加强蜂箱通风孔管理，实行早上关、晚上开，即高温时（30℃以上）关闭通风孔，严防高温气体涌入，影响蜂群恒定巢温。另外，如果长期没有蜜源，一段时间收获无望时，可根据具体情况对蜂王实行幽闭，一段时间限制其产卵繁殖，因为停产后蜜蜂的体力与饲料消耗相应降低，寿命有所延长，可减少支出，以利于再战。人为地以科学方式关王断子，比自然停产有计划性，效果大不一样。

三、秋季蜂群的管理

秋季，多种植物开花结果，天气逐渐转凉，蜂群由紧张的繁殖、生产阶段转入渐衰阶段。在管理上也转入保存实力贮存饲料为重点，为安全越冬打好基础。

1. 抓好秋季生产

初秋，秋季蜜粉源（葵花、荞麦等）相继开花泌蜜，应集中力量开展采收，搞好生产，提高蜂场收入。秋季蜜粉源流蜜涌，昼夜温差大，蜜蜂劳动强度较高。根据这一特点，需要相应地缩紧巢脾，保持蜂脾相称。巢门的管理要根据群势灵活掌握，上午 10:00 开启大巢门，以利于蜜蜂采集，傍晚再予以缩小，以利于蜜蜂保温酿蜜。巢内繁殖区与生产区分别采取相对应的管理措施，繁殖区以繁殖为主，虫、卵、子脾集中，如有蜂蜜压子现象，要及时摇取，保证蜂王有充足的空巢房产卵。生产区基本是空巢脾，专供蜜蜂采集或摇取蜂蜜。有整张封盖的蜜脾可予以抽出保存，也可前期多取少留，后期多留少取或不取，打好越冬饲料基础。

秋季蜜粉源前期采用以副群补主群的方法，保持主群的生产优势，仍可从事蜂王浆生产。并可抓紧时机培育部分新蜂王，以备换王和来年春季提早分蜂用。

2. 培育越冬适龄蜂

出房后经过试飞、排泄，但未担负哺育工作和巢外采集活动就进入越冬状态的青年蜂，均为越冬适龄蜂。蜂群中适龄越冬蜂多，则越冬安全，饲料消耗少，来年春季群势发展快；反之，则越冬困难，春季繁殖也缓慢。因此，越冬适龄蜂的数量与素质，决定着蜂群能否安全越冬和来年春季的繁殖。

培育越冬适龄蜂的时间，应从秋季主要蜜粉源后期开始，这时蜂王产的卵，经过 21d 的羽化出房后，天气已转凉，外界蜜粉源已断绝，巢内哺育任务已大大减低。经过试飞、排泄的青年蜂，无事可做，不久便进入冬眠状态，养精蓄锐，以利于来年春季再战。培育越冬适龄蜂的方法，基本类似于春季繁殖阶段的管理措施，现就不同之处分述如下。

（1）保温与散温

秋季昼夜温差大，秋风凉爽，培育越冬适龄蜂期间应进行巢内、外保温。主要做法是糊严蜂箱缝隙，箱外加盖草帘，箱内以双层覆布换下副盖，蜂路缩小到 8 ～ 10mm，以加强蜂群的自身御寒能力。保温的强度与保温时间长短要视蜂群繁殖情况，结合越冬期的临近时间而定。当外界天气转凉，蜂王已很少产卵时，还须把一切保温物撤掉，并拉宽蜂路到 15mm，促使蜂王停止产卵。因为此时繁殖已不景气，蜂群为了哺育为数很少的虫卵，却需要付出很大的代价，得不偿失。加之此间气候不稳，蜜蜂活动时急时缓，容易造成无谓的体质和饲料消耗，后期干脆迫使蜂王停产，有利于稳定蜂群情绪，减少活动量，适时进入冬眠期。

（2）更换老劣蜂王

老劣蜂王秋季产卵少，繁殖差，而且来年春季开始产卵晚，发展慢，冬季还容易死亡。秋季用优质健康的蜂王换掉老劣蜂王很有必要。新王产卵积极性高，卵圈大，抗寒能力强，秋季停产迟，可以促进越冬蜂繁殖，为次年春季打好坚实的基础。换王时间最好选在培育越冬适龄蜂以前 1 个月进行。一是以新代老，直接淘汰老蜂王；二是新老组成双王群，加速越冬适龄蜂的繁育，伺机再取缔老王。如一时无新王更换老王，可结合奖励喂饲，喂以已烯雌酚片等促繁药物，刺激、促使老蜂王产卵繁殖。同时，对实在无使用价值和无力越冬的蜂群可予以合并，或者将两个小群组成双王群，以利于冬季保温和来春繁殖。

（3）适时紧脾

在培育越冬适龄蜂阶段，为了便于蜜蜂更有效地保持巢内温度，须抽出蜂群内多余巢脾，使蜂多于脾，保持每张脾 12 成蜂。随着老蜂逝去和越冬期的临近，蜂数下降较猛，须根据蜂数的下降程度及时抽脾。

待蜂群停止产卵，越冬适龄蜂数基本稳定时，予以定框确定实际蜂数。每 10 ～ 14 成蜂保留 1 张蜜脾，保持蜂路 15mm，以利蜜蜂结团。

（4）除治蜂螨

由于群势、天气、环境等因素，夏季蜜蜂治螨往往难以根治，需要秋季补充治螨。秋季蜂群繁殖日渐减退，子脾面积缩小，但是蜂螨的繁殖却不受任何影响，其危害程度更加明显。为了确保越冬适龄蜂的健康，保证越冬安全，须在培育越冬适龄蜂以前狠治几次，力求较好成效，确保不得影响越冬蜂繁殖。

（5）防治白垩病

秋繁前期，气温高，阴雨多，湿度大，易滋生白垩病，因此要积极进行预防和治疗。一是改变小环境，避免蜂箱雨淋日晒；二是加强透风，创造适宜的温、湿度条件；三是药物防治，发现病害及时治疗；四是合并弱群，养强群，及时清理巢内虫尸，减少病菌传播。

（6）适时断子

随着秋季蜜粉源的结束，蜂王产卵逐渐减少，只要气温不致过凉，部分蜂王是不会停止产卵的，尤其一些新王纵然遭遇一次次寒流侵袭，仍坚持产卵不止。殊不知，蜂群为了哺育这少量的幼子，须得付出数倍的努力，体力及饲料消耗过多，得不偿失。故此，各地应根据进入越冬的时间及气温变化情况，对蜂群采取果断措施。实行扣王停产，迫使蜂群及时断子。在正常情况下，华北地区在霜降节气中期断子为宜。断子的方法是，除了结合散温措施迫使蜂王停产外，对个别产卵不止的蜂王，可采取直接措施，用一王笼干脆将其囚罩起来，强迫停产，以便养精蓄锐，为来春早繁创造条件。

（7）控制活动量

秋末，花源凋谢，气候变凉，蜜蜂繁殖逐渐减弱，直至停产，所存蜜蜂已成为来春早繁的种子，必须加强保存措施。此间，控制蜜蜂活动量势在必行，是秋末蜂群管理的重要内容。其主要措施，一是对巢门进行遮阴，避免光线直射刺激蜜蜂；再是加宽蜂路或扩大巢内空间，也可开启蜂箱底通风，使蜂巢内凉爽干燥，促使蜜蜂尽量少出巢、早结团，以利于降低体力和饲料消耗。

3. 防止盗蜂

秋季，外界蜜粉源逐渐减少，一些不甘寂寞的老年外勤蜂绕场乱飞，伺机寻食，蜂群防盗十分重要。盗蜂，应以预防为主，无论是取蜜，还是喂饲，坚决杜绝将蜜汁滴在箱外。蜡渣、巢脾严密保存，缩小巢门，修理蜂箱，严防盗蜂钻隙而入。秋季蜜蜂盗性严重，一旦发生较难制止，须时刻警惕予以防止。如个别群发生盗蜂，在制止无效时，可将被盗蜂搬入暗室关闭，原处留一空蜂箱，安装巢门幽闭器收集盗蜂，晚间集中予以杀死。因为这些老年盗蜂是不可能越冬的，保留也无用处，将其杀死，既可解除盗蜂威胁，又能节省饲料，对越冬群不会有任何不利影响。

4. 补喂越冬饲料

越冬饲料的质量和数量是越冬蜂群安全与否的关键。受包装或其他有害物污染的蜂蜜，以及容易结晶的蜂蜜（如棉花蜜）和甘露蜜不能作为越冬饲料。否则，尽管巢内饲料充足，却不利于蜜蜂食用，严重威胁越冬安全。如必须用棉花、油菜等易结晶蜂蜜以及用白糖代蜜时，可用水适当稀释后，并用文火熬煮熔化，破坏其结晶核，加大其溶解度，在蜂王停止产卵前喂给蜂群，使蜜蜂充分酿造，并封盖贮存。补喂越冬饲料，一般在停产前进行，因为蜜蜂停产后需要安静，补喂饲料就会刺激蜜蜂加强活动，消耗体力，加之天气已转冷，不利于蜜蜂对接收的饲料进行酿造。饲料酿造不好，水分含量过大，往往造成蜜蜂下痢，影响越冬安全。如果必须在停产后补喂越冬饲料时，须进行充分熬炼，并添加0.2%～0.3%的酒石酸，质量要高，浓度要大，并在短时间（2～3d）内突击喂足。如有事先贮备好的优质蜜脾，在蜜蜂定框时补给蜂群最为方便。

越冬期所需饲料量，根据各地越冬期长短和各群群势而定。在一般情况下，每框越冬蜂有蜂蜜 2kg 即可。群势越强，蜂数与饲料消耗比值越低。华北地区越冬蜂达 10 框足蜂的强群，整个越冬期有 10kg 饲料即可，每框只需 1kg；而 4～5 框蜂的蜂群，却需 7～8kg，每框需要 1.5～2kg，以此也可以看出强群之优势。

5. 适时断仔

晚秋生产无望，气温转凉，很快就要进入冬季，此时部分体力好的新蜂王仍坚持产少量卵，蜂群为孵化这少量虫卵，仍须恒定巢温泌浆育虫，付出大量的体力和饲料，使越冬蜂寿命缩短，实乃得不偿失。鉴于此，选适宜时间用王笼将蜂王幽闭起来，使之停止产卵，是保存实力以利于明春再战的重要手段。关王断仔的时间一定要掌握好，各地应根据气温及蜜源情况灵活确定，以华北地区为例，以寒露节令关王为宜。关王时间不宜过长，一般不超过半个月，在确已停产及进入冬眠结团前期，应将被关蜂王放出来，确保其安全越冬。

6. 慎防农药中毒

每年 9 月后外界蜜源减少，蜜蜂虽能外出活动，但收获较小，此时如外界使用农药，容易引起蜜蜂中毒，造成损失惨重。同时蜜蜂多为越冬适龄蜂，直接影响着来春生产。故在秋季的蜂群管理中，应高度重视农药中毒的防范，对蜂场周围可能喷施农药的，应事先与当地农户协商，及时采取措施，防止农药中毒事件的发生。

四、冬季蜂群的管理

蜂群越冬，可谓蜂群生存的一大关口。此间，北方蜂群停止了一切生产、繁殖活动，诸多蜜蜂个体集结成蜂团，靠相互间摩擦产生热量来维持生命。蜂团中央温度一般保持在 14 ～ 25℃，低于 14℃时便大量进食、靠增强活动量来提高温度，高于 25℃时蜂团便分散开，无论过高或过低均对越冬不利。

1. 越冬方式

我国地域辽阔，气候复杂，各地蜂群的越冬方式也不尽相同，甚至可以说有很大区别。南方暂且不论，仅长江以北地区，就有温带、寒带之分，各地的温差也有较大差异，依据寒冷程度的不同，蜂群越冬主要分为室内越冬和室外越冬两种方式。

（1）室内越冬

我国东北、西北地区北部，即北纬 45° 以北及以南部分地区，气候特别寒冷，该地的养蜂人不得不采用室内越冬法。室内越冬需要一定的设施，多以地窖、房屋为主，也有就地借用山洞等避雨防寒等自然条件的。地窖主要有全地下和半地下、半地上两种式样，须得在入冬前提早挖搭完好，蜂群入住前要求室（窖）内清洁干燥，无异味和积水，周围无较大的震动源，力求避风、向阳、安静。越冬室（窖）的大小，以蜂群数量多少而异；挖蜂窖时，可根据地形灵活掌握地上或地下的高度，一般整体高度 2.6 ～ 2.9m 即可，宽 2.5 ～ 3.0m 为宜，地面墙厚 0.3 ～ 0.5m。须得安装可供开关的通风窗，有条件时可接通电源，因蜜蜂是红色盲，可用红色灯泡，窗帘当选黑暗色的，墙壁最好用石灰水涂刷，温、湿度器安放于距室门较远的墙角。

入室时间要根据本地的气温情况灵活掌握，以入冬后本地阴暗处的积冰不再融化时为宜。在正常情况下，黑龙江地区以 11 月上、中旬入室较为合适，不可过早入室，以防造成“伤热”。入室（窖）时蜂群应摆放在支架上，箱体离室壁留有 20 ～ 30cm 的空间，上下可叠放 4 ～ 5 个箱体，强群放在下边，中等群居中，弱群放在上层，排与排之间留有 0.5m 以上的通道，以方便技术人员进行观察管理。

室内越冬蜂群的管理要点，主要是调整和掌握室（窖）内温湿度，既得保持室内空气流通，又须恒定室内温湿度，设法使室内温度保持在 0℃左右，高不可过 5℃，低不能过 –3℃，蜂箱内空闲处冷不能结冰见凌，热不致蜂团松散，原则上宁冷勿热。相对湿度应控制在 65%～ 75%为宜，过高导致潮湿，蜜蜂易患大肚子病，过低造成干燥，蜜蜂口渴，饲料容易结晶。

越冬群不易开箱检查，但每隔十几天应进室观察处理 1 次，观察方法与室外越冬的基本相同，也可将一支温度计从副盖插入蜂团中，以观冷、热情况，热时打开通风口散温，冷时关闭通风口保温，尽量使蜂球不致散团。冬季老鼠入室危害蜂群，应注意灭鼠，同时每隔二三十天就应从巢门掏一次死蜂，一定要保持巢门畅通。

（2）室外越冬

在我国，绝大部分地区实行室外越冬。室外越冬，无需特制的设施，也易于检查和管理，简便易行。

室外越冬的蜂群，一般在原蜂场就地越冬，也有为了安全起见，特意选择适宜的越冬场地进行越冬的。较好的越冬场地，应具备背风、向阳、干燥、安静的特点。背风，其后方（北面）最好有挡风物，如建筑、山体等，以阻北、西方向的风袭，如无自然屏障，也可自行设立挡风物，在蜂群后面用砖块或其他物体，垒一道高出蜂箱半米的围墙，即可较好地阻挡寒风侵袭。向阳与干燥有着直接联系，向阳的地方易于接受光照，一是相对暖和一些，再是保温物有利于保持干燥，这是预防潮湿的先决条件之一。为了防范雨雪水积存，摆放蜂箱的地方可适当垫高，蜂箱前后也可挖一小条浅浅的排水沟。有条件的也可在蜂箱上方搭一棚顶，以遮雨雪，实践中最为常见的是在蜂群上面苫盖塑料布。可根据需要随时调整，既有利于保温防雨，又有利于翻晒保温物。

室外越冬可根据各地的气候特点及群势强弱，灵活掌握箱内、外保温的强度。在正常情况下，东北及西北地区较为寒冷，室外越冬群须得加强箱内、外保温，而中原、华东及华北大部分地区，一般不必要严加保温，蜂群的抗寒能力较强，稍冷一点有利于蜂团结集，有经验的养蜂人信奉“宁冷勿热”的原则，是有一定道理的。

长江以北寒冷地区这一期间蜜蜂处于休眠状态，生命力低弱，加之外界气候寒冷。养蜂人员不便于及时检查和处理蜂群，只能在做好越冬准备工作的基础上，根据当地、当时的天气变化，结合蜂群记录进行分析观察，判断群情。

2. 越冬前期准备工作

（1）检查调整

秋末、冬初蜂群已经结成松散的蜂团，结合保温工作，对蜂群进行一次全面调整检查，并做好蜂群记录。这次检查的目的是确定蜂数的多少，估量饲料的余缺，调整巢内巢脾。只有确定了越冬蜂数，才能得出究竟需要多少越冬饲料的结论，对饲料不足的蜂群应用蜜脾补充，此时不宜补喂蜂蜜或糖浆，因为蜜蜂已难以采食或酿造。越冬有困难的弱群，应予以合并。如实在舍不得合并时，可从强群中提蜂补充，处于休眠状态的蜜蜂，生命活力减弱，群味观念淡薄，便于合并蜂群或补充蜜蜂，即使直接合并或补充也不致发生强烈的格斗。巢脾的布置要酌情而定，一般情况蜜蜂喜欢在蜂箱前方（太阳照射一方）的巢脾中部结团，同时蜜蜂还喜欢在有空巢房的地方结团，根据这一特点，应把少数半蜜脾放中部，两侧放整张蜜脾。巢脾之间的蜂路保持 15mm，以利于越冬蜂团聚结。

（2）适时保温

低温是冬季的主要特点，为了有助于蜂群御寒，对蜂群适当保温尤为重要。保温的时间及保温强度应根据当地的气候及降温情况而定。长江以北、长城以内大部分地区一般在 10 月下旬至 11 月上旬之间进行。过早，外界气温不稳，蜜蜂活动波动大，体质消耗加强；过晚，蜜蜂需要付出很大的能量御寒，也对蜂群不利。保温分内、外两步进行，内保温可提前 10d 或半个月的时间，等外界气候稳定（不再有较热的中午）时再做箱外保温。箱内外保温的方法与春季繁殖时的保温措施基本相似，所不同的是越冬期可以将蜂箱一条龙型紧靠排列，箱后面最好垒有围墙（或靠建筑物），以利于挡风向阳。巢门前用草帘遮盖，避免阳光直射，刺激蜜蜂骚动。冬季如有“小阳春”暖流出现，应及时撤去部分保温物降温，否则易引起蜜蜂不安或提早产卵，对越冬安全不利。强弱群保温也有差异，弱小蜂群的保温可适当加强，用隔板将蜜蜂固定在蜂箱中间，两边用软稻草塞实，箱外也须塞裹好干草，盖好草帘。较壮蜂群的保温可相应差一点，五框足蜂以上的蜂群，中原地区箱外平时只苫盖一层草帘子即可（图 4–8），遇到寒流时可适当盖厚一点，无论大群还是小群，保温物的强度应根据季节及天气变化相应地增减，为蜂群创造一个适宜结团的小环境。

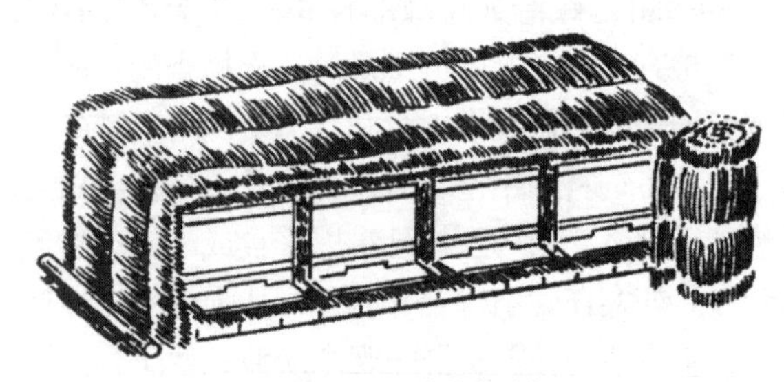

图 4–8　室外苫草帘越冬

3. 冬季管理中的几个问题

（1）巢门畅通

冬季，巢门是蜂群唯一的空气流通口，也是养蜂人员观察掌握蜂群的重要机关。所以巢门必须畅通，不能被堵塞。巢门的大小视群势强弱灵活掌握，一般保持 2 ～ 3cm 长，0.8cm 高。巢门要注意遮阴，避免阳光直射，刺激蜜蜂活动加强。

（2）掏死蜂

每隔 10 ～ 15d，从巢门伸进铁丝钩掏一次死蜂，从蜂尸和箱底积物判断蜂群情况。发现蜂吻整个伸出，蜂尸瘦小，可能是群内缺乏饲料造成饥饿死亡；如果蜂尸有缺头残腹或破肚断腿的，说明老鼠侵入巢内造成危害；掏出的箱底物中有结晶糖粒，证明饲料已发生结晶；从蜂尸的数量上可判断越冬正常与否，并需找出原因及时妥善处理。

（3）诊断群情

用一细塑料管从巢门伸到蜂团下部，探听蜂群内情，一般冷时发出唰唰的声音，热时呼呼作响，正常时声音低微。如果蜂群包装后比包装前声音增大或有蜜蜂飞出，说明保温过厚或时间过早，也可能是空气流通欠佳或有其他不稳定因素，如失王、潮闷等，应及早发现问题，弄清原因，尽快处理，一定设法保证越冬蜂处于稳定的结团状态。

（4）严防鼠害

老鼠是蜂群越冬的主要敌害，它们伺机钻入蜂巢，伤蜂、吃蜜、垒窝作穴，骚扰蜂群，危害极大，故而应注意捕杀：在蜂箱附近多安鼠夹、鼠笼或灭鼠药饵，蜂箱巢门口每隔 1cm 就钉一颗小钉，严防老鼠钻入蜂箱。

（5）保持环境安静

蜂群越冬需要安静的环境，越冬蜂场附近不可有大的噪声和震动，更不能随意搬动或敲击蜂箱，惊响或振动均会引起蜜蜂不安，而致大量食蜜，消耗体力，缩短寿命。

（6）掌握饲料多少

冬季不便开箱检查，但须得随时掌握蜂群中的饲料情况。一是根据入冬前各群越冬饲料的多少适时予以预测；二是对某一有代表性的蜂群不时予以称重，从不同时期的蜂群总重量判断消耗饲料的多少，再举一反三推测其他蜂群。对个别缺少饲料的蜂群，应及时补充事先准备好的蜜脾，实在没有蜜脾时，只好将蜂群移入温室中，待蜜蜂散团后补喂优质蜂蜜救急。

（7）控温遮光

经常检查翻晒蜂群保温物，平时遮盖一层较厚稻草和防雨塑料布，严防雨雪弄潮湿保温物，并根据温度高低适当增减；用草把或草帘遮挡巢门，严防阳光直射，导致越冬蜂团不安。

（8）室内越冬

越冬室过于潮湿时，可选晒干的锯末（木屑）用大锅翻炒，使之充分干燥，散铺在地面上使之吸潮，效果较好；也可在通风口安装换气扇，保持空气流通。可有效地调节干湿度。

总之，冬季蜂群的管理重点，就是通过巢门、蜂尸、诊听等方式判断蜂群的内情，掌握巢内温度。高温时需要撤去部分保温物予以降温，以防蜂群受热。作者在养蜂实践中认识到，黄河中下游地区蜂群越冬失败的主要原因，除饲料不足或质次外就是受热引起。有的养蜂人员，怀着冬季的主要矛盾就是低温的心理，唯恐蜜蜂冻死，极力为蜂群保温，即使冬季有小暖流天气也不及时调整保温物，只是一味地防寒，结果事与愿违，往往造成蜂群受热，引起不安，活动加强，大量食用饲料，消耗体质，而致寿命缩短，造成衰垮。实践证明，蜂数达 1 万只以上的蜂群，只要饲料充足，是有很强御寒能力的，冬季不可过度地强调保温，只能作为协助蜜蜂控制温度的人为条件，须得做到科学、合理、适当、及时。科学的方法是，随着气温的波动而适量增减保温物，保证蜂群不致因低温使代谢发生困难，也不能因过热造成散团而致活动加强。为蜂群创造安静舒适的环境和适应的温度是越冬管理的关键。

4. 对南方蜂群冬季管理的再认识

我国地大物博，南北方气候与蜜粉源等蜜蜂繁殖、生产所必需的条件悬殊甚大，管理方法也大不相同。云南、广东、广西、福建等南方省区冬季气候温和，四季温差不大，蜂群在隆冬季节仍能产卵繁殖。北方众多蜂场在北方经过冬休一段时间，再南下进行春繁，大都收到满意效果。然而，南方本地的蜂群长年不休，每到冬季，群势却大幅度下降，工蜂死亡快，蜂王产卵少，给早春繁殖和生产造成极大被动。尽管养蜂人员采取种种促繁措施，采用新王、加强保温、奖励喂饲等，却得不到理想的效果，繁殖速度和春蜜生产远远抵不上南下的北方蜂群。事实使人们认识到，南下的蜂群已在北方得到一段时间的停产冬休，从北方寒冷的环境中来到春天的条件下，如睡后初醒，情绪高涨，能勤奋地投入早春繁殖。而南方本地蜂群由于全年得不到休息，冬季处于疲劳状态，当遇寒流影响和外界蜜粉源渐少，正顺应蜜蜂周年活动规律及其生物学特性（蜜蜂有冬眠的特性）的需要，便会出现怠工及产卵与哺育力低落现象。冬季蜜粉源（野巴子、桉树、鸭脚木等）采收期间蜜蜂劳动强度大，蜜粉源过后群内老蜂数量多，子脾减少，蜂螨危害更加明显。加之此间尽管蜂王产卵较少，但蜜蜂为了保持巢内适宜幼虫发育的温湿度，却需付出极大的代价，体力消耗大，寿命缩短，而致冬衰和早春繁殖缓慢。

事实说明，南方传统的冬季促繁管理方法不尽科学，有违蜂群的周年活动规律及生物学特性，应予以重新探讨或改进。近年来，南方有的蜂场在采完冬季蜜粉源后，搬到高山上或 暗室及冷库内实行冻蜂20d 至 1 个月再进入春繁，效果较好，既便于除治蜂螨，又能使蜂群得到休息，进入春繁后蜂王产卵积极性高，工蜂哺育能力加强。有的蜂场采用扣王等强制蜂王停产冬休的方法，也取得较好的效果。通过试验证明，南方的本地蜂群在 12 月份强制停产 20d 以上，早春繁殖期比不停产的多繁蜂 106%～144%，节省饲料平均为 23.9%，春油菜蜜增产10.7%～28.6%。故此，建议南方温暖地区的蜂群，应当在冬季蜜粉源期间加强保温，促进繁殖，培育越冬适龄蜂，为早春繁殖打下基础。冬季蜜粉源过后应设法控制蜂王产卵 20 ～ 25d（最长 1 个月），使蜂群得到休息，为早春繁殖做好准备。这样的做法适应蜂群生物学特性和周年活动规律，减轻管理人员劳动强度，节省饲料，避免此间因繁殖带来的一切麻烦，并有利于蜂群的防病治螨和春季繁殖与春蜜采收。南方蜂群冬季控繁方法应当予以推广，具体方法应在实践中不断改进和完善。

第四节　蜜蜂的人工繁育技术

蜂群的增殖是靠人工育王以分蜂方式实现的。利用早期培育的新蜂王实行人工分蜂，只要管理得当，经过一个半月的增殖，就可以发展成强群，可以赶得上采集中、晚期蜜源。养蜂者根据生产需要，结合蜂群实际情况和自然条件等多方面因素，有计划地进行育王、分蜂，既有利于蜂群的增殖，也可达到优质高产的目的。

一、人工育王的条件

人工育王与分蜂可分为准备阶段、实施阶段和后期管理阶段。前期准备阶段主要是为育王分蜂打基础。首先是确定育王时间，以当年分蜂、当年见效的观点推算，可在春末或主要流蜜期前 50 ～ 60d 着手培育蜂王。为了增殖蜂群或换王，可于夏季、初秋进行育王。培育优质蜂王的条件是：①天气温暖，气候稳定；②育王群势强壮，饲料充足；③蜂群处于增殖期；④种用父群中已培育出可供利用的雄蜂。早春蜂群处于发展阶段，群势尚弱，不具备育王分蜂能力。

人工育王应根据蜂场需要有计划分步骤进行，要做好育王记录，以便比较详尽清楚地掌握了解育王情况，同时也是新王的一份档案资料。人工育王资料记录可参考表 4–8。

表 4–8　人工育王资料记录表

母群			父群			移虫							新分群						说明
群号	品种	主要特性	群号	品种	主要特性	移虫日期	移虫方式	气温	复式移虫	移虫量	接受量	封盖日器	分群日期	新分群号	新分群势	分配王台	交尾情况	新王特征	

二、种群母、父本及育王群的选择

种群母、父本的选择，应根据长年生产记录，选择品种较纯、生产性能高、繁殖力强、群性温顺、抗病害、抗逆性能强、定向力较好的蜂群。较大型的蜂场，选择和使用多个蜂群作父群和母群。并且定期从种蜂场引进最新优良品种，或以同一品种不同血统的蜂王进行选育，从而提高生产力和生活力。不同品种的蜂群其生产性能及生物特性均有差异，各有长短。近亲繁殖、忽视对父群培养、混杂繁殖、育种养王方法粗放以及不良的环境条件，都能导致蜜蜂优良性状的基因向不利方向变化，生产性能下降。为了防止蜂种退化，应特别注重种用群的纯度。较纯的蜂种能保持其物种特有的生理特性和经济性状。将不同品种进行杂交可有效地避其短、扬其长，使不同品种的优良性状组合在一起，产生出理想的杂交品种。例如意大利蜂繁殖力高，采集力强，性情温顺，易维持强群，但不能利用零星蜜粉源，育虫无节制，饲料消耗量大；而高加索蜂早春繁殖较慢，但能利用零星蜜粉源，育虫有节制且节省饲料，正好弥补了意大利蜂的不足之处。如选择意蜂为母群用以培养蜂王，选高加索蜂为父群用以培育雄蜂，使两种蜂杂交，便可产生出生物特性优良、经济性能较高的“意 × 高”杂交蜂种。实践与试验证明，对我国饲养的四大名牌蜂种进行杂交，其经济性状及繁殖速度均有很大改观。如“欧洲黑蜂 × 卡尼鄂拉蜂”杂交的产蜜量与欧洲黑蜂相比，可提高55%；“意大利蜂 × 卡尼鄂拉蜂”杂交的产蜜量与卡尼鄂拉蜂相比，可提高 70%；“意大利蜂 × 欧洲黑蜂”杂交的产蜜量与欧洲黑蜂相比，可提高 153%。山东农业大学于 1991 年采用人工授精的手段，组成了 5 组不同的杂交组合，通过在泰安和莱芜等地的对比试验，其中 4 个单交杂种组产蜜量比优选的亲本高 21%～23%；1 个三交杂种组产蜜量提高 46.2%。

纯蜂种的来源可向蜜蜂原种场、种蜂场邮购蜂王，也可以利用本场较纯的蜂进行提纯。提纯是利用雄蜂有母无父的原理，在严格控制非种用雄蜂的基础上，保证特定的种用雄蜂与处女王交配，通过两代以上的提纯筛选，便可产生出理想的纯种后代。因为雄蜂的发育迟于蜂王，故在育王半个月至20d前就得培育种用雄蜂。主要做法是在选好的父本种群内加入雄蜂脾，将蜂缩紧，做到蜂多于脾，并加喂饲料，一定量地限制蜂王产卵，人为地制造分蜂情绪，迫使蜂王向雄蜂房内产下未受精卵。

育王群适合选择有轻微分蜂欲望、蜂多于脾、饲料充足、泌浆适龄蜂较多的优良蜂群。也可以无王群始工，有王群完成。在始工阶段要进行奖励喂饲，促使蜂群泌浆，泌浆越多，育王质量越高。育王方法可参照蜂王浆生产技术的前期准备及移虫章节，所不同的是育王需要从特定的母本种群内移虫，虫龄以当日的（24h内）为好。在第一次移虫接受后的36～48h内再进行重复移虫，促使蜜蜂加倍泌浆，保证蜂王幼虫的饲料充足。

三、复式移虫法

移虫育王是新法养蜂的重要内容，使用的工具主要有：移虫针、育王框、毛巾。移虫方法如下。

（1）在育王框上粘一些蜡碗，现在通常用塑料王台条（图4–9），插入育王群中，让蜜蜂清理2～3h，取出，用蜂扫帚扫去蜜蜂，在每个蜡碗内点上一滴新鲜蜂王浆，即可进行移虫。

（2）移虫要从小幼虫（1日龄）的背部一侧下针，针尖紧靠房底，把针尖插入幼虫和房底之间，将幼虫挑起，放入蜡碗里的蜂王浆上。再从下面轻轻地抽出移虫针。幼虫十分娇嫩，移虫的动作要轻稳迅速，一条幼虫只允许用移虫针挑1次。移完虫的板条用湿毛巾盖好（以免降低温度）。再移第二条。最后移完的育王框，加在育王群内幼虫脾和花粉脾之间。

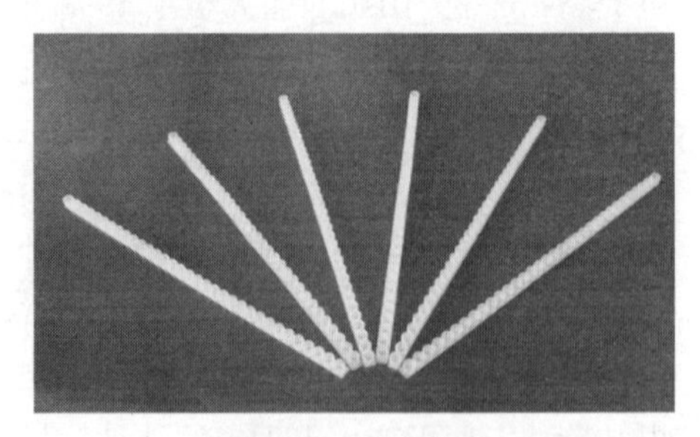

图4–9　塑料王台条

做复式移虫时，在第一次移虫半天至1d后提出育王框，把已接受的小幼虫去掉，重新移入1日龄以内的幼虫，复式移虫可以获得较多的王浆，培育的蜂王比一次移虫培育出的质量好，接受率高。

复式移虫后的第10d，根据所育蜂王的多少，着手组织新分群或交尾群。新分群一般由3～5框足蜂和1～2框封盖子脾、一整框蜜粉脾及少量空巢脾组成。新分群的大小以交尾成功能保持足够的生存力为准。交尾群是以育王交尾为目的，主要目的是为更换老蜂王作准备，不可能成为一个独立的蜂群。群势可适当弱一些；若使其成为一个发展蜂群，分蜂时就应多提出一些蜜蜂。交尾箱有标准十框箱或十六框卧式蜂箱改装成数室的，也有特制的小型交尾箱，大小以容纳1～2框蜂为宜，可分为整框式、1/2框式、1/4框式和1/8框式交尾箱。还有为方便运输设计的叠式交尾箱，只能容纳半张巢脾，专门用来培育蜂王，补充其他蜂群。新分群或交尾群组成后第2d，也就是蜂王即将出房的前2d，将成熟的王台从育王群中提出割下，分配到各群中，为了避免王台不被接受而咬坏，在分配安放王台时就要用王台保护圈保护起来，直到幼蜂出房再拿去。王台保护圈在蜂具商店可买到，也可用24号铁丝自行绕制（图4–10）。

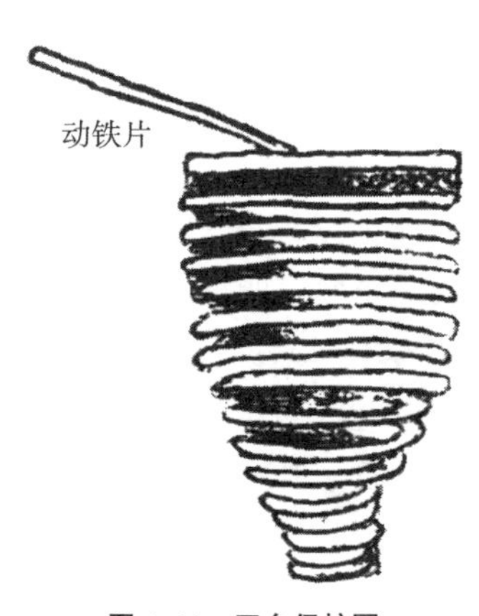

图4–10　王台保护圈

较大量的育王，以其纯度或杂交优势的目的出发，可考虑到深山区或孤岛区进行，因蜂王婚飞往往远离本场5～8km，所以养王场应控制在10km范围内无非种用雄蜂存在。随着科学技术的发展，现已研究成功蜂王人工授精技术，可以有效地控制蜂王的交配。中国农业科学院蜜蜂研究所研制的蜂王产卵控制器，可获得供移虫用的适宜日龄的幼虫，有利于培育出体质强壮的蜂王，对蜜蜂的育种和遗传学研究开辟了广阔的前景。

第五节　笼蜂的饲养技术

笼蜂早在17世纪初美国的养蜂人员就开始试养。美国、苏联等国的养蜂者一直把笼蜂饲养作为获取高产的重要途径，他们在采收季节从廉价地区买来蜜蜂用笼子分装运回投入生产，当收获完毕再运往另一场地或将之杀死，工作量小，开支低，收益高。近几年来，我国南北方的养蜂科研与生产者联手合作，对笼蜂的饲养及生产性能进行了深入的研究与实践，收效甚好。

一、饲养笼蜂的意义

我国幅员辽阔，气温、蜜粉源等条件复杂，各地蜂群的发展及生产季节交错，明显存在着繁殖与生产的矛盾。例如，南方的主要蜜粉源是在春季开花，当时的蜂群群势较弱。通过春季蜜粉源期间的繁殖，蜂群强壮起来，蜜粉源却已过，成为“饭桶蜂”。而华北地区的主要蜜粉源是在夏季开花，此间需要强壮的蜂群投入生产。如传统的蜂群转运追赶蜜粉源，运输任务重，运途风险大，管理复杂，费用支出高，而饲养笼蜂则正好弥补了这些。依据我国的具体特点，笼蜂的主要形式是南北联营和互助合作，春末从南方或从廉价地区购来蜜蜂，去掉巢脾和蜂箱，将蜜蜂装入特制的笼子内，运到北方或蜜粉源充足的地方投入生产。当收获完毕，蜜蜂在本年度失去利用价值后，便予以处理：一是将蜜蜂杀死，减少越冬饲料开支和管理劳动强度；二是当北方秋季蜜粉源结束后，再次以笼蜂的方式装运到南方参加冬蜜采收或作蜂种出售。笼蜂可作为单群繁殖生产，也可用来补充其他蜂群。笼蜂运输安全方便，开支较低，经济效益可观。这是因为，长途运输1kg蜜蜂（1万只），正常情况须得配有蜂箱、巢脾及数千克蜂蜜、花粉等饲料，运输总重达25kg以上；而采用笼蜂则只需2～3kg的重量，便于飞机等现代化运输工具或部门快速传递，不仅费用大大降低，且赢得了生产时间，还可预防途中遭受损失，简省方便，一举多得。

发展笼蜂饲养业，不仅使饲养笼蜂的蜂场获利，也使生产供应笼蜂的蜂场得益。笼蜂生产在国外早已盛行，美国、澳大利亚等国的笼蜂已发展为专业性生产。我国四川省农业科学院畜牧兽医研究所在20世纪80年代建立了以笼蜂为主的繁殖场。黑龙江和广东的相关单位也建立了以营销笼蜂为主的联谊关系，有效地利用两地的温差与蜂种资源，促进了养蜂生产的发展，获取了较高的经济效益。实践证明，1月初，一群约1kg蜂量的蜂群，到3—4月可以提供等量的2～3笼蜂，其收入高于一般生产蜂群1倍之多。总之，生产和饲养笼蜂，是进行南北大转地走集团化、规模化生产的一个新途径，既可减轻铁路运输压力，又可减少蜜蜂长途运输损失，还可变长途转地采蜜为定地或小转地生产，有利于控制蜜蜂幼虫病的传播，并为治螨防病提供了良机，从而保证了蜂群的安全，对开发蜜蜂饲养及生产有着深远而重要的意义。

二、条件与蜂笼

生产与饲养笼蜂的条件如下。①需要掌握人工育王技术，及时培育出大量的优质蜂王；掌握蜜蜂良种繁育技术，不断选育高产、抗病、抗逆性强的蜂种；掌握蜂群的快速繁殖技术，使蜂群尽早、尽快地发展壮大起来，提早供应较多优质蜜蜂。②具有1个以上的主要蜜源和丰富的辅助蜜粉源植物；必须有蜂箱、巢脾、巢础框等养蜂用具；准备好饲料（糖、蜂蜜和花粉或花粉代用品）；了解养蜂基础知识和笼蜂的运输、过箱技术。

装蜜蜂用的笼子多是长方形的，一般采用lcm厚的木板钉个长方形框架，两侧用铁纱制成。蜂笼的式样与大小根据需要而定，一般以长方形蜂笼比较多见（图4–11），有分装1kg的，还有分装1.5kg、2kg、2.5kg的不等。如繁殖期长，饲养笼蜂又有经验者，可购比较小的蜂笼，如1～1.5kg；如繁殖期短，采集期临近或者为了授粉和分蜂、补蜂，

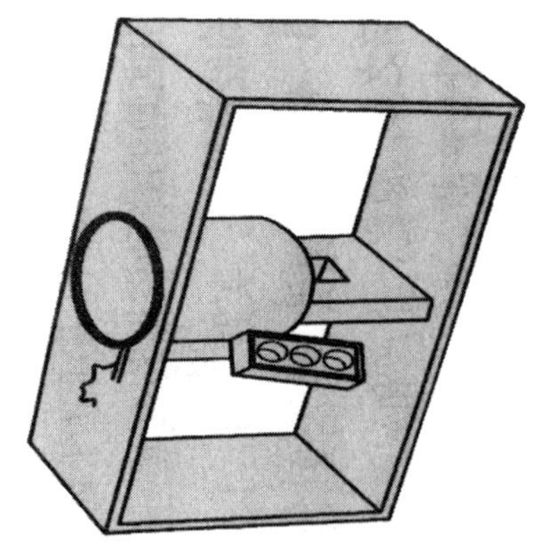

图4–11　长方形蜂笼

可购置1.5～2.5kg的大笼蜂。我国农牧渔业部在1983年1月曾召开推广笼蜂生产座谈会，会议建议以1.5kg的笼蜂作为基本标准。1.5kg蜂笼长约350mm、宽约180mm、高约240mm。蜂笼顶部的中央凿一洞，洞的形状与大小应和饲料罐（或盒）的形状大小相同，目的是嵌放饲料罐（盒）和蜜蜂装笼之用。此外，在蜂笼一侧的下方开一个10～20mm的饲水孔，在饲水孔里面钉一块毛巾或脱脂棉球，以备装笼后蜜蜂饮水之用。最后，贴上“笼蜂登记表”（表4–9），放入室内保存备用。

表4–9　笼蜂登记表

编号＿＿＿＿＿＿＿＿＿＿
笼重（g）＿＿＿＿＿＿＿＿
蜂重（g）＿＿＿＿＿＿＿＿
蜂王状况＿＿＿＿＿＿＿＿
饲料重（g）＿＿＿＿＿＿＿
装笼日期＿＿＿＿年＿＿＿＿月＿＿＿＿
单位（印章）
负责人＿＿＿＿＿＿

三、饲料（固体炼糖）的配制

配制饲料的标准是：软硬度和含量要适中，以在15℃时不干不硬，在37℃时不流动为宜。

1. 原料

用优质的白砂糖或绵白糖与蜂蜜配制，不能用古巴糖、普通粉状白糖（含有微量的矾）、红色原糖（含杂质多）及含有铁锈或来路不明的蜂蜜配制。

2. 数量

视笼蜂数量、运输方法与途中时间的长短而定。每笼蜂量1.5kg的，每笼约需炼糖0.5kg，可供途中时间3～4d食用。

3. 配制炼糖方法

配制炼糖的方法可分为加热法和研磨法两种。

（1）加热法

其加工过程为：白砂糖 2 份 + 水 1 份 $\xrightarrow{\text{加热、搅拌}}$ 过滤 $\xrightarrow[\text{至 112℃}]{\text{加热、搅拌}}$ 蜂蜜 1 份 $\xrightarrow[\text{至 118℃}]{\text{加热、搅拌}}$ 停火 $\xrightarrow[\text{降温至 70℃}]{\text{搅拌}}$ 乳白色糖团

注意：装袋后放在阴凉低温处保存，防止干燥、潮解。

（2）研磨法

其工艺过程为：白砂糖 $\xrightarrow[\text{过筛}]{\text{研磨}}$ 糖粉 70%+ 蜂蜜 25%（加热至 30 ～ 40℃）$\xrightarrow{\text{搓匀}}$ 乳白色炼糖

注意：搓揉时逐步把剩余的糖粉加入，太干则加入少量蜂蜜，直至炼糖不软、不变形、不粘手。一般糖粉与蜂蜜之比为 4∶1。

在实在没有蜂蜜的情况下，可采用转化糖代替蜂蜜调制炼糖。其制法是：1kg 白砂糖加兑 800mL 水，加酒石酸 3g，煮沸 30 ～ 45min，再用温火慢慢熬制 30 ～ 40min，使之成为乳白色松软的糖团。

利用火车、卡车、轮船运输笼蜂，也可使用液体饲料代替炼糖。把高浓度优质的蜂蜜装入玻璃瓶内，盖上钻几个小孔。盖朝下倒放于蜂笼顶板的圆洞口，固定好，不得碰撞，饲料罐须得坚固，不能用软质材料制作。

四、笼蜂的装运

笼蜂有两种来源：一是繁殖期将过剩的工蜂装笼；二是非繁殖期全群装笼。装笼应在蜜蜂出巢采集前或傍晚进行，以免蜜蜂外出失重太多。蜜蜂装笼前，首先制备好途中所需饲料。笼蜂如采用空运应以炼糖为好，条件不具备时，也可用去掉包装纸的水果糖或浓度较大的优质蜂蜜代替，须注意的是，不要滴出但又便于蜜蜂食用。所用饲料以装笼蜂数和运输时间而定。一般情况下一个 1.5kg 装的笼蜂每昼夜需要饲料 50 ～ 70g。蜜蜂装笼时，先将蜂王抓住放入邮寄王笼内，以防装笼时不慎将蜂王碰坏，待蜂笼装好后，再将邮寄王笼吊挂在饲料罐旁。如以补

群为目的不需要蜂王时，可将一封盖的王台安嵌在饲料罐旁，但必须用王台圈加以保护，以防途中损坏，引起蜂群情绪波动。装笼的方法是，用一大漏斗或塑料袋插在蜂笼上口内，将蜜蜂抖入漏斗或塑料袋中，使蜜蜂自行进入或用力抖进蜂笼。抖蜂时注意不要将雄蜂带进蜂笼内。为保证笼蜂质量还要注意幼、青、老年蜂的比例，幼、青蜂所占的比例越大越好，起码各占 1/3。不同蜂群的蜜蜂可以抖入同一蜂笼，因为条件突变，敌意相应减弱，不同群的蜜蜂不会在蜂笼内撕咬。

冬季运输笼蜂时，可采用双王群保温蜂笼。在每个蜂笼的两端和底部各开一个纱窗，中间用泡沫板作中隔板，在蜂笼的内侧用建筑胶将铁纱贴牢。开窗口时锯下的泡沫板作为窗盖用钉固定在原位置，需通风时取下窗盖便是纱窗；双群蜂笼的上面各开一个装蜂口，装完蜂后用铁纱封闭便是纱窗。为了运输装卸方便，以 3 ～ 5 笼为一组用木条连接在一起（图 4–12）。在运输途中注意通风和供水。保证笼内毛巾或棉球的湿润，使蜜蜂随时采用。途中还要注意遮阴，以防光线刺激，引起蜜蜂不安。

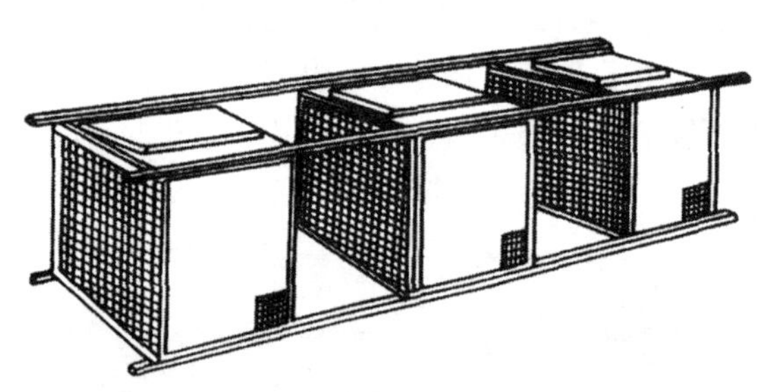

图 4–12　蜂笼的连接

五、笼蜂的过箱

笼蜂运到目的地后，根据生产需要来决定是过箱还是补群，补群方法可参照合并蜂群的事项进行。所注意的是，需要事先将蜂笼内的蜜蜂过箱到巢脾上。过箱时，应事先准备好蜂箱、巢脾等必须蜂具，巢脾最好选择蜜粉脾，这样会更有利于蜂群的组成和发展。过箱宜在傍晚或清晨进行，这时光线较暗，气温较低，蜜蜂比较安静，便于操作。过箱应依序逐群进行，避免蜜蜂起飞迷乱错投，引起混乱和围王。过箱时先向蜂笼内蜂团喷水，使蜂体雾湿安静下来，再轻轻开启上口盖，取出饲料罐和蜂王邮寄笼，然后口朝下将蜂团抖进事先准备好的蜂箱内。同时将蜂王用蜜汁涂身放入箱内巢脾上，巢脾的多少根据蜜蜂数量和需要而定。蜜蜂过箱后按常规将巢脾调整好，盖好箱盖保持安静。待蜜蜂稳定下来后，再进行全面检查，根据生产需要予以处理。

第六节　中蜂的饲养技术

一、中蜂饲养现状

中蜂（中华蜜蜂）是原产于我国的优良蜂种。全国除新疆以外，从东南沿海到青藏高原均有中蜂的繁衍，主要分布在长江以南各地的山区和半山区，当前全国约有 200 多万群。在我国南方山区地形复杂、气候变化无常、昼夜温差大、雾浓潮湿的恶劣环境条件下，中蜂是外来蜂难以取代的优良蜂种，在养蜂生产上具有独特的优势。中蜂在长期进化适应过程中，形成了一系列特别适应我国气候、蜜源条件的生物学特性。中蜂有很多西方蜜蜂不可比拟的优良特性，如采集勤奋、个体耐寒能力强、善于利用零星蜜源和冬季蜜源、节约饲料、飞行灵活、躲避胡蜂等敌害和抗螨能力强等。但中蜂也有缺点，如分蜂性强、蜂王产卵量低、不易维持强群、易飞逃、采蜜量较低等。只有在科学饲养的条件下，才能充分发挥中蜂的优良特性，改进和解决中蜂的缺点。

虽然我国饲养中蜂历史悠久，但科学饲养技术的形成只有数十年。我们应积极地保护和开发我国丰富的中蜂资源，推广普及中蜂科学饲养技术，使中蜂这一“国宝”为促进农业经济及乡村振兴贡献力量。

二、中蜂的主要特性

作为土生土长的本国特有蜂种——中蜂，其生物学特性是在我国特有的生态条件下形成的，是对我国生态地理自然条件的一种极好的适应，尤为适合在我国繁衍生息，主要具有以下生物学特性。

1. 体小翅长，飞行灵活

中蜂的翅较长，约占体长的64%，翅膀平均每秒振动306次，而意蜂等西方蜜蜂只有235次，因此，中蜂的飞行速度比西方蜜蜂快。据统计，中蜂在32s内能够飞行1km左右，这样可以缩短采集途中飞行的时间，增加采集时间内的采集次数。在同样的条件下，5min内，中蜂有140只采集蜂返巢，意蜂只有96只蜂返巢。鉴于中蜂的飞行技巧与迅速，不仅采集效率高飞行速度快，而且在飞行途中可以有效地防御蜂敌，燕子、麻雀、胡蜂的捉食，即使在暴风雨的情况下，也能够安全较快地飞返巢内。

2. 抗病、抗螨力强

由于中蜂在本地繁衍长期生活在野外，对自然环境的适应性特别强，抗病、抗逆、抗螨能力也很强，许多西方蜂种易患或易感染的疾患，中蜂都不易得，但对囊状幼虫病抵抗力比较弱，20世纪70年代暴发的囊状幼虫病，给中蜂造成一场毁灭性打击，使中蜂在全国范围内损失严重，全国平原地区的中蜂大伤元气，有些地方几乎损失殆尽。

3. 抗寒耐热力强

中蜂耐寒又耐热，每日外出采集活动的时间要比意蜂长1～3h，并能在微雨及雾天进行采集。因此，中蜂在我国南方能顺利度过炎热的夏季而群势不减，在北方也能在简陋的蜂窝里顺利过冬。中蜂在外界气温10℃时就能够出巢飞翔采集。所以，能很好地利用早春晚秋的零星蜜粉源。在北京地区，早春山桃花盛开时，就有大量中蜂采集。在5月份洋槐开花期，中蜂在早晨五六点钟就出巢采集。夏季炎热的中午，气温高达43℃时，只要外界有小蜜源，中蜂照样外出采集。

4. 嗅觉灵敏，善于利用零星蜜源

中蜂嗅觉非常灵敏，善于发现蜜源，能以采到其他蜂种采不到的零星蜜源。因此，巢内时常存有充足的花粉和蜂蜜，甚至在外界蜜源条件差、管理粗放的情况下，巢内也不缺蜜和花粉，能够正常繁殖。所以，特别适于蜜源稀疏分散的山区饲养。

5. 造脾力强

中蜂泌蜡多、造脾快、不用巢础也能造出比较整齐的工蜂巢脾，并且颜色洁白。中蜂蜂王尤其喜欢在新脾上产卵。

6. 好分蜂，难维持强群

野生在岩洞和树洞里的中蜂，由于巢内狭小，蜂群的发展受到很大的限制。当蜂群发展到一定程度无法居住时，不得不分出小群，这就是中蜂爱分蜂的主要原因。在中蜂饲养过程中，这一缺点也表现突出，可通过采用活框蜂箱饲养，进行人工选种等技术措施，在一定程度上可以予以驯化、改良、提高。

7. 怕巢虫，爱咬旧脾

由于中蜂分泌的蜡质未掺入树胶，因而清香质脆，巢脾极易受到巢虫的侵袭，故中蜂巢脾如不采取相应措施就难以储存。因此，饲养中蜂应及时将旧脾化蜡，多造新脾。通常中蜂在以下几种情况下开始咬旧脾。

（1）越冬前蜂王停止产卵以后，外界气温在15℃以下，蜂群为了御寒，工蜂开始咬脾，随着气温的下降，逐渐扩大咬脾面积。

（2）越冬以后，蜂王开始产卵，有的蜂群还要咬脾，接着旧脾造新脾。蜂王只在新脾上产卵。

（3）过旧的巢脾，即使没有巢虫，也会被咬掉，重新修脾。因为，旧脾内常有幼虫遗留下来的茧衣和粪便，房壁加厚，不能很好地传热和保温。

8. 性情暴躁

中蜂的性情比意蜂暴躁，对光线很敏感，每当打开蜂箱见到光亮或稍有振动，就易发怒起飞或蜇刺，给日常管理带来一些不便。随着科学饲养驯化提高，这一缺陷也会逐渐改变。

9. 盗性强

中蜂的嗅觉灵敏，善于发现蜜源的同时，也带来了盗性强这一缺点。在蜜源末期，要采取相应措施，着重注意防止盗蜂，要尽可能保持巢内贮蜜充足，应尽量少开箱检查。

10. 恋巢差，好飞逃

中蜂长期生活在野生状态下，经常受到敌害的侵袭。中蜂遇到严重缺蜜或无法抵抗敌害等不利情况下往往选择弃巢飞逃，中蜂的这一缺陷不利于发展强群，往往造成不必要的损失。可采用中蜂过箱饲养，加强人工管理、及时饲喂和防除敌害等措施，中蜂的这一缺点是能够逐渐或较好改变或克服的。

11. 不采集树胶

中蜂对树胶不感兴趣，正常情况是不采集树胶的，它填塞蜂箱缝隙和粘固巢框都是用蜂蜡，这就给蜂群管理带来一定方便，但减少了一种产品——蜂胶。中蜂的蜂蜡质纯洁白，熔点 66℃，较意蜂蜡高 2℃。

三、中蜂过箱技术

中蜂长期以来饲养在树洞、墙洞、圆木桶、竹篾箩或竹笼等器具中，巢脾多自行筑造固定其中，不方便开箱提脾检查，无法了解群内的变化情况，更谈不上用科学方法管理，多采取杀鸡取卵式取蜜生产，损伤惨重。漫长的生产实践使人们认识到，只有采用新式活框蜂箱，才能实现中蜂的科学饲养。新式活框饲养，其第一步工作就是要将旧式蜂巢固定巢脾与蜜蜂，改装到新式活框蜂箱中，实行活框科学饲养，这一过程被称为“过箱”。中蜂过箱时，必须选择好过箱时期，掌握好过箱的操作技术。

1. 中蜂过箱的最佳时期

过箱是用人为的强制手段将蜂群拆巢迁移。过箱过程中势必要损坏部分蜜粉脾和子脾，过箱后蜂群需要重建家园，所以，过箱需要在外界蜜粉源充足、天气晴暖时节进行。这样，不仅在过箱操作过程中蜜蜂比较安静，不易发生盗蜂，子脾受伤少，而且过箱后，蜂巢修复迅速，蜂王很短时间内就能恢复产卵繁殖。

过箱的具体时间：春季宜选择晴暖天气的午后时分；夏季宜在黄昏时进行，此时气温适宜、蜜蜂出勤较少、秩序好；早春和晚秋，可在夜晚将蜂群搬进室内过箱，过箱时可用红光照明。

2. 过箱前的准备

过箱前需准备的用具有：标准中蜂箱、上好铁丝的巢框、割脾刀、剪刀、钉锤、蜂扫、熏烟器、隔板等。过箱时通常需要 3 人协作进行，一人负责脱蜂、割脾；一人负责绑脾；一人负责收蜂入笼以及清理残蜜等。

过箱前，如果蜂窝悬挂在高处，应以每天下降 30cm 左右的速度预先将蜂窝放下来。原来放在地面但距离很近的数个蜂窝，也要预先采用逐渐移动的方法，将彼此间的距离拉开，以免过箱时发生混乱。

3. 过箱方法

旧式饲养的中蜂蜂窝多种多样，而且摆放的位置和形式也各不相同。按摆放的位置，蜂窝通常分为立式和卧式两类；按摆放的形式，可分为可移动式和固定式两种。立式蜂窝和卧式蜂窝过箱操作上除了翻巢和不翻巢的区别外，其他操作大致相同。都要经过催蜂离脾、割脾装脾、抖蜂入箱、催蜂上脾、调整检查等步骤。

（1）可移动式蜂窝过箱方法

将蜂窝搬离原地 5m 之外，原地放一预先备好的活框蜂箱。如旧蜂窝为立式蜂窝，则先除去蜂窝上下盖后，再倒转过来，底朝上，上面盖一草帽或收蜂器，也可以套一空蜂桶，然后用熏烟器从蜂窝下往窝内喷烟，同时用木棍敲打蜂窝外壁，催蜂离脾。在熏烟和敲打声的刺激下，蜜蜂便会离脾向上爬至草帽、收蜂器或空蜂桶中结成蜂团。待蜂结团后，将带有蜂团的草帽、收蜂器或空蜂桶搬开，立即进行割脾上框，将上好巢脾的框依次放入原址上的活框蜂箱内，再把蜂团轻轻抖入，盖好箱盖，打开巢门，过箱操作即告完成。如是卧式蜂桶，先将蜂桶搬离原位，原位上换置一活框蜂箱。把蜂桶翻转 180°，使巢脾朝上，并将蜂桶尾端稍稍抬高，然后用熏烟和轻轻敲打桶壁的方法，驱蜂离脾到蜂桶的底端结团，再进行割脾上框、抖蜂入箱等操作。

割脾上框的操作程序：将已脱去蜜蜂的蜂窝搬入室内或离蜂场稍远处，把巢脾依次割下来，分别放好，注意不要损伤子脾。然后把割下的巢脾平放在隔板上，比照着巢框的大小把脾裁好，顺着巢框上的铁丝，用利刀把脾划三道沟，把巢框上的铁丝镶嵌入沟内，上面再覆盖一块木隔板，用双手捏住上下两块木隔板，连脾一起翻转过来，撤去隔板，用薄竹片、稻草或包装绳将巢脾绑牢，即可放入蜂箱内。由于割取的巢脾，形状大小各异，需依照巢框的大小修理，1 块不够大时，可用 2 块或 3 块拼装在一起。割脾上框时要尽量保留卵、虫脾和粉脾，少留蜜脾，通常将雄蜂脾和空脾舍去。

（2）固定式蜂巢的过箱方法

有的蜂群营巢在墙洞、树洞、大柜等不能搬动的地方，不得不保持其自然状态过箱。过箱时先轻轻启开墙、土窑洞蜂巢的前壁或土坯门板，看是否与相邻空墙洞、土窑洞有小孔相通，如没有洞孔，可人为设法钻上1个或2个洞孔，并在洞孔外侧连接一蜂箱或布袋。准备好后，把前壁或土坯巢门板关上，从巢门口向蜂巢内喷烟，蜜蜂即离脾通过洞孔迁移到相邻的空蜂巢内或布袋内结团，在蜜蜂基本离开后，再打开土坯巢门板进行割脾上框。对于用双手能直接接触到蜂巢的蜂群，首先要找到便于操作和扫蜂的地方，用手轻轻地振动巢脾，使蜜蜂慢慢离脾，诱导蜜蜂到选定的便于扫蜂的平整部位集结成团，切勿乱喷烟、瞎敲打，以防蜜蜂混乱，结不成蜂团，并影响割脾和扫蜂，甚至蜂王惊飞或受伤，造成意外的损失。割脾上框后，催蜂上脾也很重要，若不注意往往会使蜂群飞逃。抖蜂入箱后约30min，应开箱检查，如见蜜蜂已上脾，就可证明蜜蜂过箱后接受新居，蜂王安然无恙，过箱基本成功。若见蜜蜂结团在箱盖或箱壁上，应立即设法催蜂上脾。若蜂团在箱盖上，可将箱盖稍稍提起，将蜂团靠近巢脾，来回轻轻移动，使蜂团分散，蜜蜂爬上巢脾；若蜂团结在箱壁上，可用蜂扫轻轻将蜂团扫散，让蜜蜂爬升上脾。

过箱完毕，应及时清理过箱现场，将巢脾蜡渣及时化蜡，使用的工具清洗干净，地面上滴落的蜂蜜、蜡屑、死蜂和幼虫等都要清扫干净，以免引起盗蜂。

4. 中蜂过箱后的管理

长期生活在旧式蜂巢中的中蜂，一旦过箱，生活环境突然改变，很有可能有些不适应。而且过箱操作势必损坏部分巢脾，杀死少量蜜蜂和幼虫，扰乱了蜂群。所以，中蜂过箱后，需要加强饲养管理，以利于蜂群的恢复和发展。

（1）蜂群过完箱后，要及时地缩小巢门，避免盗蜂。并要根据天气和蜜源情况，随时调节巢门大小。

（2）及时判断蜂群是否有蜂王。过箱后，要注意观察工蜂的表现，如果巢外飞翔的工蜂很快进入蜂箱，说明蜂王在箱内。如果工蜂不上脾，从蜂箱内纷纷往外飞，在蜂箱周围徘徊飞翔或钻入邻近蜂箱，说明蜂王不在蜂箱内或已丧失，这时就应抓紧寻找蜂王并设法诱入，如现场尚有些蜜蜂在飞舞，可能蜂王在其中，可揭开蜂箱盖，使蜂团和巢框露出来，诱导蜂王飞回来。如附近有少量小蜂团，可从中寻找蜂王，找到后捉入箱内或放入王笼中，再放入箱内，以招引蜜蜂回巢。

（3）适当紧脾，使蜂多于脾。在留足巢内饲料的前提下，尽量少加脾。蜂多于脾，有利于巢脾的修复和幼虫的孵育。同时，还要给予奖励饲养，以促进工蜂造脾和蜂王产卵。

（4）过箱 2 ～ 3d 后，午后开箱快速检查一次，看工蜂是否护脾，巢脾上方和框梁的连接处是否已经粘牢。粘牢的巢脾可以去掉捆绑物。对没有粘牢或下坠的巢脾进行矫正，不平整的巢脾要齐框削平。如果发现巢脾上出现急造王台，说明蜂群失王，可选留一个最好的王台，将其他王台挖去，或采取诱入蜂王或合并蜂群的措施。待工蜂将放入的巢脾修造成整张巢脾，而且绝大部分巢房被蜜、粉、卵或幼虫占据时，就可以加入巢础造脾，使蜂群迅速壮大。

四、中蜂饲养管理要点

1. 选育优良蜂王

选育优良蜂王，对于蜂群的复壮、发展生产和逐步改变蜂种的不良习性有很重要的意义。中蜂尤其需要重视良种选种工作。良种选育的原则和意蜂相同，即选择蜂王产卵力强、繁殖快、能够维持强群、工蜂采蜜力强、性情温顺的蜂群为种蜂。经过长期选优去劣培育优良蜂王，可有助于改变中蜂的某些不良习性，使其朝着对生产有利的方向发展。中蜂人工育王的方法与意蜂基本相同，但要注意最好不用无王群养王。因为中蜂失王后，巢内秩序混乱，容易发生工蜂产卵，严重影响育王工作。

2. 防止中蜂咬脾

咬脾是中蜂的一大缺点，秋末春初往往将巢内中间的巢脾咬成一个洞，重新换入整张的巢脾，有的直接将多余的巢脾咬毁。因此，秋后可把不完整的蜜脾（下边缺一块的）放在蜂群的中间，完整的蜜脾放在两边，多余的可抽出来妥善保管。这样既可适应蜂群越冬，又能避免巢脾被咬毁。早春不要过早地加脾。待外界气温上升，蜜源逐渐增多，幼蜂陆续出房，蜂王将产卵圈扩大到旧脾上时，再给蜂群适时加脾（旧巢脾），让蜂王产卵。加脾过早，不但不能促进蜂群繁殖，反而会把完整的巢脾咬坏。加强选种，挑选不爱咬脾的蜂群作种群，逐步改变这一不良习性，也是防止中蜂咬脾的有效措施。

3. 清除巢虫

巢虫是中蜂的一大敌害，不但毁坏巢脾，严重时甚至威胁蜂群的生存，以致弱群和无王蜂群飞逃或死亡。中蜂对巢虫的抵抗能力很弱，又不善于清扫箱底的污物（蜡渣和雄蜂房盖）。这些物质堆积箱底成为巢虫的滋生地，使巢虫有机会大量繁殖。在蜂群失王、连续自然分蜂或受病害影响以致抵抗力减弱时，常因受巢虫的为害使全群飞逃或死亡。因此，在管理过程中，要注意经常清扫箱底，及时清除巢虫隐患，消除危害。同时，在早春和晚秋尽量做到“蜂脾相称”，使蜂密集，以增强中蜂抵抗巢虫的能力。

4. 防止中蜂飞逃

在巢内严重缺蜜和有盗蜂、天敌侵袭时，中蜂容易发生全群飞逃，给养蜂生产和管理带来严重损失。因此，在蜜源缺乏的季节，要对蜂群进行科学细致的箱外观察和不定期的检查，随时了解掌握蜂群实际情况，发现食料不足或被盗蜂抢劫时，要及时补给蜜脾，如果没有蜜脾时，要及时饲喂，以防蜂群飞逃。

5. 预防盗蜂

中蜂嗅觉灵敏，善于发现蜜源，但也容易到别的蜂群里盗蜜（特别是在蜜源衔接期）。中蜂之间的盗蜂，一定程度上还可以防御。如果是意蜂或东北黑蜂和中蜂之间的盗蜂，因中蜂的抵抗力差，常常受到意蜂或东北黑蜂的威胁，严重时巢内的存蜜全被盗光，工蜂、蜂王被咬死，有时蜂群被迫飞逃。因此，预防盗蜂是一项很重要的工作。

预防盗蜂的办法：加强科学管理，在蜜源缺乏的季节少开箱检查，也可以安装防盗巢门。中蜂场和意蜂场须相距 3km 以上。

6. 防止分蜂热

中蜂的分蜂性比较强，在饲养管理中可采用意蜂解除分蜂热的管理办法。若这些办法难以见效时，可采用以下两种办法。

（1）提前换王

在自然分蜂季节到来之前，从种群里移虫养王。新蜂王开始产卵后，淘汰分蜂性强的蜂群里的老蜂王，诱入新蜂王。新蜂王的蜂群，一般情况下当年很少发生分蜂热。

（2）新老蜂王的蜂群互换位置

在蜜粉源植物开花期，上午 8:00—9:00，趁外勤蜂大部分出巢采集时，把新王弱群搬到有分蜂热的老王强群的位置，用诱入器把新蜂王带 10 ～ 20 只工蜂扣在巢脾上保护起来，防止老王蜂的工蜂围王。经过这样处理以后，强群变成弱群，分蜂热就自动解除。新王群变成生产群，增强了采蜜力量。

7. 工蜂产卵群的处理

中蜂失王后，很容易发生工蜂产卵。平时检查蜂群时要经常注意蜂群是否失王，如果发现失王，要及时诱入蜂王或成熟王台，也可以从其他蜂群调入卵虫脾，供其改造王台。但工蜂产卵后诱入蜂王或与有王群合并往往不容易成功。这时，可采用铁纱盖合并的办法。在有王群的巢箱上加一个空继箱，巢、继箱之间用铁纱盖隔开，继箱开一个巢门。合并前把继箱巢门堵严，傍晚工蜂全部回巢后，把工蜂产卵群连脾带蜂提到准备好的继箱内（脾上要有够 4 ～ 5d 吃的蜜）。1 ～ 2d 后，当巢箱的工蜂大部分出巢采集时，把继箱的巢门打开，等继箱里的工蜂大部分进入巢箱后，把工蜂产卵的封盖蛹用刀割掉，巢脾分别加到强群中清扫，剩下的少数蜂很快会进入巢箱，这样就可以成功地将工蜂产卵群合并。

五、野生中蜂的收捕

饲养中蜂时除了可以向专业的中蜂场或种蜂场购买引进，收捕野生中蜂也是一条可行之路，既经济，又有效。我国野生中蜂的资源十分丰富，开发利用这份宝贵的蜂种资源对发展养蜂生产，尤其是发展贫困落后、偏僻山区的养蜂业，开辟致富道路有重要的作用。

（一）收捕前的准备

蜜源流蜜盛期和分蜂季节是收捕野生中蜂的最好时期。此时不仅蜂群活动频繁，分蜂群多且易于收捕，而且收捕到的蜂群容易驯养。因此，在此期到来之前就要做好场址选择、蜂箱蜂具添置、收捕工具制作等必要的准备工作。收捕野生中蜂的蜂箱最好是以前养过蜂、干净、无缝隙、带有蜜蜡香味的蜂箱。没有蜂箱时用蜂桶、竹筐等器具也可。蜂场最好设在避风向阳干燥的场地。

收捕前要准备好收捕工具，包括面网、喷烟器、防蜇手套、收蜂器和收捕箱等。

（二）收捕方法

野生中蜂的收捕方法很多，大体上可以分为猎捕和诱捕两大类。两种方法都有很好的效果，要因时、因地制宜，选择使用。

1. 猎捕

猎捕是指依据野生中蜂的营巢习性、采集飞行规律以及当地的自然地理、生态条件，主动地搜寻野生中蜂的蜂巢，从而达到收捕的目的。猎捕时，首先要通过跟踪采集回巢的工蜂来寻找野生中蜂的蜂巢。通常那些飞行缓慢而成直线，飞翔时发出的声音闷而浑浊，尾部略为下倾的大多为采集后回巢的工蜂；飞行迅速、飞翔时发出尖声，身体摇摆呈“之”字形飞行，飞向蜜源的是出巢蜂，从山坡或野外飞向蜜源场地的是野生出巢蜂，可以循其飞来的方向寻找蜂巢。另外，可以跟踪采水蜂，在有积水的田边和水溪边细心观察，发现采水蜂就证明蜂巢最远不超过 1km。采水蜂起飞和下降时表现为转圈飞行：飞来时逆时针方向转圈，回巢时是顺时针转圈，就表明蜂巢在山的左边；若转圈方向与上述情况相反，则表明蜂巢在山的右边。

此外，还可以采用交叉定位的方法帮助寻找野生中蜂的蜂巢。在地势高的地方选择上风处，用树枝叶蘸上蜂蜜，挂在离地面 2 m 高的地方，并同时燃烧一张废旧巢脾，招引蜜蜂，在相距数十米远处用同样的方法设一招蜂点，如果引来了蜜蜂，同时在两个地点观察蜜蜂吸饱蜜汁后的飞行路线，这样观察到的两条飞行路线的交点附近便可找到蜂巢的所在地。

（1）树洞蜂群的收捕

收捕树洞中的蜂群，可先用石块或木棍敲打树干，再用耳听蜂声，确定蜂团的位置。观察树干上蜜蜂的出入口，如有多孔出入，除上、下各留一孔外，其他出入口全部用泥封死，在上孔绑一布袋或挂一蜂箱，使袋口或箱门紧接上孔，然后往下孔内熏烟或吹进樟脑油，驱蜂离脾，蜂从上孔进入布袋或蜂箱。另一种方法是用斧凿扩大洞口，露出蜂团，进行割脾收蜂，采用此方法时要向蜂团喷洒稀薄蜜水，使蜂安定，防止外逃。有些树木是受国家保护的珍稀树种或古树，所以，收捕营巢在树洞中的蜂群时，要经过周密调查，不要随便开凿，否则会造成意外的损失。

（2）泥洞蜂群的收捕

先把有蜂洞穴四周的野草铲光，再检查洞穴有几个蜜蜂的出入口，除留下一个主要的出入口外，其余的洞口全部用泥堵死。在留下的出入口用喷烟器往洞内喷烟迫使蜂群离开巢脾在穴内集结成为蜂团，然后用铁锹把泥洞自外而内徐徐挖开，露出蜂巢，用刀把巢脾依次割下。当蜂群离脾结团时，要用蜂扫尽量一次性将整个蜂团扫入收蜂器中。若蜂团过大一次不能将整个蜂团扫入时，应先把有蜂王附着的那一部分扫入收蜂器，以防止蜂王飞逃。如蜂王在收捕过程中起飞，可暂停片刻，待蜂王飞回蜂团后再行收捕。

（3）岩洞蜂群的收捕

筑巢于岩洞中的野生中蜂比较难收捕。如果洞口比较大，伸手进洞能摸到蜂团，可以采取与树洞、泥洞相同的方法收捕；如果洞口很小，岩壁较厚，可保留一个主要的进出口，其余的全部用泥土封闭，然后用脱脂棉蘸石碳酸后塞进洞口，置于蜂巢下方，在洞口插入一根玻璃管，玻璃管的另一端插入蜂箱巢门，箱内预先放 2 ～ 3 张带蜜巢脾，洞内蜜蜂耐受不住石碳酸气体的熏蒸，便会纷纷离脾，经玻璃管爬入蜂箱。等到蜂王爬入蜂箱，而且洞内蜜蜂基本爬出来后，即可将蜂箱带蜂群搬回。

2. 诱捕

诱捕是根据中蜂的生物学特性，选择中蜂乐于营巢其中的蜂箱、蜂桶等，并放以蜜、糖等物诱使分蜂群或飞逃蜂群定居的方法。要使诱捕成功，需要注意以下几点。

（1）选用合适的诱捕蜂箱和蜂具

诱捕用的蜂箱壁要严密、不透光、干燥、清洁、无异味，最好是带有蜜蜡香味的旧蜂箱。附有蜡基的蜂桶由于带有蜜蜡和蜂群的气味，对蜜蜂具有很强的吸引力，可用来诱捕野生蜂。

（2）选择适宜的诱捕地点

首先，诱捕蜂箱必须放在蜜粉源丰富的地区。其次，要选择向阳、背光、避风的地方设置诱捕蜂箱，例如岩脚、岩缝、大树下、房檐前均是较好的诱捕地点。由于诱捕的对象绝大部分是分蜂群，所以诱捕的时间主要在分蜂季节。另外，也有少数因敌害被迫迁移的蜂群也是诱捕的对象，所以也要根据当地蜂群敌害，如胡蜂、巢虫等为害猖獗期来确定诱蜂的适宜时机。

（3）检查和安置已诱捕到的蜂群

要定时检查设置的诱捕蜂箱，在分蜂季节一般每 3d 检查 1 次，久雨初晴时要及时检查。若发现野生中蜂已经进箱，等到傍晚蜜蜂归巢后，关闭巢门搬回即可。若是旧式蜂桶最好搬回后及时过箱。

第五章　蜜蜂授粉增产技术

第一节　蜜蜂授粉的意义与应用效果

一、现代农业与养蜂业相互依存，互利共赢

随着现代农业的发展，集约化生产方式及杀虫剂、除草剂的广泛应用，造成自然界一部分野生昆虫相继灭亡，授粉昆虫日益减少，满足不了虫媒植物依赖昆虫授粉的需要。鉴于蜜蜂具有物种多样性、可驯性、食物贮存性、群居性、可人为迁移性等特点，而且还有专门适应采集花粉的花粉刷、花粉铲、花粉耙和花粉筐等特化器官，有高度特化的口器及处理花蜜的蜜囊，能自行筑造贮藏花蜜和花粉的蜡制巢脾，这些专用器官及其勤奋劳作等生理特性，使之较其他授粉昆虫具有更多、更灵活的可塑性和优越性。

植物的开花吐粉，为蜜蜂的生存与生产提供了物质保障，蜜蜂从植物花朵采集花蜜和花粉的过程中，使得植物的花器与蜜蜂的形态构造和生理特性相互适应，起到了异花传粉的作用。由于蜜蜂具有授粉专一性，同期内只采集同种作物的花粉，从而有效地避免了异种作物杂交带来的不良后果，又促进了作物的优质高产，使得后代植株生活力和结实率大大提高，并增强了对逆境的抵抗力，这一良性循环的相辅相成关系，已被越来越多的人所认识。据统计，全世界已知的由昆虫授粉的显花植物约 16 万种，其中依靠蜜蜂授粉的占 85%。如果没有蜜蜂授粉，约 4 万种植物会繁育困难、濒临灭绝。农作物方面，90% 的果树依赖蜜

蜂授粉，各种粮、棉、油、果类、菜蔬，大部分都由蜜蜂授粉。蜜蜂成为自然界中主要授粉媒介，农业增产技术加大了对养蜂业的依赖性。美国的大部分农场和果园租用蜜蜂，为上百种农作物和牧草传花授粉，其授粉增产值是蜂产品总值的 143 倍。一些农业发达国家，均把养蜂作为促进农业增产的重要措施来抓，把利用蜜蜂为农作物授粉，视为现代大农业的重要组成部分，采取立法等各种扶持保护措施，大养其蜂，使蜜蜂和农业的有机结合更加密切，获得了农业和养蜂的双丰收。

二、蜜蜂授粉的实践应用与效果

蜜蜂授粉能使花粉粒提前萌发。浙江大学陈盛禄教授的研究表明，被蜜蜂采访过的柑橘花朵柱头上有花粉 4 000 粒，未经蜜蜂授粉的只有 250 粒，其柱头上很难找到萌发的花粉，而经授粉的柑橘柱头上花粉 24h 萌发，120h 花粉管生长进入子房实现受精。苏联的干纳基研究证明，棉花花朵柱头上，自花传粉的粒子 2h 尚未萌发，而通过蜜蜂异花传粉到柱头上只需 5 ～ 10min，就开始大量萌发。

蜜蜂授粉可大大提高农作物的产量和质量，增产效益远远超过蜂产品本来价值的上百乃至数百倍。据报道。加拿大直接或间接利用蜜蜂授粉，农产品增产价值是蜂产品的 200 多倍；我国农业权威专家保守估计，仅油菜、向日葵、棉花、油茶 4 种作物，其授粉增产值是我国养蜂直接收入的 10 ～ 15 倍。蜜蜂为不同农作物授粉，其增产效果也不同。实践证明，蜜蜂为向日葵、大豆、蚕豆、油菜、荞麦授粉，可分别提高产量 32%～ 50%、11%～ 15%、15%～ 20%、37%～ 40%、25%～ 45%，油料作物的出油率可提高 10%以上。棉花经蜜蜂授粉后，其结铃率和皮棉产量可分别提高 39%和 38%，长度和种子发芽率提高 8.6%和 27.4%；苹果、梨、荔枝等经济果木，可提高坐果率 1 倍以上；南瓜、西瓜、黄瓜等瓜果，增产幅度可达 70%～ 200%，且能提前 7 ～ 12d 成熟上市，减少了人工授粉的工时和成本，大大增加了经济效益。蜜蜂对大棚作物授粉效果尤其明显，草莓比人工授粉的可增产 3 倍以上，西葫芦可增产 2 倍以上。

蜜蜂的授粉次数直接影响着授粉效果，作者曾对大棚草莓的蜜蜂光顾只次及坐果情况作过观察，结果见表 5-1。

表 5-1　不同授粉次数对草莓坐果的影响

3月2日		3月4日	3月8日	3月15日		备注
鲜花数（朵）	授粉（次）	坐果（个）	坐果（个）	坐果（个）	坐果率（%）	
8	1	7	5	4	50	达到授粉次数后，分别用纱罩罩起来
7	2	7	5	5	71	
6	3	6	5	5	83	
8	4	8	7	7	87	
6	5	6	6	6	100	
7	6	7	6	6	86	

经过一次蜜蜂授粉的，其坐果成功率达 50%以上，后期发育较经过多次授粉的没有明显差异；经过 2 ～ 3 次授粉的，其坐果率达 80%以上，部分可达 100%，果子发育正常；经过 4 ～ 5 次授粉的，坐果率可达 90%以上，大部分达 100%。

第二节　蜜蜂授粉的技术要点

一、蜂种的选择

选择授粉蜂种时，要根据蜂种的特点和植物花管长短、开花习性、面积来选择合适的蜂种。如粉源面积大，花管又长，宜选采集力强、吻长的意大利蜂；授粉作物分布零散，花管中等长，宜选欧洲黑蜂；花管较短的授粉品种，则宜选中蜂。

二、入场时间的确定

一般在植物开花初期（始花达 5%左右），即可将蜂群搬进场地。大棚作物开花授粉期，多在 11 月份及以后的冬令季节，宜在 15:00 以后，切不可上午或清晨入棚，这样可减少初入棚时的撞棚死亡率。个别特殊性状的特定作物，如梨花等应在花朵开放20%以上时进入，并配合诱导法使蜜蜂比较多地拜访花朵。棚内授粉的蜂群，在达到授粉效果后，应及时撤出，不可在大棚内久留；大田作物授粉蜂群的进场与出场，还应注意授粉作物及邻近作物的施药情况，须得注重蜂群的安全。

三、蜂群数量与放置

授粉所需蜂群的多少，应根据授粉作物的面积以及花朵的类型、数量、花期、长势和对蜜蜂的吸引情况等因素来灵活确定。一般是一个中等蜂群（8～10框），可为3 300～5 000m^2（5～8亩）果树授粉，或为2 600～3 300m^2（4～5亩）油料作物授粉，还可为4 000～4 700m^2（6～7亩）牧草及5 000～6 600m^2（8～10亩）瓜类作物授粉。大棚作物可适当高一点，正常情况下，一个450～600m^{2}的大棚，可放一个2～3框蜂的小群，600～1 000m^{2}的大棚，放3～4框蜂的蜂群，即满足需要。蜂箱的摆放应选择背风向阳的开阔场地、清洁卫生的地方，尽可能地距授粉作物近一些，最好摆放在授粉场地中央或边缘。受条件限制无法摆到附近时，相距授粉作物最好不要超过500m，以便蜜蜂就近采集，可提高劳动效率。对于大块授粉田（数百亩以上），应将蜂群分组排列在地段中央或两端，每组20～30群，这样便于提高授粉效果。

四、蜂群的管理

对于大田作物（农作物类、牧草类、经济林木等）授粉的蜂群，要积极为之创造繁殖和采集条件，使之饲料充足，采用新王，繁殖强劲，并随时调整蜂群，及时加脾，不失时机地扩大或更新蜂巢，保持群内卵多、幼虫多、采集蜂多，在蜂场集中地段还须注意防止发生盗蜂，并加强病虫害的防治，根治蜂螨；对于温棚（温室、塑料大棚、纱网控制区等）作物授粉的蜂群，入棚前，应经过一段时间的停产休息，休产时间应不低于3周。入棚前采取措施促使其进行排泄飞行，保证蜜蜂入棚时保持腹空、身爽、情绪稳定。棚内蜂群的巢门口要设取水设施，随时添加清水供其采食，同时要不断进行奖励喂饲，以便调动蜜蜂的活动积极性。奖励方法是，每隔2～3d，每群奖喂150～300mL稀蜂蜜液或优质糖浆，并补喂 10 ～ 20g 天然花粉，以促使蜂王产卵繁殖。奖励喂饲要变晚间奖喂为清晨 8:00 左右奖喂为好，这样更能刺激蜜蜂勤奋采集和繁殖。平时应注意棚内温湿度的变化，要人为地为之创造适宜繁殖和生活的小环境。大棚作物晚期，棚主为了调节棚内温湿度，往往采用晾棚的方式（温高时，掀起棚前的塑料布），还要防止蜜蜂飞出温棚以外采集花粉，以免引起不必要的死亡或造成授粉作物品种杂交。

五、诱导授粉

正常情况或授粉作物蜜粉较多时，是不必要采取任何诱导措施的。但对个别授粉作物或特殊情况下，对蜜蜂缺乏吸引力时，可选用适宜的诱导法，促使蜜蜂及时、积极地进行授粉。常用的方法主要有饲料诱导法和光照诱导法。

（1）将提前收集到的授粉作物的花瓣浸渍在 1∶1 的浓糖浆中 8 ～ 12h，沥出花瓣，在清晨蜜蜂出勤前每群饲喂 250 ～ 300g。

（2）在鲜花盛开时，用背式喷雾器向花丛及花朵上喷洒与授粉作物品种相同的稀蜜液，诱导蜜蜂前来授粉。

温棚中也可采用光照法进行诱导。即在花丛中（偏下部）布置数盏荧光灯，灯向对着蜂群，灯体用细纱布笼罩起来，以防蜜蜂撞灯灼伤。某些作物（如西葫芦）多在清晨开花，且花期仅 3 ～ 5h，而清晨光线偏暗，温度较低，须打开灯光，增强光照提高棚温，刺激蜜蜂投入授粉，如遇阴雨天更需如此。

六、调整群势

蜜蜂授粉蜂数应适宜、群势应强壮，尤为重要的是要保持有较多的虫卵，整个授粉期间一直保持蜂多于脾或者蜂脾相称，使蜂群处于繁殖状态。处于繁殖状态的蜂群，其采粉授粉积极性才高涨旺盛。鉴于此，应及时调整授粉蜂群，该补充蜂数时适当补充青幼龄蜂，并适时调入虫、卵脾，激发蜜蜂多采粉，提高授粉性能，同时保证授粉蜂群有充足的后继力量。

七、脱收花粉

蜜蜂采粉有其积极性，在花粉多的授粉场地，例如苹果、西瓜等大田作物，可采取特定时间（以上午 8:00—10:00 为多）在巢门口安装脱粉片脱粉，可一定程度地激发蜜蜂的采粉授粉积极性，又能获取优质花粉。脱粉时间长短，以不影响蜂群繁殖为度。实践证明，当蜂群处于繁殖状态，花粉仅仅满足蜂群需要而没有剩余时，蜂群的采粉授粉积极性最高。

八、蜜蜂为雌雄异株果树授粉

如果附近有供授粉的雄株果树，可脱下蜜蜂采回的花粉团，粉碎喷洒在巢门内，使出巢采集的蜂体粘附花粉，以便随机授粉；如果附近没有雄株树提供花粉供直接使用，可从其他场地采集同一品种花粉，在巢门口放一装有花粉的浅盒，采集蜂出巢时其浑身自然粘附许多花粉粒，在采访雌花时便可达到传送花粉的目的。

九、防止农药中毒

在温棚内授粉的蜂群，由于空间小，对农药特别敏感，授粉期间严禁向授粉作物喷洒杀虫剂，千万不可随意使用农药，以免造成蜜蜂损害，影响授粉效果。正常的方法是在入场（棚）前，集中力量施药治虫，将虫害除灭在萌发期，治虫结束 1 周后再搬蜂入棚。

冬季老鼠在外界找不到食物，很容易钻到温室生活繁殖。老鼠爱咬巢脾，喜食蜂蜜，时常扰乱蜂群秩序。因此，蜂群入室后应缩小巢门，防止老鼠从巢门钻入蜂群。同时，应采取放鼠夹、堵鼠洞、投放老鼠药等措施消灭老鼠。

第三节　蜜蜂为农作物授粉的发展前景

蜜蜂授粉是农业生产成本最低的增产措施，而生态效益和社会效益却很大。据文献记载，每生产 1kg 花粉，蜜蜂需要出巢采集 6 万多只次，每次采访 500 ～ 1 000 朵鲜花，一共得要采访 3 000 万～ 6 000 万朵鲜花。一个中等蜂群每年自食花粉约 30kg。如果人们为之安装脱粉器人为生产花粉时，其产量还会成数倍提高。据此，每群每年仅是采集花粉就得出巢 200 万～ 400 万只次，起码得要采访 10 亿～ 40 亿朵鲜花。这就是说，仅此一项蜜蜂就能为 10 亿～ 40 亿朵鲜花授粉，可使农作物或经济林木受益，这么大的工作量，即便有成千上万名专职授粉技工也力不能及，在科学技术及现代化程度如此之高的当今时代，亦没有任何一种授粉器械能与之相比，蜜蜂在农作物传花授粉领域独领风骚，至今尚无对手。研究证实，1 只蜜蜂周身的绒毛间可携带花粉 500 万粒，即使经过刷集后仍有 2 万粒以上的花粉粘附于绒毛之间，为传花授粉提供了极为方便的条件。试想，蜜蜂终日忙碌在鲜花丛中，绵软的绒毛间携带着那么多花粉粒，活力强、份量轻，不时在周身浮动，只要蜜蜂身体触及或靠近花朵柱头，马上就有一些花粉粒飘荡或蘸落到上面，授粉工作即告完成。无须下大功夫，也不必要进行第二次操作，即收到很好的效果。

蜜蜂身体轻盈，行动敏捷，不致损伤花朵，不仅效果高，而且质量好，在农业先进国家均将蜜蜂授粉列为重要的农艺措施，我国授粉增产技术也已由试验和局部应用向大面积应用推广发展。为此，要改变养蜂是单一副业性生产的传统观念，密切农业和养蜂的相辅相成关系，发展蜜蜂专业授粉体系，充分发挥蜜蜂为农业授粉增产的巨大优势。农业技术部门要大力宣传蜜蜂为农作物授粉的重大意义，认真总结蜜蜂授粉的增产经验和典型事例，普及蜜蜂授粉常识，统一推广蜜蜂授粉增产技术，促使农业生产尽快实现现代化，这是一项事半功倍的大好事，其显著的经济效益必将在生产实践中发挥显现出来，这是科学养蜂的潜力所在，也是发展养蜂的主要目的之一。

第六章　蜂产品的生产技术

蜜蜂产品种类繁多，主要有蜂蜜、蜂王浆、蜂花粉、蜂蜡、蜂胶、蜂毒、蜂幼虫、蜂粮、蜂巢、蜂尸等10余种，出产奇特，珍稀名贵。有的是蜜蜂在自然界中采收回原料精制加工而成，有的是其腺体分泌物或制成品，还有的是自身的躯干或幼胎。各种蜂产品的来源与作用各有特点，其生产过程及技术也就各不相同。

第一节　主要蜂产品的作用与用途

一、蜂蜜

蜂蜜是蜜蜂采集了植物花蜜反复酿造而成，含有丰富的葡萄糖、果糖、氨基酸、维生素、矿物质、酶类、酸类、芳香物质等100多种营养成分，是良药又是天然滋补食品。蜂蜜可广泛应用于日常生活，冲饮、凉拌、烹调均可，也是很好的礼品和慰问品；在医疗和保健方面，有和百药之功，可与任何中草药配伍，有养肝护胃、滋润器官、营养皮肤、延缓衰老，减轻焦虑等特种作用，对肠胃病、呼吸系统疾病、肝脏病、营养不良症、外科及神经衰弱等病症有辅助治疗作用。

二、蜂王浆

蜂王浆是蜜蜂营养腺分泌物，是蜂王及小幼虫的专用食品，是世界公认的长寿物质。蜂王浆可以促进人体组织细胞再生和新陈代谢，可以养护衰老或受创的细胞，从而有延缓衰老之功。蜂王浆能提高人体耐力、免疫力及抵抗力，可有效地调理内分泌，大大增强生命活力和工作能力。蜂王浆具有调理内分泌、提高造血功能、延缓衰老、健脑益智、防癌抗癌、降血糖、降血脂、降血压、保护肝脏、增强体力、抗疲劳、抗感染、改善睡眠、美容润肤等功效。在临床上，蜂王浆用作治疗老年性疾病、营养不良症、神经系统病、肝脏病、肠胃病、心血管疾患、关节炎、口腔病、糖尿病、高血压、不孕症及病后体力恢复效果显著，对抗癌变、抗放射作用尤为奇特，接受放射及化学治疗的病人配合蜂王浆治疗效果更佳。

三、蜂花粉

蜂花粉为植物的原始细胞，由蜜蜂从蜜粉源植物的鲜花中采集并加工而成，是真正的天然营养浓缩物，几乎含有世界上已被发现的各种营养素，为国际市场上的紧俏货。蜂花粉是天然维生素的浓缩物，有维生素 A、B 族维生素、维生素 C、维生素 D、维生素 E 多种，且含量非常丰富，尤其是对人体具有多种有益作用的 B 族维生素。另外，它还富含人体生理活动尤其需要的多种蛋白质、微量元素、糖类、脂类、甾醇类、黄酮类、激素、核酸、酶等物质，被誉为“微型天然营养库”“最完美的天然营养物质”。蜂花粉既有保健美容功能，又有治病祛患作用。我们的祖先早在 2 000 多年前就注重应用花粉，我国最早的古医书《神农本草经》中将“花黄”（花粉）列为上品药，有“强身、延寿、润肺、益气、除风、止血、美颜”之特功，武则天、董小宛等绝世丽人的“颜史”，都有服用花粉的记载。现代医学用花粉治疗贫血、糖尿病、脑心血管疾病、肝病、儿童发育不良、神经官能症、前列腺炎等，被誉为前列腺炎的克星。

四、蜂胶

蜂胶是由蜜蜂采集了杨、柳、桦等树种和其他植物幼芽分泌的树脂，添加进自身分泌物，经过精细加工而成。在蜂群中主要用作填隙、抗菌、防腐、医病祛患等。蜂胶的化学成分非常复杂，主要有黄酮类化合物、芳香酸类化合物、甾类化合物和多种氨基酸、脂肪酸、酶、维生素、微量元素等。蜂胶有极强的抗病菌、抗霉菌、抗病毒、抗氧化、抗原虫作用，是一种天然的广谱性抗生素。蜂胶有促进和提高机体免疫功能的作用，有利于组织再生和加快动物生长发育。医疗上可用于抗菌消炎、局部麻醉等方面，在内科、外科、口腔科、保健科广泛应用，在化妆品、牙膏等制品中也作为重要原料添加。近年来，国家批准了许多个健字号蜂胶制品，作为一种新型营养源，日益受到市场的青睐和消费者的欢迎。现代大量试验研究和临床实践证明，蜂胶对糖尿病及其并发症有非常好的辅助治疗作用及预防并发症的作用。蜂胶中丰富的黄酮等物质能有效地调节血脂，净化血液，改善微循环，软化血管。经常服用蜂胶有利于控制心血管病、糖尿病、高血脂、肾病、心脏病、高血压等及其并发症。

五、蜂蜡

蜂蜡是蜜蜂蜡腺中分泌出来的脂肪性物质，蜜蜂用来修筑巢脾、封存饲料及蜂蛹的房盖。纯净的蜂蜡是光滑的乳白色或淡黄色固体块，用途甚广。我们的祖先用其制作蜡烛照明和印染等；现代工业可用作金属防锈、防腐的保护剂，各种机器的润滑剂，还可用作绝缘、包装、填隙及防水材料；医药上用其制作药膏、药丸外壳、牙齿模型；飞机、电子、铸造、纺织、印刷等许多行业都应用广泛；农业上用作果木嫁接及生产植物激素等。

六、蜂毒

蜂毒是蜜蜂（工蜂）发怒或自卫进行蜇刺时，通过螯针排出的毒汁。该毒汁由蜜蜂体内的毒腺分泌产生，每只仅可排毒 0.10mg 左右，是一种具有芳香味的淡黄色透明液体。蜂毒的成分比较复杂，但其主要成分是多肽类和酶类物质，还有一些尚未明确的其他组分。蜂毒在临床上主要被用作风湿性关节炎、神经炎的治疗，对心血管疾患的治疗效果也很好，如动脉内膜炎、心绞痛、心肌梗塞等，对支气管哮喘、神经衰弱等慢性病也有较好疗效，也有研究证明蜂毒可以有效地阻止艾滋病病毒的扩散。目前，国家已批准了几种蜂毒制剂的生产。在蜂疗领域中，人们应用比较广的还是活蜂蜇刺法，用活蜂对准某穴位直接蜇刺使其进入体内，当时虽有痛感，但其作用持久，效果显著。

七、蜂幼虫

蜜蜂幼虫泛指工、雄蜂蛹和蜂王幼虫，都是由蜜蜂卵孵化以后，食用了蜂王浆或蜂粮，在一定条件下发育而成的。蜂幼虫被古人称为蜂子，不仅对其作用有所研究，对其用法也有较为详尽的记载。现代科学研究证明，蜂幼虫是食药兼备型珍品。蜂王幼虫中的氨基酸类物质，与蜂王浆中的同类物质基本一致。在雄蜂蛹干物质中，蛋白质含量高达41%，脂肪物质占26.05%，碳水化合物占14.80%，17种氨基酸占29.91%，还有多种矿物质，营养成分极为丰富。蜂幼虫除被用作医药保健品外，还是一种优质的动物饲料，可加工成各种饲料，其外贸出口前景也比较好，大有开发利用前途。

第二节　蜂蜜的生产技术

蜂蜜是蜜蜂的主要产品，是蜜蜂采集了植物的花蜜或分泌物，带回蜂巢后经过充分酿造精制而成。养蜂取蜜，这是人们最基本的生产目的，每一位养蜂人都想使自己的蜜蜂获得较好的收成，生产出更多、更好的优质蜂蜜。然而，同等蜜蜂不同人以不同方法管理，其生产效果亦不同，其主要原因就是其是否真正掌握和运用了科学的生产技术，是否发挥了蜜蜂的最大生产能力，这一点是至关重要的。

蜂蜜的生产技术是一个复杂的系统工程，需要诸多方面的配合，有自然的，有人为的，也有蜂群内部的。养蜂员的作用就是利用好自然条件，调整蜂群结构，使之有机地结合起来，充分发挥蜜蜂生产优势，获得最佳的经济效益。

一、制定生产计划，培育适龄蜂

发展有规划，生产有计划，这是现代化企业管理的重要组成部分。养蜂场要做到高效益，必须根据本场的实际情况、气候特点、蜜粉源开花泌蜜时间等人为的或自然的条件，结合蜂群的消长规律作出周密而切合实际的计划。因计划不周造成生产被动而失利的实例甚多。具体到养蜂生产上，需要计划的中心内容是保证在蜜粉源开花泌蜜时有充足的蜜蜂。因为蜂产品生产需要体质壮、数量多的适龄采集蜂和内勤蜂。内、外勤蜂所占比例还应适当，在正常情况下，内勤蜂所占蜜蜂总数的60%左右，外勤蜂占40%。群势越壮，蜂数越多，内、外勤蜂的组成越合理，丰收的希望也就越大。

繁殖一代工蜂需时21d，两代就需要42d，故此，培育适龄采集蜂的时间应从主要蜜源开花前40d进行。通过40d的繁殖，起初有5框蜂的蜂群，蜂数可翻两番，达到15～20框蜂。流蜜前25～40d内产的卵哺育成的蜜蜂基本都可参加巢外采集，流蜜前10～25d所产的卵哺育成的蜜蜂可做内勤工作，流蜜前几天产的卵一般赶不上流蜜期的大会战，因为花期不可能太长。估计流蜜期适龄采集蜂或内勤蜂的方法是按子脾数来推算，一般流蜜期前16～30d的封盖子脾均可参加流蜜期采集，5～15d的封盖子脾大部分可参加内勤工作，例如流蜜前25d群内有封盖子脾4整张，以每张子脾出房5 000只蜜蜂计算，流蜜初期起码有8框（2万只）适龄采集蜂。

制定生产计划，必须与自然资源与气象条件相结合，首先应考虑到所采蜜粉源植物的基本情况，如花期长短、流蜜规律、面积、长势、病虫害等，其次要对花期的天气情况有科学的预测，如降水量、气温等，不可脱离实际盲目行事。

二、组织采蜜群

利用强群夺取蜂蜜高产，是人们公认的道理。所谓“强群”在国内养蜂学中是指：拥有16框（4万只工蜂）以上群势的蜂群，而且要求蜜蜂的个体质量好。一个强群，其蜂蜜产量要比蜜蜂总和相同的若干小群的总产量高30%以上。生产实践已得到证实，一个4kg蜂量的采集群比4个1kg蜂量的蜂群总产量可提高60%。养蜂实践同时证明，每群10框蜜蜂的100个蜂群在主要流蜜期的总产蜜量，远远抵不上每群有20框蜂的50个蜂群，尽管蜜蜂总数相同，其生产力悬殊却甚大，从而证实了强群的优势及内在潜力。故此，有经验的养蜂人员往往在主要流蜜期到来之前，根据本场的实力予以组织蜂群，保证以强群投入生产，实行突击采蜜。组织强群的方法，主要分为早期组织和近期组织。

1. 早期组织

早期组织就是在流蜜期到来之前，有目的地重点发展一部分采集主力群，主要方式是通过互调子脾进行的。每个蜂群的群势不会是一致的，在开花前 1 个月内，从中选拔出部分比较强的蜂群作重点培育，首先从弱群中调来卵脾，利用其较强的哺育力育虫，待羽化成蜂后即增强了本群的力量。其次在花期临近时，从其他群中调来封盖子脾强化群势。

2. 近期组织

如采用调进子脾的方法已来不及时，在流蜜初期可利用工蜂组织采集强群。因为外界已流蜜，蜜蜂忙于采收，警惕性相应降低，加之各群所采同一蜜源，蜜蜂的群味观念也就比较淡薄，即使不同蜂群的蜜蜂合并到一块，也比较容易接受。方法是，事先有目的地将主副群并列靠近，待工蜂大量出巢忙碌采集时，把副群搬到蜂场另一角，并将主群向副群原位置处挪近，副群的外勤蜂返回后即可进入主群，并可立即投入采集。另一种方法是将双王群的某一蜂王带少量蜜蜂提走，组成繁殖群，把原群中间的隔板提去，双群合并为一个采集主力强群。还有一种方法是合并两个中等群势的蜂群，在主要流蜜期，把相邻的两个或多个中等以下的蜂群，除掉老劣蜂王后进行合并，使它成为一个生产蜂群。

三、调动蜂群生产积极性

蜂群是一个有机的整体，其情绪高涨还是低落，是消极怠工还是积极努力，决定着产量的高低和生产的胜败。因而，调动蜂群的生产积极性，保持蜂群旺盛的生产情绪，是搞好生产，提高产量、质量的重要因素。

1. 减轻蜂群负担

流蜜期蜂群的首要任务是出巢采集，不失时机地获取高产。然而，往往由于内勤工作量的增大，牵制了相当部分力量，严重影响了产量。蜜源的到来，刺激了蜂王大量产卵，蜂群需要相当多的蜜蜂哺育幼虫，从而削减了采集力量和巢内的酿蜜工作，影响了这一阶段的中心任务——蜂蜜生产。故此，自流蜜前5d开始至蜜源中期适当控制蜂王产卵，是减轻蜂群负担、提高劳动效率、增加蜂蜜产量的重要措施。四川谭天然、李德昌在山花蜜源和葵花蜜源期反复试验证明，蜜粉源前期控制蜂王产卵比不控制蜂王产卵，产蜜量可提高21%～43%，蜂王浆产量不受影响。提高产量的原因一是增加了采集力，二是节省了饲料消耗。通过限制蜂王产卵，还有利于蜂群防病治螨，同时蜂王经过一段时间的休息，后期产卵积极，蜂群恢复较快。控制蜂王产卵的方法：一是采用隔王板将蜂王限制在仅1～2张脾的小范围内，使其产卵无房；二是用隔王栅将蜂王困住，直接中断蜂王的产卵。控制蜂王产卵的时间，要视本期蜜源与下一个蜜源间的衔接期长短而定，以不影响下一个蜜粉源的生产为宜。还有人采用直接将蜂王提走，安一个成熟王台。以采蜜强群交尾的方法，这样在蜜源初期安台，中期交尾成功开始产卵，也可起到控制蜂王产卵的作用。

减轻蜂群负担是多方面的，例如夏季为蜂群遮阴降温，改变小环境，可减轻蜂群散热降温的负担，例如人为帮助蜜蜂创造适宜采集的温、湿度，开启通风窗，有利于蜂群酿造蜂蜜时水分排出等。

2. 诱导蜜蜂采集

为了促使蜜蜂尽早投入采集，可采用诱导的方法。在蜜源开花初期，选用与蜜源相同的蜂蜜1份，加水3份稀释，每天喂给200～300g；如没有与蜜源相同的蜂蜜，可从蜜源植物上摘取或收集少量花瓣，放在3倍的稀薄糖浆中浸渍数小时（注意密闭，不要让花香味散失），然后滤去花瓣，以其糖浆在清晨喂蜂。每群每次100～200g，连续喂3～5d，便可起到促使、发动蜂群提前上花采集的作用。例如蜂群不爱采集紫苜蓿花朵，可在其零星开花时就收集或摘取花瓣按以上介绍予以诱导，3d过后，蜜蜂就会奔向紫苜蓿田中进行采集。

3. 加强蜂群管理

蜂群的管理，旨在给蜂群创造良好的生活环境和生产条件，使蜂群便于积极地开展工作和保持旺盛的生产力。

采蜜期蜂群的管理：一是合理调整巢脾与巢门，以利于蜂群采集与酿蜜，促进蜂蜜的优质高产；二是流蜜初期，抓紧时间下巢础框造脾，为下一步的大生产准备酿蜜、贮蜜巢脾。流蜜开始，巢脾要适当放松，每张脾保持 8 成蜂即可，蜂路放宽到 10 ～ 12mm，以便蜜蜂通行。巢内巢脾的布置根据群势和蜂箱而定。十六框卧式蜂箱实行双王群饲养的，可提走 1 只蜂王，组成采蜜强群的采集群，将保留的另一只蜂王用隔王板控制在巢箱内，或限制其产卵，或组成繁殖区予以繁殖，另一端以空脾为主组成生产区。继箱群将蜂王控制在巢箱内，根据生产或繁殖需要，或组成繁殖区加快繁殖，或采用紧脾等措施限制蜂王产卵。巢、继箱之间加一平式隔王板，隔王板的中梁与中隔板的上梁靠紧，不能有间隙，以防蜂王通过。继箱内主要由空脾组成生产区，在不限制产卵的情况下，繁殖区容纳不下的封盖子脾也可提入继箱，但排列在继箱的一侧，不要与蜜脾掺混一块，影响取蜜效率。取蜜时一般情况下只取生产区的蜜脾，如不实行控制繁殖时，须保证蜂王有充足的产卵空巢房，如有蜜压卵圈的情况，可及时摇蜜，不致影响繁殖。

流蜜期巢门要适当放大，以不影响蜜蜂出入为宜。作者曾在苕子流蜜期做过巢门大小对产量影响的对比试验，试验群群势基本一致，一律采用十框标准蜂箱。

实践证明，在流蜜期未加继箱的平箱群开足边侧小门即可。继箱群需要开启大巢门（拔起巢门板），但在傍晚可适当压低一点，一是阻碍茄天蛾等敌害侵入蜂巢；二是有利于蜂群保持巢内干湿度，以便排出水分。巢门方向以朝南为好，便于受到阳光照射，刺激蜜蜂提早出巢采集。

四、蜂蜜的收取

把蜂群里的蜂蜜人为地取出，必须经过脱蜂、分离、过滤等工序，完成上述工序的作业，需要如下数种专用机具。

1. 取蜜机具

（1）摇蜜机

摇蜜机是利用离心力的原理，在保持巢脾完好的基础上，把蜂蜜从巢房内甩出，是收取蜂蜜的主要工具。

摇蜜机分为换面式、活转式、辐射式多种。目前我国绝大部分蜂场采用换面式摇蜜机，尤以两框的较为常见（图 6–1），也有 3 框、4 框的。换面式摇蜜机的框笼是固定在框笼架（即转杆）上，当一面摇取完毕，需要用手轻轻调换蜜脾的另一面。这种摇蜜机效率比较低，但体积小，便于携带和操作，制作简便，成本低，适合中小型蜂场和流动放养使用。为了不致影响蜂蜜质量，凡蜂蜜能触及的金属件，必须用食用漆涂盖或直接用不锈钢材料制作。

家庭少量养蜂，如买不到或不可能请人制造摇蜜机时，可自行选用一小缸或较大的水桶及木板等简便仿造。方法是用一块 5cm 宽的木板卡在缸（桶）口上，中间钻一圆孔，再用木棍或 8 ～ 10 号钢筋弯成如同汽车摇把形状的摇杆，将直的一端插进圆孔内，下面再用一木板根据缸（桶）底的大小予以固定摇杆，使用时将蜜脾捆绑在摇杆上，用手快速摇动上面摇把，即可甩出蜜汁。

大型蜂场可采用活转式或辐射式摇蜜机取蜜，效率甚高。黑龙江王福忠研制的六框轴承辐射式摇蜜机；蔡景奇的 F–2 型翻转式三框分蜜机，都大大加快了分离蜂蜜的效率，而且确保蜜脾不坠、不裂、不断。近几年，市场已有电动摇蜜机出售（图 6–2），此摇蜜机采用优质的不锈钢材质，使用强力的电机和齿轮箱，桶身和摇蜜框经过焊接电镀抛光等工序，设计完善，带有手柄和防尘盖，改变了传统的手工劳作，能够加快提取蜂蜜的效率，节省劳动力。

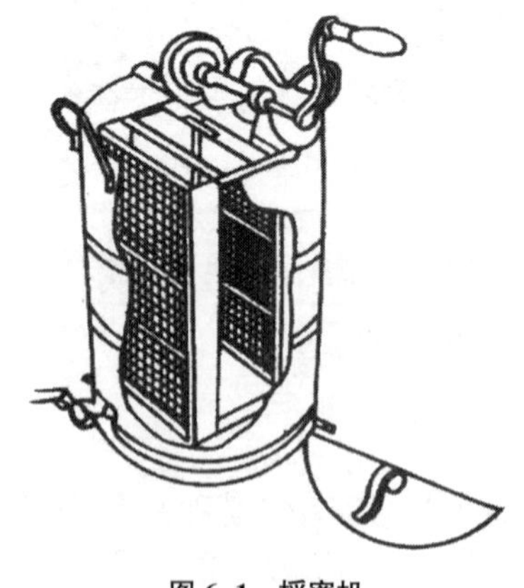

图 6–1　摇蜜机

图 6–2　电动摇蜜机

（2）割蜜刀

割蜜刀主要用来割除封盖蜜脾的蜜盖和雄蜂蛹等，常用的有钢片制作的双刃割蜜刀，有直形和弯形等不同式样（图 6–3），要求锋利耐用。国外流行的是利用蒸气加热的蒸气割蜜刀和利用电阻丝加热的电热割蜜刀。大型现代化蜂场建议使用。

（3）滤蜜器

滤蜜器以细丝网编织而成（图 6–4），用途是在摇取蜂蜜后，以其过滤，滤去蜂蜜中的蜂尸等杂物。

另外，在摇取蜂蜜作业前，还须准备好脱蜂用的蜂刷，以及贮蜜桶、空继箱、工作台、搪瓷盆、毛巾、清水等。所用的一切工具，均应注意清洁，场内有传染病群的，须对用具严格消毒。

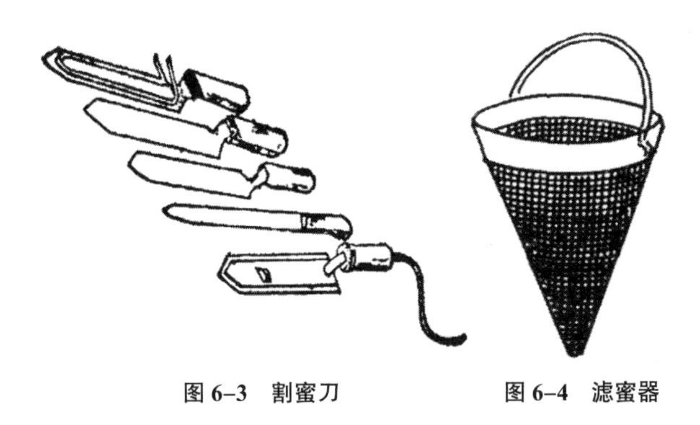

图 6–3　割蜜刀　　**图 6–4　滤蜜器**

2. 取蜜时间

取蜜时间对蜂蜜的产量和质量有着直接的影响。整个蜜源期应本着“初期早取，中期稳取，后期慎取”的原则。开花初期，外界已有少量进蜜时，首先将巢内原来的饲料摇出分存，之后根据泌蜜情况、蜂群采集力、天气变化等因素全面考虑，确定取蜜时间。正常情况下每隔 3 ～ 5d 取蜜 1 次，但一定注意观察蜂蜜酿造是否成熟，成熟的蜂蜜含水量在 20% 以下，蜜房封盖或呈鱼眼状方能摇取，不能见蜜就取。如巢内蜜脾巢房已装满蜜汁，但浓度较低不能摇取时，可添加空巢脾或巢础框用来扩大贮蜜面积，保证蜂群采集不受限制。流蜜后期取蜜一定要慎重，要为蜜蜂群的生活留足饲料，可采用部分抽取的方法。

取蜜作业最好在清晨进行，蜜蜂大量出勤前作业完毕，如全场当天取不完，可每天取一部分实行轮流作业。这样做的好处，一是不影响蜂群当天的采集；二是有利于提高蜂蜜的浓度和质量。有些养蜂人员片面追求产量，本着蜜满即取的指导思想，甚至选择下午取蜜，认为这样产量高，效益好。殊不知，勤取或下午取蜜影响了蜜蜂的采集，不成熟的蜂蜜在抖蜂时容易部分抖撒箱内，造成损失。下午取蜜尽管产量稍高一点，但在现行的“优质优价，以质论价”的物价政策下，低度蜜卖不上好价钱，故经济收入也提不上去。

作者曾在几个蜜源采用群势基本一致的蜂群，先后重复做了早晨取蜜与下午取蜜的对比试验，情况见表 6–1 至表 6–3。

表 6–1　早晨与下午取蜜情况对照

（云南春油菜）														
试验群		早晨取蜜（kg）				下午取蜜（kg）				比较				
群数	蜂数（框）	2月11日	2月14日	2月18日	2月21日	2月10日	2月13日	2月17日	2月20日	产量（kg）	浓度（波美度）	单价（元）	产值（元）	比率（%）
5	30	8.05	10.0	11.45	12.5					42	40.2	2.00	84.00	104.6
5	30					8.65	10.75	12	13.2	44.6	39.4	1.80	80.28	100
备注		1. 蜜源中期，晴天为主，昼夜平均温度一般是 14℃； 2. 外界一般相对湿度为 75%～80%												

表 6–2　湖北紫石英

试验群		早晨取蜜（kg）			下午取蜜（kg）			比较				
群数	蜂数（框）	4月9日	4月12日	4月16日	4月8日	4月11日	4月15日	产量（kg）	浓度（波美度）	单价（元）	产值（元）	比率（%）
3	35	11.4	12.25	15.0				38.65	39.6	1.86	71.89	108.4
3	35				12.15	13.6	16.75	42.5	38.3	1.56	66.30	100
备注		1. 蜜源期有两场小雨，昼夜平均温度一般是 19℃； 2. 外界一般相对湿度为 80%～85%										

表 6–3　吉林向日葵

排列	群数	框数	日期	早晨取蜜（kg）		下午取蜜（kg）		浓度（波美度）	单价（元）	产值（元）		
				总产	框产	总产	框产			总值	框值	比率（%）
前排	35	328	8月8日			103.3	0.315	38.4	1.76	181.8	0.55	100
后排	32	281	8月9日	82.9	0.295			39	1.96	162.48	0.58	105.4
备注	前排群势强于后排，下午取蜜每框产量比后排早晨取蜜高 0.02kg，产值每框却减少 0.03 元											

3. 取蜜方法

流蜜初期清除巢内原来饲料后，在流蜜正常的情况下，经过蜜蜂 3 ～ 5d 采集，巢内蜂蜜已贮满，蜜房有少量封盖或呈鱼眼状，即可开始摇取蜂蜜。

摇取蜂蜜时首先确定摇蜜机的安放位置，一般选在工棚内或蜂场的一角，流蜜盛期天气良好时，也有直接在蜂箱后面摇取的。大型蜂场可以设置取蜂蜜专用车间，设备专用，便于生产。取蜜操作分以下 3 个方面进行。

（1）脱蜂

目前我国普遍采用手工脱蜂，方法是轻轻提起蜜脾，两手紧握两端框耳，平托、稳拿，对准蜂箱猛力抖动 3 ～ 4 下，将巢脾上的大部分蜜蜂抖落箱内，所剩扒在蜜脾上的少量蜜蜂，用蜂刷轻轻敏捷地扫掉。小群（如生产区与繁殖区不分时）可首先找出蜂王所在巢脾提出放在一边，待摇取完其他蜜脾后再作处理，避免碰伤蜂王。有条件的蜂场可采用脱蜂机脱蜂（图 6–5），这是一种新蜂具，有机动和电动两种，以风将蜂吹落，功率高，适合大型蜂场作业。另外，国外还有人采用驱避剂脱蜂法和脱蜂板脱蜂法，其效率均比较高。

（2）割蜜盖

将蜜脾斜立大盆口的木板上，左手握住蜜脾的上框耳，右手使用锋利的割蜜刀，齐框梁顺势徐徐拉锯式推进刀口。为保持蜜盖切口的平整，不使巢房壁变形，可准备热水一壶，随时烫一下割蜜刀，操作要灵活、稳快。

（3）摇蜜

将割好的蜜脾直立放入摇蜜机框笼内，轻轻转动摇把，以齿轮带动摇杆转动，从慢到快，再从快到慢，摇转数圈直到巢脾内的蜂蜜基本甩净再换面。使用两框换面摇蜜机，换面时两手将左右两侧巢脾同时提出，交叉对调放框笼内即可。摇取虫脾或新脾时，为避免脱虫或新脾断裂，转速适当放慢，浓度较大的蜜脾可分两次重复摇取。

图 6–5　脱蜂机脱蜂

摇过蜜的巢脾要立即放回蜂群供蜜蜂整理。摇取蜂蜜时注意不要将蜜滴出或造成污染，摇蜜场所要随时整理，保持清洁。

4. 采收单一蜂蜜

各种蜂蜜均有其独特的风味和特点，国内外市场对单一蜂蜜的价格远比杂花蜜高得多。故此，蜂蜜的生产应注意产品的纯净度，采收单一蜂蜜，最好不致混杂。

蜜蜂采集有其单一性，假如某只采集蜂认定了某种或某一方蜜源，并已开始采集，只要本蜜源仍然泌蜜，采集蜂是不会轻易改变主意，另采其他蜜源。这是蜜蜂适应授粉需要的一大优势。作者曾做过如下观察，在距离蜂场 500m 远的一小块仅 20m^2 的油菜田内，发现有采集蜂 11 只，便逐一用红色色素点上标记，之后每天注意观察该小块油菜田的采集蜂，发现这 11 只标记蜂在以后 10d 内大部分都出现在该田内，尽管此间周围有大面积油菜、蚕豆开花泌蜜吐粉，却没有发现标记蜂到其他田块采集，直到该小块油菜花谢结籽为止。根据蜜蜂的这一特点，开花前有目的地采用诱导蜜蜂采集的办法，不但可以起到启发蜜蜂采集积极性的作用，还可有效地促使蜜蜂采收单一蜂蜜。例如华北地区油菜与刺槐基本同期开花，有的地区油菜较刺槐提前几天。在蜜蜂已开始采集油菜的情况下，要想得到纯正的刺槐蜜，可采取果断措施；摇取干净巢内原蜜，将事先准备好的刺槐蜜或花瓣糖浆喂给蜂群，并关闭巢门半天，关闭的同时将刺槐蜜或花瓣糖浆喷洒到副盖上面，以刺激蜜蜂加强活动及改变饲料味道，开启巢门后采集蜂便容易改变目标，投向刺槐的采集。

初花期第一次摇取的蜂蜜，因有原来饲料，故不纯正，应予分存。

5. 生产成熟蜜

消费者喜欢食用成熟蜜，市场青睐成熟蜜，生产成熟蜜是社会的需要、民众的需要。可有些养蜂人贪图高产量而忽视成熟度，片面认为生产成熟蜜会影响产量，见蜜就取，认为产量高效益就高。殊不知，这种认识及做法是不科学或极端错误的。熟悉养蜂知识的人都知道，同等条件下蜜蜂的采集积极性是一致的，蜜蜂不会因为巢内已有部分存蜜而怠慢采集。同时大家也知道，所生产蜂蜜每降低或提高一度，其重量或含水量只差 0.8%～1.1%，而市场价格却差距悬殊。同时通过勤取蜜追求高产量，会一定程度影响蜜蜂的正常采集和繁殖，这种做法实乃得不偿失。作者以 3 年时间在 5 个场地用 10 个蜂场，在同等条件下反复做了对比试验，主要是研究生产成熟蜜及产量对效益的影响度，试验结果见表 6–4。

表 6–4　产量与效益对比试验情况

组合	组合一		组合二		组合三		组合四		组合五	
组别	高产组	优质组	高产组	优质组	高产组	优质组	高产组	优质组	高产组	优质组
日期	2004 年 5 月		2004 年 6 月		2004 年 6 月、7 月		2005 年 5 月		2006 年 5 月	
场地	东营槐花期		沾化枣花期		青州荆条期		东营槐花期		东营槐花期	
群数	55	55	50	50	50	50	60	60	50	50
框数	628	625	625	626	681	678	689	688	611	609
取蜜（次）	取 2	取 1 抽 1	取 4	取 3	取 5	取 4	取 1	取 1	取 3	取 2

续表

组合	组合一		组合二		组合三		组合四		组合五	
组别	高产组	优质组	高产组	优质组	高产组	优质组	高产组	优质组	高产组	优质组
产量（kg）	416.5	397	1217	1 180.5	1580	1 516.5	286	298	696	668
比率（%）	104.9	100	103.1	100	104.1	100	96.9	100	104.2	100
浓度（波美度）	37.5	39.5	39.0	41.5	39.0	41.0	38.5	41.0	38.2	40.5
单价（元）	6.20	7.00	6.50	7.00	4.50	4.70	7.00	7.80	12.00	14.00
收入（元）	2 582.3	2 779.00	7 910.5	8 263.5	7 110.00	7 127.55	2002	2 324.2	8 352.00	9 352.00
效益（%）	100	107.6	100	104.5	100	100.2	100	116	100	112

6. 蜂蜜的包装、贮存

蜂蜜最好使用陶瓷缸、木桶、塑料桶等非金属容器包装，如必须使用金属容器时，需要涂抹附着力强的树脂涂料或内衬无毒塑料袋，因为蜂蜜易与金属起化学反应，产生游离重金属污染蜂蜜。长期贮存可建立贮蜜池，所需要材料必须耐酸、防锈。贮蜜容器不能装得过满，只能8成满，尤其含水量22%以上的不成熟蜂蜜，容器的小盖不能旋紧，以防发酵产生气沫，将容器涨裂。桶外应逐一贴上标签，注明蜂蜜的品种、产地、日期、浓度、皮重及净重等。贮蜜仓库要求干燥、通风、避光、无特殊气味。坚决杜绝与废品、药品、化肥、硝碱及畜产品混存。库温最好保持在15℃以下，不应超过20℃，蜂蜜在–2～24℃的条件下，贮存1年零5个月会使酶值下降一半，而在15℃以下的条件下贮存1年其酶值并无明显变化。

蜂蜜在入库前应进行澄清处理，过滤去掉下沉颗粒、刮去上浮杂质。澄清时间与蜜温、浓度有关，波美40度蜂蜜在30℃时需要1d，25℃时需要1.5d，15℃时需要6d，蜂蜜浓度越低，澄清时间越短，反之则延长。

五、巢蜜的生产

巢蜜，也称格子蜜，是在人工特制的巢蜜格子里经过蜜蜂充分酿造成熟，并封上蜡盖的小块蜜脾。完整的普通封盖蜜脾切割成块，也可作为巢蜜出售。巢蜜的特点是保持了蜂蜜的天然特色、性状和营养成分，不易污染，使用时不需加工，在国际市场颇受消费者欢迎。

生产巢蜜，需要良好的蜜源、强壮的蜂群和相应的设备。

1. 良好的蜜源

选择所产蜂蜜不易结晶、色泽浅淡、气味芳香、花期长、流蜜丰富的蜜源植物生产巢蜜，例如紫云英、草木樨、洋槐、椴树、柑橘等蜜源均可生产巢蜜。有特殊气味的蜜源，如乌桕、桉树、荞麦等生产的巢蜜色泽深、口感不佳。易结晶的蜜源，如棉花、油菜等不宜生产巢蜜。

2. 生产设备

（1）巢蜜格

用塑料注塑或薄木板（以椴木为佳）制作而成。形状有圆的，也有正方形或长方形的，也有椭圆形的，还有单面和双面之分。其大小根据所产巢蜜的重量而定，通常以 1 磅重（454g）的长方形巢蜜格较常见，其四角一般比中间高出 5mm，以便于蜜蜂活动（图 6–6）。

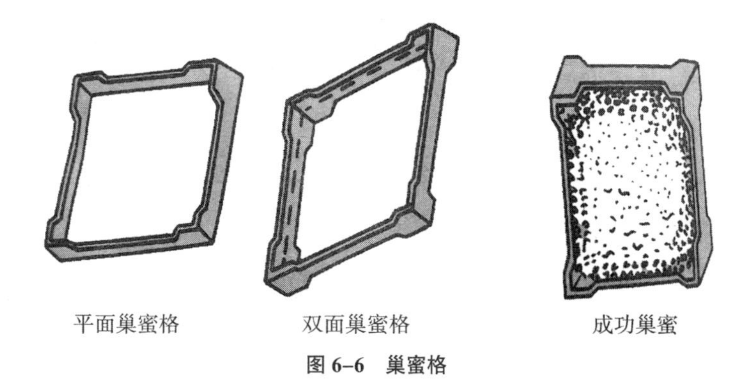

平面巢蜜格　　双面巢蜜格　　成功巢蜜

图 6–6　巢蜜格

（2）巢蜜格框架

是把巢蜜格成组卡固在一块的木框，有上下梁和左右侧条，用活动螺丝接合而成，便于装卸巢蜜格。巢蜜格框架的大小由巢蜜继箱、巢蜜格和卡固巢蜜格的数量决定，一般有浅继箱和深继箱框架两种（图6–7）。

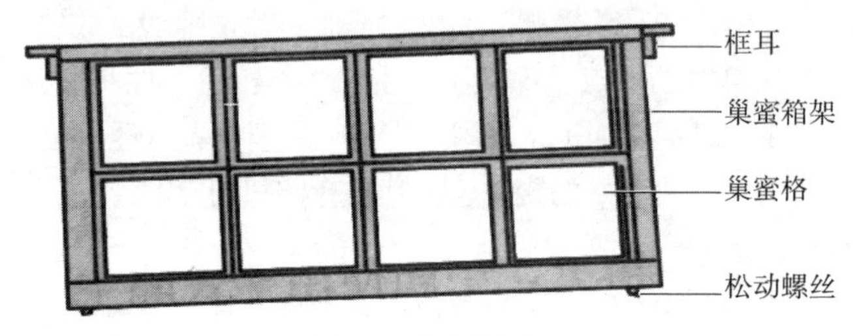

图 6–7　巢蜜格框架

（3）巢蜜继箱

有标准继箱和浅继箱两种。浅继箱的高度为 140mm，内围尺寸与标准继箱相同。不用巢蜜框架，直接用巢蜜格生产巢蜜的继箱，要在继箱的下口钉上断面“凸”字形的巢蜜托架。巢蜜托架用马口铁做成宽 30mm，中间凸出的部分高 10mm，长度依钉固在继箱上的方向而定，纵向钉固和箱身外长相等，横向钉固和箱身外宽相等。两根巢蜜托架凸出部分之间的距离正好能承托 1 个巢蜜格。

（4）巢础

由纯蜂蜡制作，比制造巢脾的巢础薄，大小要根据巢蜜格的形状和内径尺寸决定。中蜂生产巢蜜可以和西方蜜蜂使用同样的巢础。

（5）其他用具

薄隔板、巢础衬板、融蜡器、埋线器、饲喂器、包装盒等。

3. 设备安装

（1）上巢础

把浸湿的巢础衬板放在平板上，套上巢蜜格，再把巢础片放在巢蜜格内的巢础衬板顶端，然后用融化的蜡汁或埋线器把巢础固定在巢蜜格上。另一种方法是，事先将巢础通过蜂群筑造成半巢脾，切割成相同于巢蜜格内围的小块，再用蜡汁固定在巢蜜格内壁上。

（2）装巢蜜格

把已上好巢础或半巢脾的巢蜜格，装在巢蜜格框架上，如同排放巢脾般将巢蜜格框架安放继箱内。不用巢蜜格框架的，直接把巢蜜格紧靠摆放在巢蜜继箱内的巢蜜托架上。

4. 生产巢蜜群的组织管理

生产巢蜜必须选择强壮的蜂群，群数要有 10 框以上，蜂王健壮，蜂群无病，采集、泌蜡适龄蜂充足，保持蜂多于脾。

（1）添加浅继箱

蜜源初期，将决定生产巢蜜蜂群的原继箱撤去，蜂王和子脾留在巢箱内，多余的巢脾调给其他蜂群，把安装好的巢蜜继箱平放在巢箱上，中间使用平式隔王板控制蜂王，使其不能进入生产区。待第一个巢蜜继箱的巢蜜格贮蜜 50%以上，而蜜源仍处于流蜜盛期。可及时在第一个的上面添加第二个巢蜜继箱，当第一个基本成功（多数蜜房封盖或呈鱼眼状）时，将两个巢蜜继箱互换位置。之后根据贮蜜和蜜源情况考虑是否再加第三或第四个巢蜜继箱（图 6–8）。根据蜜蜂偏向后半部贮密的特点，隔一段时间可将巢蜜继箱调头，促使蜜蜂贮蜜均匀，以生产出完美的巢蜜。

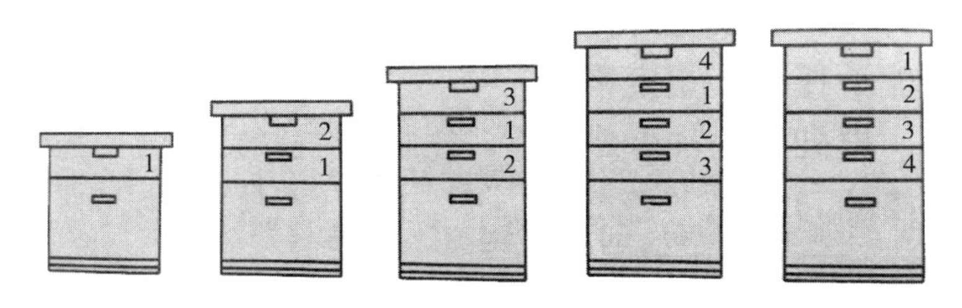

图 6–8　加巢蜜继箱的顺序

（2）修造巢蜜巢脾

为了在流蜜盛期多生产巢蜜，应抓紧在流蜜初期或主要流蜜期前的辅助蜜源修造巢蜜格内的巢脾，也可在主要流蜜期以前实行奖励喂饲促进尽快造脾。为了加快修造巢蜜巢脾的速度，前期采用标准继箱或两个浅继箱叠加起来，将巢蜜格框架与原巢脾相间（插花）排列。这样，蜜蜂比较容易接受造脾和贮蜜。

（3）控制分蜂热

生产巢蜜需要强群，又必须使蜜蜂在拥挤的状态下工作，所以防止分蜂热尤为重要。主要是选用当年培育的优良新蜂王，并且每隔 5 ～ 7 天检查一次。发现有分蜂情绪及迹象要及时处理，割除雄蜂，削除王台，加强遮阴、通风等降温措施。同时积极开展蜂王浆生产，加强蜂群巢脾的调整，将巢箱内繁殖区的封盖子脾调出，换进虫、卵脾供其哺育，均可起到控制分蜂热的作用。

（4）补充饲喂

当主要蜜源已结束，而巢蜜格内蜂蜜尚未贮满或尚未封盖，必须进行补充饲喂，促使其完成。补喂的蜂蜜必须是纯正的同一品种蜂蜜，分早、晚两次补喂，每次 1 ～ 1.5kg。如仅仅是为了促进封盖或中间已成功，只有边上部分尚欠缺饱满时，可每日少喂一点，不必操之过急。为了避免蜜蜂任意加高巢房而导致封盖不整齐，可在每排巢蜜格之间加一块薄木隔板以控制蜂路，保证巢蜜盖整齐、美观。

在巢蜜生产期间，杜绝使用升华硫及敌百虫等农药治螨，也不可使用抗生素防病，严防巢蜜污染。

5. 巢蜜的采收与包装

（1）及时采收

当巢蜜格贮满蜂蜜，并已全部封盖时要及时取出。无论是框架式还是托架式，所安放的巢蜜格内蜜房的封盖程度总不可能完全一致，故应分期分批采收，成功一批就采收一批，切勿久置蜂群中，以防污染。采收时用蜂刷轻轻驱逐巢蜜格上的蜜蜂，严防损坏蜡盖和导致巢蜜脾变形。

采收后要对巢蜜格进行修整，用不锈钢薄刀片把巢蜜格边角上的蜂胶、蜂蜡及其他污迹除去，刮不掉的污迹，可用纱布蘸酒精擦拭干净。

（2）检验包装

在整修巢蜜格时，对巢蜜格逐个挑选，按巢蜜格形状、外表平整、封盖完美、颜色深浅、格子清洁度、重量等标准进行分级，剔除含有甘露或易结晶蜂蜜及蜂花粉房数量较多的不合格产品，然后装入消毒过的包装盒内。目前较为通用的新式包装，多为无色透明的塑料盒，将巢蜜装入盒内，再用塑料胶带密封，盖紧盒盖并贴上商标即可。

6. 提高巢蜜产量的措施

（1）新王强群

生产巢蜜的蜂群应选新王产卵力强的，强群蜜蜂生产积极性高，要求群势应保持 12 框以上。

（2）计划生产

进行巢蜜生产的蜂场，一般安排 2/3 的蜂群生产巢蜜，1/3 的蜂群进行分离蜜的生产；在流蜜期集中生产，流蜜后期或流蜜结束，集中及时喂蜜，喂蜜量大且要连续进行。

（3）定向选育优良蜂种

对长期计划生产巢蜜的蜂场应做好选种育王工作，选择产卵多、进蜜快、封盖好、抗病强、不易起分蜂热的蜂群作巢蜜生产种群；在生产实践中，以东北黑蜂为母本、黄色意蜂为父本的单交或双交蜂种是生产巢蜜较好的杂交组合。

（4）连续生产

有计划地连续生产巢蜜，蜜蜂就会对塑料盒（格）产生认识和记忆，促使积极性高涨。实践证明，连续生产巢蜜，一批比一批质量好。

（5）原料充足

蜜源要丰富，饲料要充足，蜂群繁殖好，用浅继箱生产。

7. 提高巢蜜质量的措施

在生产巢蜜的过程中，要严格按巢蜜质量标准卫生要求进行。坚持用浅继箱生产，严格控制蜂路大小和巢蜜框竖直，保证全部封盖平整，重量一致；防止污染，不用病群生产巢蜜，饲喂巢蜜生产蜂群的蜂蜜必须是干净、符合卫生标准的同品种蜂蜜，最好用本蜜源花期生产的蜂蜜饲喂，生产、饲喂用具干净、无毒、无菌；选择不结晶或不易结晶的蜜源进行生产，不喂异种蜂蜜，以防止结晶。成品巢蜜严防巢虫为害，用于灭虫的药物或试剂不得对巢蜜外观、气味等造成污染。在巢蜜生产期杜绝给蜂群喂药，避免抗生素污染。

六、提高蜂蜜产量的几点措施

提高蜂蜜产量涉及许多因素，除去以上所述的一些技术外，还有很多具有实用价值的好经验，均可促进蜜蜂采收到更多的蜂蜜，获得更好的收成。

近几年，国家出台了优质优价的政策，要求养蜂人采收成熟蜜。在正常情况下，大流蜜期每次取蜜中间至少间隔3d以上，待蜜蜂对采进的花蜜做充分的加工酿造，使蜜孔上有部分封盖时方可采收。实践证明，采收稀薄的不成熟蜜，尽管产量稍高一点，却容易发酵变质，且营养价值大大降低，甚至影响生产经营者声誉，经济效益上不去，实为得不偿失。收取成熟蜂蜜，总产量可能略低一点，但其经济效益是好的，这是因为经营者和消费者大都欣赏高浓度的成熟蜜，舍得出高价钱，宁愿出高价购买优质成熟蜜，也不会花低价买质次品劣的稀薄蜜。可以这样说，生产成熟蜜不断提高产品质量，是养蜂人提高经济效益的重要途径，也是养蜂业发展壮大的必由之路。

1. 无王群采蜜

定地饲养或近期再无其他大流蜜花源时，可采取无王采蜜法。主要技术要领是，某一流蜜期较短的花源开花前1周左右，将采蜜强群的蜂王用王栅罩起来，限制其产卵；或直接将蜂王拿走，巢、继箱内各安上一只低龄王台。这样，在进入大流蜜期时，蜂群中没有或少有哺育任务，蜂群便可集中力量全面投入采集、酿造工作，使产量提高40%甚至1倍以上。待流蜜后期，须得及时放出蜂王促其产卵，安有王台的此时也已交尾成功，只要及时产卵繁殖，群势是不会下降多少的。

无王采蜜群，同时还可应用于蜂王浆的生产，浆框移虫后可先插入无王采蜜群中几个小时，利用其较强的育王积极性，待其接受后再抽出转入产浆群中，可有效地提高蜂王浆的产量。

2. 加强计划性

蜂业生产是一门综合性科学，涉及自然、生物、社会等多门学科，不仅需要科学饲养，还要按经济规律办事，更需严格适应自然变化，这些生产要素相互制约，又彼此促进，缺一不可。这就要求养蜂人员必须全面掌握这些要素，并使之很好地结合、运用到生产实践中。

要想搞好生产，在掌握了饲养技术及各方面生产要素后，尤需制定出一套完整可行的生产计划，以便更好地使各方面生产要素服务于生产，有步骤、分层次地开展工作，按计划有重点地具体操作。例如定地饲养当地主要蜜粉源仅有 1 ～ 2 个，而辅助蜜粉源较多，就应就如何集中力量抓好主要蜜粉源的采收，或怎样利用辅助蜜粉源提高蜂王浆产量，做出详尽可行的生产计划，或在主要蜜粉源前 1 个月，抓紧繁殖采集适龄蜂，或在大流蜜期过后组织产浆群，力争养好蜜蜂，较好地适应自然规律，不要脱离实际盲目发展，造成被动失利。

制定生产计划最好在年初开始，要根据蜂群数量及实力，结合当年本地蜜粉源开花时间及泌蜜规律，并参照产品市场情况，拿出具体的实施方案，既可避免生产失误，又可有效提高经济效益。

第三节　蜂王浆的生产技术

蜂王浆，在蜂群中是蜂王的食品，也是各种蜜蜂幼虫（1 ～ 3 日龄）的乳品，故又称作王浆或蜂乳，是蜜蜂的主要产品之一。蜂王浆是蜜蜂头部营养腺分泌的一种乳白色或淡黄色，略带有香甜味，并有较强酸涩、辛辣气味的黏稠状液体，有极强的保健功能和奇特的医疗效用，已广泛被人们所认识。

生产蜂王浆是一项烦琐、细致的工作，需要耐心与毅力。就其生产工艺而言，首先是促使蜂群产生育虫泌浆欲望和提高分泌王浆能力，并充分利用自然的和人为的有利因素，为之提供必需的生产条件和相应的生产设备，保证蜂群全力、积极、持续地分泌王浆，从而获得优质高产。

一、产浆群的组织与管理

1. 产浆群的组织

生产蜂王浆的蜂群必须具备强盛的群势，起码有 8 框以上足蜂，且子脾齐全、健康，有较多的 3 ～ 20 日龄的青、幼龄泌浆适龄蜂和充足的饲料。

无王蜂群对育王有着强烈的欲望，王台的接受率比较高，泌浆多、产量大，以前多数蜂场用无王群生产王浆。然而，由于无新蜂接替，蜂群经过生产 3 ～ 5 批蜂王浆（15 ～ 20d）后，蜂龄老化，泌浆减少，群势下降，以致蜂群衰垮，生产停止。事实证明，杀鸡取卵的无王群生产蜂王浆方法既不科学，又不实用。进而，人们研究了一套用无王群接受、有王群哺育生产蜂王浆的方法，即先将移好虫的取浆框放入无王群让其哺育 20h，待其接受并饲以少量蜂王浆后提出，放入强壮的有王群中，充分发挥强群适龄蜂泌浆能力强的优势，让其补充吐浆。这样可以避免有王群接受率低的缺点，从而提高产浆量。无王始工群应注意补充群势，不断地调进子脾，时常有新蜂出房，保证蜂群群势不致明显下降和具备一定数量的泌浆适龄蜂。

随着科学的发展，养蜂技术的提高，近年来多数蜂场在春末以后的蜂群进入强盛期，多以有王群直接生产蜂王浆。因为强壮的蜂群中哺育蜂（泌浆适龄蜂）充足或过剩，蜂群产生分泌王浆、培育蜂王的生理反应积极强烈，只要因势利导，完全可以达到蜂王浆高产稳产的目的。有王群生产蜂王浆，是用隔王板将蜂群分隔为有王繁殖区和无王生产区。生产区的工蜂因为与蜂王隔离，蜂王物质相对减少，控制工蜂筑造王台的作用减弱，通过人为地调整使生产区内泌浆适龄蜂集中，便会大大提高王台的接受率和泌浆能力。繁殖区内蜂王照常产卵，不会使繁殖受到影响，不至于削弱群势。利用强壮的有王群生产蜂王浆，只要对蜂群做好必要的内部调整，可以持续地生产，并且有利于抑制蜂群产生分蜂热，还不影响蜂蜜和蜂花粉及其他蜂产品的生产。

蜂王浆生产群的组织和隔王板的使用方法基本与产蜜群相同，所不同的是产浆群的增补应以子脾为主，不可用成年蜂。在生产王浆前半个月，从其他蜂群中调来 2 ～ 3 张封盖子脾，待半月后投入王浆生产时便可羽化出 4 ～ 6 框泌浆适龄蜂。卧式蜂箱的蜂群用立式隔王板将蜂巢分隔为繁殖、生产两区，10 框以上的继箱群用平式隔王板将蜂王隔在巢箱内作为繁殖区，继箱作为王浆生产区。两区的大小应根据产浆蜂群的群势和不同时期而定，在一般情况下，卧式箱繁殖区内放 4 ～ 5 张巢脾，继箱群放 5 ～ 7 张巢脾，以虫、卵脾和正在出房的老蛹脾为主，保证蜂王有充足的空巢房产卵。生产区以新封盖的蛹脾、饲料脾为主，但须保持有 1 ～ 2 张虫卵脾，目的是诱导部分哺育蜂进入生产区。生产区的排列是，虫卵脾放中间，新封盖蛹脾放虫卵脾两侧，饲料脾（或空脾）排列外侧，产浆框就插在虫卵脾或虫卵脾与封盖蛹脾之间。这样排列有利于集中适龄泌浆蜂到生产区泌浆育虫，能提高产量。

2. 产浆期蜂群的管理

生产蜂王浆的蜂群必须强壮和健康，一定有充足的青壮龄蜂，蜂数越多，群势越壮，高产把握性也就越大。健康无病害是保证蜂群强壮的重要因素。只有健康的蜂群才能保证繁殖快，生产正常，泌浆积极。产浆群需要蜂多于脾，蜂、脾比例以 1.2∶1 为宜，起码要做到蜂脾相称（1∶1），使蜂群保持拥挤状态，可有效地提高王台接受率和王浆产量。

繁殖区内的巢脾不可过多，在不影响蜂王产卵的情况下，脾越少越好。主要力量应加强生产区。两区之间的巢脾每隔 5 ～ 7d 就得调整 1次，将繁殖区的部分卵脾和新封盖的蛹脾调到生产区，将生产区内已经出房空脾，或者正在出房蛹脾调给繁殖区，提供充足的空巢房让蜜蜂清理后供蜂王产卵，如此不断地循环，直到取浆终止。产浆期间最好不要中间间断取浆，如遇阴雨天气也要坚持进行，便于充分发挥蜂群的泌浆能力，不致打乱蜂群的泌浆规律，影响蜜蜂泌浆积极性。

蜜粉源衔接期间生产蜂王浆，应进行奖励喂饲，每隔 1 ～ 2d 饲以稀薄的蜂蜜汁或糖浆，每次 200 ～ 500g，同时奖饲一定量的花粉或代用品，激发蜂群的泌浆积极性。在蜂群尚不多么强壮或气温不稳定时，还需对蜂群进行保温，减轻蜂群负担，保证蜂群正常产浆。产浆期间，尽可能地不要惊动产浆群，尽量减少开箱检查次数。主要流蜜期生产蜂王浆，在摇取蜂蜜时不要振动取浆框，可轻轻将产浆框连同蜜蜂提到蜂箱一侧，待取蜜完毕再放回原处。

轻微的分蜂情绪，有助于蜂王浆增产，但必须严加控制，不要让蜂群形成分蜂热。一旦形成分蜂热，蜜蜂消极怠工，繁殖、产浆均受影响。因而，产浆群采用优质新蜂王繁殖，炎热季节加强通风、遮阴，经常割除雄蜂蛹和消除自然王台，彻底根除暗藏的王台基，特别注意防止四角小劣的蜂王出生。控制分蜂热，使蜂群保持旺盛的繁殖、生产势头，是获得蜂王浆高产优质的重要因素。

二、产浆设备

1. 产浆框

产浆框也称养王框架或取（采）浆框，其形状及长度、高度与巢础框相仿。产浆框上梁较窄，只需 13mm，厚度 20 ～ 25mm；两端边条宽 13mm、厚 10mm，内侧对应开口 3 ～ 4 道等距离的小槽，装入 3 ～ 4 根厚约 10mm，四棱见方的王台条，能根据需要随时取下或安装。每个产浆群预备产浆框 3 ～ 4 个，以便周转使用（图 6–9）。

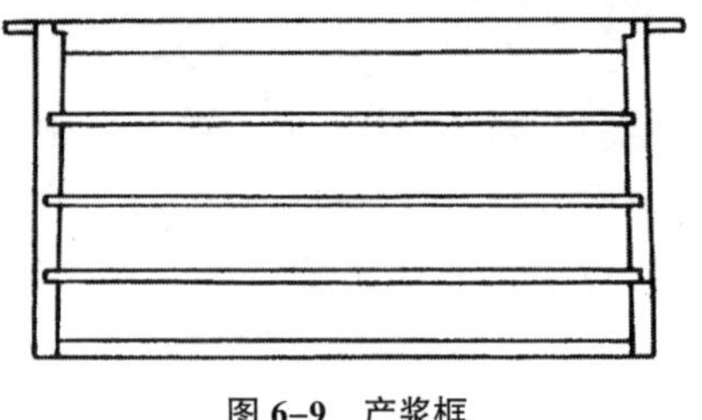

图 6–9　产浆框

2. 王台基

王台基也称蜡碗，即假王台（图 6–10c），是人工模拟蜂群中王台的形状而采用蜂蜡或塑料制作的。制作蜡质蜡碗需要事先把优质蜂蜡熔化，用蜡棒（图 6–10b）（长 100mm、尖端光滑圆净、直径 7 ～ 8mm 的圆头）蘸制。蘸制前先将木质蜡棒放在水中浸泡 1 ～ 2h，再把 3 ～ 5 个蜡棒捆结在一起（每个蜡棒之间有 5mm 间隙），每次在蜡液中蘸一下（深 10 ～ 12mm），再在冷水中浸一下，使之凝固成型，连续 2 ～ 3 遍，制成高 10 ～ 12mm，口直径 8mm，底直径 7mm 的蜡碗。蜡碗的底部要厚一些，口部要稍薄一点，圆滑、光洁，不能有斑点，更不能变形。手工蜡制王台基，由于费工、费时、劳动量大，且制作不规范，目前已基本被淘汰。

近年来，多数蜂场生产蜂王浆采用塑料厂特制的塑料王台基（图 6–10a），这种王台基的形状相同于蜡碗。因制作省时，蜜蜂乐于接受，且产浆量高，王浆中杂质少、品质高，目前国内生产的有单个的，也有连成条的，每条有王台 30 个的，也有 33 个或 36 个的，颜色有白色、蜡淡黄色，使用时用蜂蜡粘于产浆框条上，使用起来比较方便。

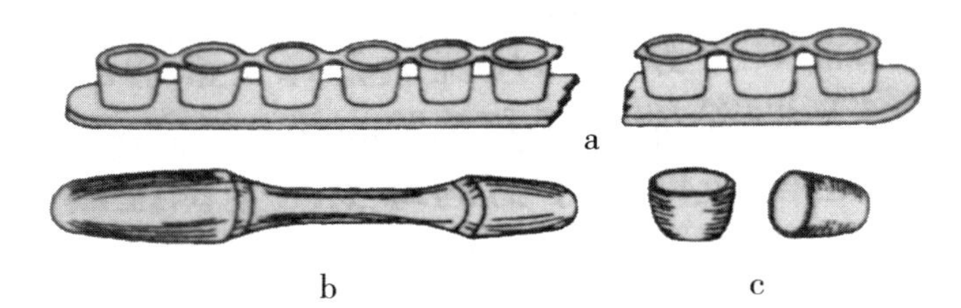

图 6–10　蜡碗棒和人工王台

a. 塑料台基条；b. 蜡棒；c. 蜡碗

3. 移虫针

移虫针是用来将巢房里的幼虫移入王台基中的必备工具，有弹力移虫针（图 6–11 右）和钩形移虫针（图 6–11 左）等数种。钩形移虫针不可用铁、铜制作，最好采用牛角或银制作，长 120mm，针头有一个扁圆形小铲，以利于挑出或挖出幼虫。目前使用较广泛的是弹力移虫针，采用塑料细管（或圆珠笔芯）、牛角片、竹片、弹簧制成，能将工蜂房内的幼虫连同已有的鲜王浆一起挖出，并平稳安全地移入王台内，方便、耐用、效率高。弹力移虫针，各蜂具商店有售，也可自行制作。

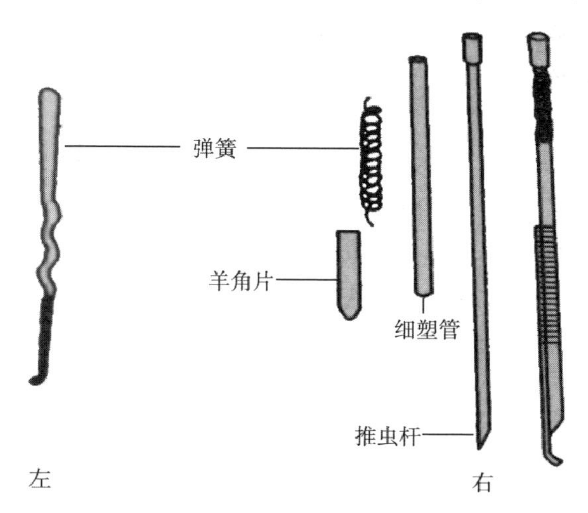

图 6–11　移虫针

左：钩形移虫针；右：弹力移虫针

4. 挖浆机

近年来已研制成功多种现代化取浆设备，已有很多养蜂场使用现代挖浆机。例如浙江三庸科技公司研制成功“挖浆机”系列产品，主要有幼虫器、割台机、台基条、高效清台器、钳虫机等，从产卵到割台、钳虫、挖浆，清台等王浆生产全过程，全部实行机械化操作，可提高工作效率上百倍，有效解放了养蜂人的劳动力。

三、蜂王浆的贮存

蜂王浆含有丰富的生物活性物质，保存不当，容易变质腐败，以致失去使用价值。根据蜂王浆的特性，怕空气（氧化）、怕热、怕光线、怕细菌污染、怕金属、怕酸、怕碱，以上因素均对蜂王浆的质量产生不同程度的影响。因此，在贮存过程中需要随时注意。尽管蜂王浆有很强的抑菌能力，但对酵母菌的抑制作用较差，在光照较强、气温 30℃的条件下，经过几十个小时就会起泡发酵。盛装蜂王浆的容器不宜用透明的，也不可用铁、铝、铜等金属容器，以乳白色、无毒塑料瓶或棕色玻璃瓶为宜，使用前要洗净、消毒、晾干。容器应该装满，尽量不留空余，拧紧瓶盖，外面用蜂蜡密封，减少与空气接触，避免产生氧化反应。

蜂王浆要求在低温避光的条件下贮存，贮存温度 –7 ～ –5℃为宜。实践证明，在这样的温度条件下存放 1 年，其成分变化甚微，在 –18℃的低温条件下，可存放时间更长一些。

江苏省农业科学院 1986 年报道了用 ^{60}Co 辐照保存蜂王浆。用 40 万伦琴剂量辐照瓶装蜂王浆，然后在常温下保存 90d 与在 0℃条件下保存的对照相比，还原电位、pH 值、糖分含量和 26 种微量元素均无明显差异，品尝未有任何异味。把这些蜂王浆放到 25℃室温中，再放 100d，经专家品尝，认为色、香、味和体态与新鲜蜂王浆一致。作者也曾于 1985 年 7 月用同样剂量 ^{60}Co 辐照蜂王浆进行保鲜试验，常温下保存两年，于 1987 年 8 月测定，其 10– 羟基癸烯酸的含量变化很小。试验中保存蜂王浆的辐射剂量未超过 1983 年世界食物法规委员会已接受的关于 100 万伦琴辐照食品的安全剂量。

^{60}Co辐照灭菌保鲜不会引起挥发物质的损失，无残留，节省能源、人力，方便，快速，经济效益高。但辐照后的蜂王浆生物学效应还有待于进一步研究探讨。

养蜂场如没有冷冻设备，生产的蜂王浆应及时交售，如离交售地点太远，当天不能交售时，可采用下列方法暂时保存3～4d。

1. 地坑保存

在蜂场驻地的室内或阴凉处挖坑半米深，将盛王浆的容器密封，外用塑料袋捆扎，放入坑内，用土掩盖。

2. 深水井保存

将盛蜂王浆的容器封闭好，使水不能浸入，放入水桶内，用网封住桶口以绳子拴吊沉入深水井底层。

3. 蜜桶保存

将盛蜂王浆的容器密闭封口，沉入装有蜂蜜的蜜桶中。

四、蜂王浆高产新经验

科学技术在飞速发展，蜂王浆生产技术也在不断提高，很多养蜂人和科研工作者，在生产实践中总结出了许多实用价值较高的新经验、新技术，简述几条如下。

1. 选好高产蜂种

蜂种的优劣是生产成败的关键因素之一，这一点在蜂王浆生产上尤为重要，高产蜂种不仅产量高，而且有效成分含量也高，例如浙江大学农学院研究成功的浙农一号、平湖浆蜂等品种，均为蜂王浆高产蜂种，已得到公众的认可。选种主要包括以下两方面，一是引种，即从种蜂场引进优质种蜂王，二是自行选育优良品种。在引种的基础上，对每一群的产量进行鉴别比较，从中选拔出几个品质好、产量高的种群，分别作为父、母群，培育新一代蜂王，在培育过程中一定做到优中选优，严把每一道选育环节，做到精选细养，好中选好。

2. 精细管理

所谓精细管理，就是在做好常规管理的同时，还须得从严从细做好每一细节，要严格遵照蜂群的特性与实际，密切结合自然现象及气候特点，认真操作，细致管理，及时调整巢脾，一定保持蜜蜂数量密集，群势处于强盛发展势头。同时还应做好以下几方面的工作。①加强管理调整群势，保证蜂群内蜜蜂高度密集，抽出多余空脾，使蜂群产生轻度分蜂热，使蜜蜂有轻微的分蜂育王倾向。同时采取分区管理方案，用隔板将蜂王隔离在只能放 3 ～ 5 张脾的小区中，控制产卵。在大区中下王浆框生产王浆，蜂王不在大区，有无王的感觉，这样王台接受率高，分泌王浆量也大。随时观察蜂王的产卵情况，对那些老劣或产卵力不佳的蜂王，马上予以更换，以新优蜂王统率产浆群。②尽可能选择有辅助蜜粉源的场地，如外界实在缺乏蜜粉源时，可实行奖励喂饲，激发工蜂泌浆的积极性，在保证饲料充足的情况下，每隔 2 ～ 3d 奖励一定量的糖浆、花粉。奖励饲喂，除大流蜜期外，平时应坚持进行，抓住辅助蜜粉源和有粉无蜜期，给予适量补助喂饲，饲喂的糖浆采用 1 份糖加 1 份水配制，每群每天饲喂 150 ～ 200mL，使蜂群长期保持旺盛泌浆积极性。奖励饲喂花粉或花粉代用品至关重要，可用 2 份花粉、1 份豆粉、1 份白糖混合均匀后，制成人工花粉脾来奖励，有助于保持蜂王浆高产的优势。③采取各种有效措施，如遮阴、加强通风、加水脾等，人为地协助蜜蜂将巢温恒定在 34.4 ～ 34.6℃，湿度保持在 65%～ 75%。④合理利用轻度分蜂热，在保持强群的前提下，还要注意调动其泌浆积极性，同时要坚决彻底取缔自然王台，不致暗藏的幼王出台破坏王浆生产。⑤合理布置巢脾，产浆框两侧随时安放有 2 框以上虫、卵脾。⑥保持取浆连续性，这是因为产浆群已逐渐形成条件反射，如因转地或天气等原因时停时续，势必导致这种条件反射中断，影响王浆产量。要注重适时收获，防止幼虫过大，多食蜂王浆。一般在幼虫移入后的 68 ～ 72h 内刮取。取浆时间安排在上午 9:00 以后。取浆时细心刮净，防止幼虫体液混进蜂王浆，以免引起蜂王浆起泡，影响质量。⑦防治病虫害，蜂螨、白垩病等病害，既影响繁殖，也影响生产，平时须得加强防治，不致病害蔓延。⑧检查时一定做到轻、稳、快，还要防止蜂场临近有强烈振动或严重污染，以免影响蜂群的正常生产秩序。⑨移虫时虫龄须得适中，蜂群中幼虫数量应充足：利用副群或双王群，建立供虫群，适时培育适龄幼虫，以保证产浆移虫的需要。一般每移一个蜂王浆框，最少要有百十个适龄蜜蜂幼虫。⑩培养强群，使蜂群群势达到 12 框以上的足群，适时调整产浆群，确保有更多的青年蜂，为蜂王浆增产打好基础。

3. 掌握好时间差

受群势及气候的影响，很多地区一年中只能取浆 100 余天，如华北地区，一般在 4 月下旬开始取浆，到 8 月底就得结束，时约 130d。如今采取科学养蜂，早春加强繁殖，到 4 月上旬就具备取浆条件，可坚持到 9 月中旬，生产时间 170 余天，而南方还能延长 50 ～ 80d，全年取浆可持续到 250d 左右，从而在时间上为王浆高产创造了条件。

在取浆时间上也大有文章可做。研究与实践证明，从移虫到收获约 70h 的时间较为适宜，不仅产量高，而且质量好，即 3d 取、移 1 次。如今浙江等地一些养蜂师傅充分利用时间差，将时间缩短为 2d 取 1 次，照样可达到优质高产的目的。他们的做法是：从正常取浆、移虫的当日算起，隔 2d（30 ～ 48h）再移虫 1 框（4 条、136 台），插入与前一个产浆框相隔一张虫卵脾的位置，第三日对前一个产浆框取浆后，当即并不移虫，隔一夜后再进行移虫，与另一框互换位置插入虫卵脾中间，隔 1d 再取后 1 个产浆框，依次类推，两个产浆框轮换收取，产浆日期缩短 1d，可提高产量 30%以上。

4. 采用先进的工具设备

随着养蜂技术的更新与发展，生产蜂王浆的工具、设备也有很大发展，例如王台的变化就很大，10 年前取浆多用手工蘸制的蜡碗，塑料王台还很稀奇，近些年，单个塑料王台已落后，塑料王台条成为王浆生产者的首选，目前又涌现研制出更为先进的高产王台条等。使用高产塑料台基，适量增加王台数：养蜂技术好、蜂群强（15 框以上）蜜源足，可加入圆柱形台基 200 个，反之，可使用杯形台基，并减少王台数量。一般 12 框蜂用台 100 ～ 150 个。取浆，原来多采用小号画笔逐个王台挖取，现已发明了吸浆器、刮浆器和摇浆机，既提高了功效，省时省力，又清洁卫生，干净方便。移虫针也有较大进步，移虫针变得越发灵巧耐用，据说适应较大规模移虫的移虫机已研究成功，这对提高产量和省工省时又是一大福音。

采用先进的科学技术和工具设备，是社会与生产发展的需要，也是每一位养蜂人员必须遵循的原则之一，经过自己的不懈努力，再注意借助先进技术和工具设备的优势，蜂群一定会养得更好，生产也一定是高产优质、高效的。

5. 免移虫生产蜂王浆

免移虫生产蜂王浆技术，是近几年养蜂科学家研究并正在推广的一项新技术。主要是在生产蜂王浆过程中，不用人工移虫即可生产蜂王浆，由蜂王直接在特制的塑料产浆台基条内产卵，待卵孵化后，将台基条装上产浆框，进行蜂王浆生产，在整个产浆过程中免去人工移虫这一最为繁杂的环节。此技术可大大减轻劳动强度，节省工作时间，提高工作效率与经济效益，为养蜂业实现机械化、规模化、产业化开辟了一条新途径。

五、提高蜂王浆质量的措施

1. 蜂群健康

生产蜂王浆要用健康无病的强群进行生产，大量培育适龄泌浆工蜂，整个生产期和生产前 1 个月不准用抗生素等药物杀虫治病。

2. 防止幼虫体液混入

捡虫时要捡净幼虫，割破的幼虫，要把该台的王浆取出另存或舍弃。

3. 根据蜂数多少严格掌握王台数量

在一般情况下，强群 1 框蜂放王台 10 ～ 13 个。外界蜜粉不足，蜂群群势弱，应减少放台数，这样可以保证 10–HDA 含量。

4. 选育优良种王

在选育王浆高产种蜂的同时，也要注重选育 10–HDA 含量高的性状，以期达到产量和质量的同步提高。

5. 优质饲料

选择蜜粉丰富、优良的蜜源场地放蜂。对蜂群进行奖励时应慎用添加剂饲料，以免影响王浆的色泽和品质，给蜂王浆造成污染。

6. 注重卫生

严格遵守生产操作要求，生产场所要清洁，空气流通，所有生产用具应用 75%的酒精消毒，生产人员身体健康，工作时戴口罩，穿工作服、戴工作帽和手套，衣着整洁。在过滤王浆时，保证手不与王浆接触。取浆时不要将挖浆工具、移虫针插入口内吸吮，也不可放水内、蜜中浸泡，盛浆容器务必消毒、洗净、晾干，不得有剩水或余酒。整个生产过程尽可能在室内进行。

六、盒装活性王台蜂王浆生产技术

盒装活性王台蜂王浆，是将蜜蜂在王台中分泌王浆后，从蜂箱提出，取净幼虫，立即装盒消毒冷冻储存。盒装活性胚胎王台蜂王浆，是从蜂群中取出王台，不取出幼虫，经消毒处理后装盒冷冻保存。这样能有效地保持蜂王浆的天然状态和活性物质。因此吸引着一大批消费者，盒装活性王台蜂王浆与盒装活性胚胎蜂王浆的生产原理与蜂王浆的生产相似，其生产条件除要求有王浆生产的一般条件外，还要求蜜蜂泌蜡洁白，蜂王台粗壮，生产王浆技术更加熟练，并且要求蜂场有冷冻设备。

1. 生产工具

除王浆生产的一般工具外，还需要标准四梁式活动王浆框和活动王台王浆盒：活动王台王浆盒是山东梁山生宝蜂业园研制的获国家专利（专利号：zL 99 320466.x）的活动王台王浆盒，这种王浆盒由盒盖、底座、台条、王台、取浆勺等组成。每个王台可以自由放进台条座或从台条座上取下，方便取下装不满的台浆，使产品性状一致；按 10 框标准蜂箱设计，标准四梁式王浆框可安放 2 条 24 个王台，盒子透明无毒，有一定的硬度，符合卫生指标，能有效保持王浆的天然状态和活性成分。

2. 生产方法

（1）蜂群的组织和管理

生产盒装活性王台蜂王浆的蜂群，与生产一般蜂王浆的基本一样。用隔王板把蜂群分隔为生产区和繁殖区，生产区把小幼虫脾放中间，粉脾放两侧，往外是新封盖蛹脾和蜜脾，王浆框插在幼虫脾和粉蜜脾之间，这样有利于集中大量适龄的哺育蜂在产浆区泌浆育虫，提高王浆产量。每 6d（2 个产浆期）调整 1 次蜂群，巢脾的排列顺序为蜜粉脾在两边，王浆框两侧放新封盖蛹脾。

（2）培育适龄幼虫

有计划地组织供虫群，选定几个蜂王产卵强的蜂群，专门供给幼虫。供虫群用的巢脾以浅棕色为宜，为使产卵集中，供虫群应多放蜜粉脾和新封盖蛹脾，并将空脾放中间，蜂王产卵 4d 后提出移虫，原处再放 1 张空脾。长期使用供虫群，每 6 ～ 7d 给供虫群调入 1 张即将羽化出房的蛹脾，维持群势和提供哺育蜂。

（3）安装王台

将单个王台卡进王台条基座的卡槽内，12 个王台组成 1 个王台条，浆框的每一个框梁上安放 2 条王台条，再把每条王台条用橡皮圈固定在王浆框的框梁上。将安装好王台条的产浆框，挂放在产浆群中让蜜蜂清理 1 ～ 2h，即可取出移虫。移好虫的浆框要及时插入产浆群。在一般情况下，8 ～ 9 框蜂群每群可插入有 72 个王台的产浆框；达到 12 框足蜂的可插入 96 个王台的产浆框；达到 14 框以上足蜂的可插入 144 个王台的产浆框。

（4）及时补虫

产浆框插入产浆群 5 ～ 10h 后，开箱检查蜂群接受幼虫情况：王台外有许多蜜蜂围住，表明已被接受；如王台上无蜜蜂，要及时补移幼虫，新补幼虫的虫龄可稍大一点。

（5）收取台浆

收取王台王浆的时间，一般在移虫后 60 ～ 70h。收取王台王浆应选在清晨，边收王台王浆框，边在原位置放进移好虫的新浆框，或把前 1d 放入的产浆框移到该位置，以节约时间，并减少开箱次数。

从箱内提出的王台王浆框，将王台条从框梁上卸下来，用不锈钢镊子小心镊去蜂王幼虫，注意不能使王台口变形，否则，应与王浆不足 0.5g 的王台一同换掉，使整条王台内王浆一致，上口高度和色泽一样。特别注意不要破坏王台外形和王浆的状态。取出的王台王浆用刀片整理后用酒精消毒，然后将王台条推进王台盒底的王台条插座内，用 75% 的酒精喷洒王台盒内外后，盖上盒盖，送冷库冷冻存放。

3. 盒装活性王台王浆的质量要求

王台内鲜王浆含量每台不少于0.5g；王台口上蜡质洁白或微黄，高低一致，无变形、无损坏；王台内的幼虫要求取出的，应全部取净；王台王浆取出箱后，取虫、清污、消毒、装盒、速冻以最快的速度进行，忌高温和暴露时间过长；盒子透明，不能磨损和碰撞，盒与盒之间由瓦楞纸相隔，采用泡沫箱包装。

第四节　蜂胶的生产技术

蜂胶是蜜蜂群体的一种副产物，是一种有着较强黏性的固体状物质。蜜蜂采集蜂胶，是其繁殖和生存的需要，主要用来抵御病害、清洁巢房和预防寒袭。蜂胶的主要原料来自于大自然，蜜蜂采集了杨树、桦树、松树、柏树等树种幼芽或表皮分泌的树脂，带回蜂巢后经过精制加工而成。采集树脂的工作非常艰苦，需要较高的技巧和耐力。故此，采集树脂的工作多由老龄工蜂进行，每只采集蜂每次只能采进树脂10～20mg，一个中等蜂群一般每年仅能产胶几十克，改进技术措施后，可使产量提高2～5倍，甚至更高，每群每年产量可达200～250g或者更高一些。

一、蜂胶的生产

几年前，由于数量有限，蜂胶往往被人们所忽视，不少养蜂人总是随手丢弃，非常可惜。近几年，蜂胶市场抢手，价格暴涨，生产蜂胶已成为蜂场的收入来源之一，对其重视程度不断提高。目前，蜂胶的生产方法主要有积累生产法和集胶器生产法。

1. 积累生产法

从收购的蜂胶看，我国绝大多数养蜂者生产蜂胶主要是靠日常积攒，通过刮取箱内自然蜂胶或使用覆布以及尼龙纱予以聚集生产，主要方式如下。

（1）零星刮取法

平时，蜂群为了抵抗病害，堵塞蜂巢缝隙、洞孔、固定巢框等，往往采集树脂加工制作蜂胶，积聚在框耳处、隙孔中、箱口上、巢门旁等。日常结合检查蜂群，随时用启刮刀予以刮取，积少成多，日久能收集到一定量的蜂胶。

（2）覆布取胶法

覆布全部用优质白布做成，盖给蜂群时使覆布与框梁保持 2mm 间隙，蜜蜂便会向覆布上产胶堵塞间隙。待蜜蜂在覆布下积满蜂胶时，选气温高的中午将覆布取下，平铺在箱盖上用不锈钢启刮刀或竹片刮取。为了增加产量，也可以交替刮胶，即覆布积满蜂胶时不要一次刮净，可刮出几条小沟，保留几条小垄，再加进蜂巢内，蜜蜂会很快向小沟内积存蜂胶，第二次再刮取第一次留下来的小垄。这样可使间隙自然保持 2mm，产量也会成倍增加。

蜂胶黏性较大，刮取覆布时不可能将蜂胶刮净，可利用蜂胶受冷变硬、变脆的特点，将覆布放进冷室或冰箱，待其冷凝时取出轻轻揉搓，能使蜂胶比较干净地脱落下来。如没有冷冻设备，也可使覆布上蜂胶逐渐加厚，等到冬季一次收取。

根据蜂胶易溶解于乙醇的特点，可选粘附蜂胶较多、干净的覆布，放入 95% 的酒精中浸渍 2 ～ 3d。浸渍前将带蜂胶的覆布称重，取出后晾干再称，可得出浸入酒精的蜂胶量。待酒精中蜂胶达到一定含量，去除胶渣，可得乙醇蜂胶浸液备用。也可将酒精回收，获蜂胶浓缩膏。

（3）尼龙纱取胶法

选择耐揉的尼龙窗纱，面积稍小于蜂箱内围，平摊在副盖下面框梁上，框梁与窗纱保持 2 ～ 3mm 间隙，使蜜蜂用蜂胶来填补。待尼龙纱下面已有较多蜂胶时，可在中午利用启刮刀刮取，一般每 10d 刮取 1 次，可获蜂胶 30g 以上。取胶以后再放回蜂群重复使用。数次后，尼龙纱会完全被残留的蜂胶糊住，待寒冷季节，利用蜂胶低温变脆、变硬的特点，用木棒轻轻敲打或揉搓，尼龙纱上的蜂胶可干净地取下来。

2. 集胶器生产法

集胶器主要有巢框式和巢门式，还有格栅集胶器和继箱集胶器等。集胶器构造原理，主要是根据蜜蜂习惯用蜂胶填补缝隙、洞孔的特点制作的。

（1）巢框集胶器

巢框集胶器是在普通巢脾上、下框梁部，钉以薄板条或竹片构成人为的缝隙和凹角，促使蜂胶的积累。板条宽度 6 ～ 9mm，厚度 3 ～ 5mm，长度与巢框上、下横梁相同。上框梁面部钉 2 根，两侧各钉 1 根；下框梁左、右、下方各钉 1 根；从而使上、下框梁部出现许多个凹角和 3mm 间隔的缝隙，以便蜜蜂大量采集蜂胶积存。在蜂胶生产季节，将巢框集胶器加入蜂群的边侧，每隔半月或 20d 收集 1 次，每次每个可刮取蜂胶 15 ～ 20g，而普通巢框只能刮取 2g 左右。用巢框集胶器生产蜂胶，在整个蜜蜂活动期间均可进行，尤以夏末秋初时节产量较高，每个强群可加数个（图 6–12）。

图 6–12　巢框集胶器

（2）巢门集胶器

对于强壮的蜂群，在流蜜期或夏季、初秋气温允许的情况下，可采用巢门集胶器生产蜂胶。巢门集胶器，中间留有巢门供蜜蜂出入，两侧用板条或竹片分隔出多个宽度为 3mm 左右的缝隙，板条或竹片的安装方式以便于装拆和收取蜂胶为原则，巢门采胶器的形状和大小以巢门挡板为基准，使用时拿走巢门板，换上巢门集胶器，蜜蜂为了堵塞缝隙、缩小巢门，便大力采集树脂加工成蜂胶向巢门集胶器的两边缝隙上贮存，每隔 10 ～ 15d 刮取 1 次，每个每次可产蜂胶 40 余克。用巢门集胶器生产蜂胶，产量较高，含蜡少，质量纯，方法简便（图 6–13）。

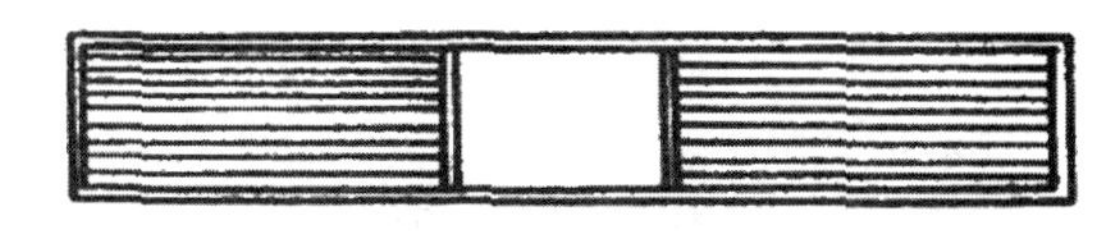

图 6–13　巢门集胶器

（3）格栅集胶器

格栅集胶器是两排可以活动的、平行排列的格栅，中间有一个轴，两排板条可以互相咬合。纵向板条厚度为10mm，宽度为3mm，轴用3mm粗的钢条制成。纵向板条和横向板条的长度取决于格栅集胶器安放于蜂箱的部位。它可以放置在巢框上或空隙处，也可以排放于巢脾外侧（隔板的位置上）。用这种办法收集蜂胶，每隔2～3周采收1次，可以刮取，也可以放入低温下冷冻使蜂胶变脆，轻轻地拍打，就可较干净地剥落下来。格栅集胶器每次可采集蜂胶40～60g（图6–14）。

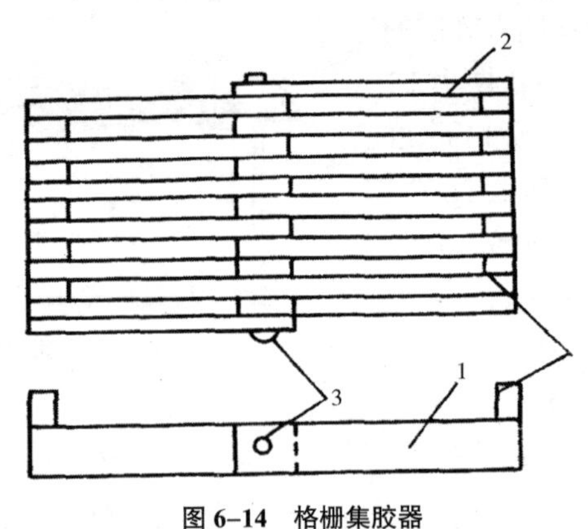

图6–14　格栅集胶器

1. 纵向板条；2. 横向板条；3. 轴

（4）继箱集胶器

继箱集胶器是在原来继箱的模式下，在其后壁或侧壁的木板上，开有多条沟槽或缝隙，缝隙的宽度以不致蜜蜂通行为准（2～3mm为宜）。为了预防盗蜂，缝隙外侧可封紧窗纱。大流蜜后期，蜂群内有大量的老年采胶蜂，可换下原来继箱，换上继箱集胶器，进行蜂胶生产。老年蜂有勤奋的特点和乐于采胶的习性，为堵塞住所的缝隙便努力采集树脂，并加工成蜂胶。用继箱集胶器生产蜂胶，产量较高，每次可收获蜂胶150～200g，但在温度较低或有盗蜂的情况下，不宜采用继箱集胶器，以防加重蜂群御寒工作量和蜜味散出引起盗蜂。

（5）多功能王栅式采胶副盖

由山东省金乡县吴福明研究成功的多功能王栅式采胶副盖，已获得国家专利证书，并大量上市应用。该采胶板以竹木制作，有效地杜绝了铁纱副盖带来的污染。由于符合蜂群的生物学特性，不仅蜂胶产量高、无污染，而且经济实惠、应用方便。该采胶副盖已在全国蜂机具店广泛销售，应用时可参照说明书。

随着科学养蜂的发展，蜂胶生产也逐渐向机械化迈进，中国农业科学院蜜蜂研究所科研人员经过精心研究，已研制出一种新型高效的LW-1型蜂胶采集器，不仅质量好，而且产量高，值得推广。获悉国外研究成功一种SEP-55型收胶机，并获得专利权。

二、蜂胶的包装和贮运

蜂胶中含有一定成分的挥发油，并具有很强的抗微生物活性物质，因此，蜂胶贮存时应做到密封、低温是很重要的，其内包装最好用蜡纸或较厚的食品塑料袋包装，要封严袋口，预防挥发油挥发，每袋内不可装过多，以每袋1 000g较为合适。外包装用纸箱包装为宜。蜂胶应贮存在低温或干燥、通风、避光的20℃以下的室内，严禁与有毒、有异味的物品混贮混运，要防止烈日暴晒，更应远离火种，注意防火安全。

三、蜂胶生产中应注意的问题

保证蜂胶质量，需从提高其纯洁度和避免污染做起。

1. 重金属含量高的问题

蜂胶中重金属含量（特别是铅含量）是蜂胶质量的重要指标。欧洲经济共同体国家规定，蜂胶中铅的含量不得超过10mg/kg。而我国所产蜂胶大部分远远超过这一指标。究其原因，主要是在蜂胶生产过程中，使用金属工具所致。因为蜂胶有极强的腐蚀性，易与金属产生化学反应，与金属的接触过程就是被污染的过程。故而，在蜂胶生产和贮存过程中，坚决杜绝与金属工具、金属容器接触，例如将生产蜂胶的铁纱副盖改为尼龙纱副盖，刮取蜂胶时选用不锈钢启刮刀或竹片。蜂群内与铁接触的蜂胶，往往颜色变深，呈褐色或黑色，在刮取时注意剔除。

2. 夹杂物含量偏高的问题

有些蜂场生产的蜂胶，往往含有尼龙丝头、木屑、棉布纤维、泥沙、蜂尸残片等夹杂物，降低了蜂胶的质量。解决此问题主要从收取方法和使用蜂具入手。使用覆布、尼龙纱等收取蜂胶，最好是利用蜂胶低温变脆的特点轻轻敲击收取。如必须刮取时，只能用钝厚的不锈钢启刮刀、竹片轻轻地刮取，切不可采用尖刀、铁钉等锐利器具刮取，否则很容易将尼龙纱或覆布刮破，将纱头或纤维混入蜂胶中。从蜂箱缝隙、框耳边和框梁上刮取蜂胶时，切记要轻稳，最好根据各部位的特点用竹片仿制各种启刮用具，以免将木屑刮下掺入蜂胶中。同时，取胶用的覆布等用具，不可随地乱扔，以免粘带上泥沙等污染物。收取时如发现有杂物要随时剔去，有蜜蜂粘带进蜂胶时，要慢慢地挑出，切不可硬拽，以免将蜂翅、蜂腿及脑袋粘撕在蜂胶里。

3. 蜂蜡含量偏高问题

一般蜂胶中含有蜂蜡 10%～30%，不应含量过大。蜂蜡含量过高，会降低蜂胶的使用价值和收购级别。然而，蜂群在发展阶段，有随处造赘脾、积蜡瘤的习性，很容易混入蜂胶中。故此，在刮取蜂胶时，一定要认真清理干净，尤其是集胶器生产蜂胶，更易混入蜂蜡，必须随时剔除蜡瘤等。

4. 药物污染问题

蜂场为了防治蜂螨，往往使用萘粉、升华硫等粉末药物或鱼藤精等水溶药液治螨，使用方法多是直接往蜂路或框梁上喷、撒，从而污染了蜂胶。要求生产蜂胶的蜂场在生产期间，可选用螨扑、螨净一类药物防治蜂螨，使用后及时清理死螨和药物残片，确保蜂胶不受污染。

5. 芳香油含量低的问题

芳香油对蜂胶的质量和利用有重要作用。蜂胶中所含芳香油极易挥发，造成“走油”，应引起重视。防止走油的方法主要是及时取胶，严密保存。在低温条件下采收的蜂胶，不必将蜂胶碎末加热捏合成团再卖。通过阳光照晒等加热过程，芳香油就会大量挥发，蜂胶质量大大下降。取下来的蜂胶要及时装入无毒的塑料袋中严密封存，每袋分装不宜过多，以 1kg 为宜。蜂胶可在常温下贮存，但应避免阳光直晒和暴露存放，贮存仓库要求干燥、通风良好。

第五节　蜂蜡的生产技术

蜂蜡是蜜蜂蜡腺中分泌出来的脂肪性物质，蜜蜂主要用其修筑巢脾，封闭饲料房盖。蜜蜂泌蜡需要消耗一定的饲料，根据食用饲料不同，所产蜂蜡的颜色也不同，正常情况是饲料颜色淡，所产蜂蜡为白色；饲料颜色深，所产蜂蜡为黄色。随着时间的推进，新的巢脾粘染了蜂花粉、树脂等，颜色会逐渐变深，杂质也会多起来。蜜蜂繁衍，将大量胎衣脱入巢房内，从而使巢脾加大了杂质，增加了重量。因此，生产蜂蜡不仅需要考虑到蜂群的因素，还得兼顾到饲料、时间等方面的条件。

一、充分发挥蜂群的泌蜡因素

1. 蜂龄与蜂种

刚刚出房的幼年工蜂蜡腺发育不全，泌蜡能力较低。随着日龄的增长，工蜂的蜡腺逐渐发育成熟，12 ～ 18 日龄青年工蜂的蜡腺最为发达，为泌蜡适龄蜂。蜂群中泌蜡适龄蜂数量多，产蜡量也就高，反之则低。超过 18 日龄的工蜂大部分转入巢外采集工作，其蜡腺开始退化，泌蜡量降低，到老年阶段，基本丧失泌蜡能力。

不同蜂种的泌蜡量有差异，西方蜂种中意大利蜂泌蜡力较强，只要饲料充足，温度适宜，可连续造脾产蜡；高加索蜂的格鲁吉亚品系产蜡力较低，即使较强的蜂群每造一张完美巢脾也需数日。因此，生产蜂蜡要注意选择泌蜡能力强的蜂种和 12 ～ 18 日龄青年蜂较多、处于繁殖状态的旺盛蜂群。

2. 繁殖与分蜂

蜜蜂育虫与泌蜡有着密切的关系。实践证明，蜂群的育虫数与产蜡量成正比。这两项既相互矛盾（有碍劳动力分配），又相互促进（充分调动积极性）的工作，均为青年蜂的职能。只要饲料充足，营养得以保证，完全可以获得双丰收。事实证明，育虫较多的蜂群，产蜡量也高；而在无蜂王产卵或蜂群无繁殖积极性时，产蜡量大大减少或直接停止产蜡。根里赫 1958 年报道，有蜂王大量产卵的蜂群，在一定时间内泌蜡量为 5.07g；将蜂王幽禁起来同期内泌蜡量仅 3.58g；直接拿走蜂王的泌蜡量只有 0.24g。从而可见，蜂王的存在及产卵力的强弱对蜂群泌蜡影响甚大。

出现分蜂情绪的蜂群，消极怠工，泌蜡量明显减少。然而经过分蜂后的新分出蜂群其泌蜡力恢复很快，泌蜡力也很高。一个分蜂于无巢脾条件的三框蜂的蜂群，一夜之间可筑造好一整张完好巢脾。因此，在养蜂生产技术中有利用新分蜂群造脾产蜡的做法，给自然新分出的蜂群适量添加巢础框，让蜜蜂多造脾，可提高蜂蜡产量。

3. 饲料与巢内空间

饲料对泌蜡有着直接的关系，外界蜜粉源较好，蜂巢内不断有新鲜饲料的补充，可以有效地调动蜂群的泌蜡积极性，并使蜡腺发育膨大，促进蜂蜡产量提高。蜜蜂的泌蜡量与每天所获得饲料成正比。苏联著名养蜂家塔兰诺夫试验证明，一昼夜每增饲料 200g，可多产蜂蜡 35g。流蜜期间采蜜与产蜡是相互促进关系，无任何不良影响，因为采集花蜜的多是蜡腺已退化的中、壮年工蜂，泌蜡蜂为青年内勤蜂，从劳力分配上互不妨碍。进而，泌蜡造脾为贮存蜂蜜创造了场所，花蜜的采进又激励了泌蜡积极性。

蜂巢内空间在一定条件下直接影响着蜂蜡的生产。蜂巢已布满巢脾，没有空间时会给产蜡造成困难。在蜂数较多、巢脾较少、箱内有空间时蜜蜂往往大量泌蜡造赘脾；如两个巢脾相距较远，不便蜜蜂保温和活动时，蜜蜂便会在其中间泌蜡造脾。巢脾如有损缺，蜜蜂会修补起来。骤然失去巢脾时（如土法饲养中蜂毁脾取蜜），蜂群会全体动员投入泌蜡造脾，在短期内重新筑造起所需要的巢房，其泌蜡能力之高、造脾速度之快，远远超过平时。泌蜡是蜜蜂的本能，掌握蜂群的生物学特性，结合气候、蜜粉源等内、外因素，或人为地予以创造所需要的条件，积极开展蜂蜡生产，可获得较高的经济效益。

二、蜂蜡的生产

1. 多产新脾、更换旧脾

充分利用蜂群的泌蜡因素和气候及蜜粉源条件，不失时机地添加巢础框使蜜蜂筑造新巢脾，换下旧巢脾化蜡是蜂蜡生产的主要途径。新巢脾巢房较大，发育的幼蜂体型也较大，其经济性能优于利用老巢脾繁育的蜜蜂。巢脾随着使用代数的增加，巢房内胎衣逐渐增厚，巢房相应缩小，某些疾病的感染可能性也相应增加，对繁殖育虫和贮蜜存蜂粮均次于新巢脾。因此，多造新巢脾用于蜂群，淘汰旧巢脾用来化蜡，是一举两得的好事。

2. 采蜡框生产蜂蜡

给蜂群添加采蜡框生产蜂蜡，可以收到增产增收的效果。方法是，将一般巢础框的上梁取下，在两框耳处各钉铁皮框耳；活动的框梁就放在铁皮框耳上面，并在框高度 2/3 处钉一根宽 2.5cm 的横条，横条下部全部装以巢础片，使蜜蜂筑造好巢脾用来贮蜜育虫。上梁下面（1/3 面积），粘一小条巢础，供蜜蜂泌蜡筑造自然脾，待筑造到一定程度时，取出上梁（连同自然脾），从上梁下第二排巢房轻轻割下自然脾。每个产蜡强群可放采蜡框 2 ～ 3 个，每次产蜡 100 ～ 150g。在外界有蜜粉源流蜜时，每隔 2 ～ 3d 可采蜡 1 次。即使在蜜粉源衔接期也可奖励喂饲从事蜂蜡生产。采蜡框一般加在继箱的蜜脾之间。

3. 诱蜂产蜡

用利刀把老巢脾的巢房削去，只保留原来的巢础部分，通过消毒灭菌处理后，再用清水清洗干净，晾干后，表面喷些稀蜜汁，插入蜂群内两张虫卵脾中间，蜜蜂很快就会筑造出新的巢房。为了多产蜡，每隔 3 ～ 5d 可用利刀将新巢房削下，令其继续造脾产蜡，依此循环产蜡不止，收效较好。

4. 零星积累产蜡

在蜂群日常管理中，时常从巢内清理出赘脾、蜡瘤、蜡屑，还有割除雄蜂的房盖、王台基、取蜜时的蜜盖、采浆时王台口等，都要注意搜集积累，积少成多，是蜂蜡生产的一个重要方面。

此外，在产蜜期可稍拉宽蜂路，以便蜜蜂加高巢房多贮蜜，通过修整巢脾也可增产蜂蜡。

三、蜂蜡的提取

旧巢脾及收集起来的碎蜡混有茧衣、树脂、蜂尸等杂质，必须进行提炼加工，去掉杂质才能得到纯蜡。目前，我国蜂场中最常用的有以下两种方法。

1. 加热压榨法

将旧巢脾或其他蜂蜡原料先用温水洗净，然后弄碎投入钢精锅内（最好不用铁锅）加入原料重量 2/5 的净水，用文火煮开。当全部熔化后，装入干净的布袋内，扎紧袋口，放入木制或机制的压榨器下压榨（如无压榨器，也可用两块木板挤压），使蜡液流入盛有冷水的盆内凝结。待蜡液冷却凝结成块后取出，用刀刮去底层粘附着的杂质，即为纯蜡块。剩余蜡渣，重复加热榨取，直到蜡质榨净为止。

2. 日光晒蜡法

将蜡质原料洗净，撕碎成小块，放入晒蜡器，借助于日光的作用产生热量使蜂蜡熔化，流入容器内，除去底层杂质即得纯蜡。

日光晒蜡器，可以自行选料制作：首先做一长 100cm、宽 75cm、高 21cm 的薄木板长方形盒子作为器体。器盖向阳面是 3 层较厚的平板玻璃，每层玻璃之间有 2mm 的空气夹层，采光面积为 78cm×58cm。器体内套一个原料盘，长 65cm、宽 55cm、高 11cm，底用双层 60 目尼龙纱做成，尾端留一蜡孔，口下放一容器（如盆等）。盘与器体之间用棉花及其他保温物塞实。晒蜡器的内壁用黑铁皮制成，能把阳光的辐射迅速吸收并积累升高，可有效地减少热量的散失（图 6–15）。这种晒蜡器制作简便，造价低廉，蜡质纯正，效果较好，值得大力推广。

图 6–15　日光晒蜡器

四、蜂蜡的包装和贮存

蜂蜡宜用双层麻袋或聚丙烯编织袋包装，缝口整齐牢固。包装物表面应标明等级、皮重、净重和日期等。要严防暴晒、高温、雨淋，应在通风、干燥仓库里存放。要防止鼠咬虫蛀，严禁与有毒、有异味或可能产生污染的物品混放、混运，并注意搞好防火安全措施。

五、提取蜂蜡应注意的问题

①蜂蜡受杂质影响会变黑，因此，在收集蜂蜡原料时尽可能避免掺入蜂胶等杂质。用旧巢脾化蜡前，应先粉碎成小块浸入水中若干天，漂洗数遍后再进行化蜡。

②旧脾、蜜盖等蜂蜡原料应及时化蜡，不宜久存，以防遭到巢虫毁坏。

③旧巢脾和新采收的赘脾等，由于蜡的质量不一样，二者不能混合提取，应分别提取，单独存放。

④加热压制蜂蜡时，加热温度不能超过 85℃，过高影响蜂蜡质量，也易引起火灾。

⑤蜂蜡液避免接触铁、铜、锌等金属器皿，因为这类金属会使蜂蜡变色。

⑥成品蜂蜡应用麻袋包装，贮存在干燥通风的库房内。因蜂蜡有甜、香味，易遭受虫蛀和鼠咬，平时应勤检查，若发现有虫蛀或鼠迹，应及时处理。

第六节　蜂花粉的生产技术

花粉是有花植物雄性器官中所含有的繁衍后代的生殖细胞，亦称植物的“精子”。通过蜜蜂从植物的花蕊中采集而来的花粉，被称为蜂花粉。蜂花粉是蜜蜂延续生命的基本营养素，是蜜蜂生存所必需的蛋白质、氨基酸、脂肪以及维生素等营养物质的主要来源。因为有了蜂花粉，才使工蜂分泌蜂乳、蜂蜡及酶的腺体获得营养保证，从而使幼虫得到发育和获得蜂蜜、蜂王浆、蜂蜡等蜂产品。

植物的开花吐粉，为蜜蜂的繁殖和生产提供了丰富的花粉源，而通过蜜蜂的采集活动又给植物传授了花粉，有助于提高产量和质量，这种相辅相成的互助关系，是大自然进化演变的必然结果，也是农作物丰产及蜜蜂繁殖生存的根本保障。虫媒植物是蜜、粉并得的蜜粉源，是发展养蜂生产的物质基础。风媒植物只有花粉而无蜜，在外界无虫媒植物泌蜜吐粉时，蜜蜂也会采集，如玉米、松树等，为较好的花粉源植物。

一、蜂花粉的采集

蜂花粉是蜜蜂饲料中蛋白质的主要来源，对蜜蜂的生长发育起着决定性的作用。那么，蜜蜂是怎样将这一植物的生殖细胞、极微小的粉末物采集起来的呢？

许多学者经过细致的观察、研究发现，蜜蜂采集花粉的动作十分敏捷、巧妙，其速度之快用眼睛是无法分辨的，只有借助于快速录像机方能把全部细节拍摄下来。

蜜蜂的足具有高度特化的花粉采集结构，有专门搜集花粉的花粉刷和清洁器，有专门装载花粉的花粉篮，还有专门将花粉粒聚集成团的夹钳和铲落花粉团的锯等。

蜂群中有专职采集花粉的工蜂，这是蜂群根据需要的合理分工。采粉的工蜂在出巢前先吃一点蜂蜜到蜜囊里，然后飞进花丛中，不时用上颚和前足将花粉刮下来，同时用带来的蜂蜜将花粉润湿，使之粘连在一起。如果花粉特别多，蜜蜂在花丛中到处忙碌的过程中，花粉也会散落在蜜蜂全身的绒毛之间。当蜜蜂从一朵花飞向另一朵花的途中，其 3 对足便协调地活动着，前足将头部的花粉清刷下来，中足把胸部的花粉扫刷下来，并接受由前足清扫下来的花粉；后足刷集腹部的花粉，并接受中足传递来的花粉。然后，左右两足交替着将花粉传到花粉耙上，很快地通过跗节间的夹钳巧妙的挤压动作，将花粉推进花粉篮内。花粉篮是后足胫节的一个特殊构造，胫节的外侧布满浓密的长刚毛，内部是一个光滑而略凹进的小区，小区内有一根刚毛，可起到固定花粉团的作用，正适宜花粉的集存。蜜蜂的采集动作相当快，1/3s 或 1/2s 就可以向左右两后肢的花粉篮内各推进一个小花粉球。经过一批又一批的不断装载，直到两个花粉篮装满，形成两个花粉团，方满载而归，飞回蜂箱。

另据观察发现，蜜蜂可根据它所采集的花的不同形态，而使用不同的方法采集花粉，对于开放花，如苹果、桃、梨、枫树和荞麦等，蜜蜂以大颚夹住花药，并将花药拉向自己，然后在花药上来回滚动，使周身绒毛粘附更多的花粉粒；采集闭锁花，如刺槐、金合欢、三叶草等，蜜蜂前身强行进入花冠中，用颚和前足采集花粉；采集筒状花，如刺黄连、草木樨、苜蓿等，蜜蜂停在花冠上，把嘴插入花冠筒中吸吮花蜜，花粉多粘附在头部和前足上，随即再进行整理收集。

满载归巢的采粉蜂，在巢脾上找一个空的或未装满花粉的巢房，将后肢摇晃着伸进去，用中足的锯将花粉团铲落巢房内，即算完成采集任务。接着，内勤蜂将头伸进巢房，用上颚把花粉团嚼碎夯实，并吐蜜湿润，制成“蜂粮”，专供蜜蜂幼虫和幼蜂食用。

据观察，蜂群中采粉蜂的分工是比较严格的，一般情况下由专职采粉蜂进行。但在主要蜜粉源开花吐粉泌蜜时，采蜜工蜂也有采粉的，只是其花粉团较小，其原因是采蜜工蜂在采蜜过程中周身粘附了花粉粒，出于其本能和清理身体的目的将花粉刷集成团带回，其主要任务还是采集花蜜，采粉只是“兼营”。这不是蜂群分工混乱，而是充分利用采集力，共同维持群体利益的典范。

蜜蜂出巢采粉每次需要 6 ～ 10min，每天出巢 6 ～ 10 次，最多 47 次。每次所带回花粉团 10 ～ 40mg，平均 15mg。由此推算：每生产 1kg 蜂花粉需要出巢采集 66 600 只次，每出巢一次需要采访 500 余朵花，每采集 1kg 蜂花粉就需要采访 3 300 多万朵花。每个中等蜂群，每年需要采集 30kg 蜂花粉，因此每群蜂每年需要出巢采粉 200 万只次，可采访鲜花 10 亿余朵。可见蜜蜂采粉付出的劳动是相当惊人的。

二、蜂花粉的生产

开展蜂花粉的生产，是养蜂者提高经济效益的重要途径。20 世纪 70 年代以前，养蜂人根据各种产品的经济效益情况，将蜂蜜看作是养蜂场的主要产品，其次是蜂王浆，再次为蜂蜡。近几年来人们的认识有了新的转变，将蜂花粉的生产排入了前列，有的蜂场或养蜂户甚至将开展蜂花粉生产列在蜂蜜之前，重点生产蜂花粉。因为某些辅助蜜粉源泌蜜较少或不流蜜却能吐粉，例如榆树、松树、女贞、玉米等。能开展蜂蜜生产的只有部分虫媒植物，而进行蜂花粉生产除部分虫媒植物外还有一些风媒植物。当然，大量开展蜂花粉生产，需要认真选择花粉源，较好的蜜粉源可蜜、粉兼收，如油菜、向日葵等；也可利用某些吐粉量大、质量高的花粉源植物专门生产蜂花粉，如玉米、松树、水稻等。

开展蜂花粉生产，是利用蜜蜂的采集积极性，抓住有利时机挖掘蜂群生产潜力的一种有效措施，须做好以下几方面工作。

（一）生产花粉的时间

生产蜂花粉的时间要根据花期情况而定。生产蜂花粉一定要抓准花期，一是抓准哪些花期能够生产花粉，哪些花期不能生产花粉，一般早春花期（如北方的柳树、南方的早油菜等），蜂群处在繁殖发展时期，气候多变，不适合生产花粉，有些花期流蜜量较大而花粉量较小，如椴树、刺槐等花期就不适合生产花粉。二要抓准花期内的生产期，多数花期在前期花粉多，而后期花粉较少。因此，生产花粉宜抢“花头”，不宜赶“花尾”。有些作物并不泌蜜，但吐粉较多，且蜜蜂乐于采集（如玉米等），应充分加以利用。山区或草原的野花品种较多，且花期交错时间较长，应注意采收生产花粉。

（二）蜂群的组织与管理

1. 蜂群的组织

蜂花粉生产群最好是繁殖力旺盛的中等蜂群。群势过弱，采集力差，收获不高；而群势过强，蜂群的需求量并不高，蜂花粉产量也就不会高。实践证明，一个 8 ～ 10 框繁殖群的蜂花粉生产量，并不比 16 ～ 20 框蜂的强群低多少。蜂花粉生产群必须具备产卵力强的年轻蜂王，虫、卵越多，蜂群对蜂花粉的需求量越大，采集蜂花粉的积极性越高。采集蜂花粉的蜜蜂多以刚刚参加巢外采集工作的青年蜂为主，老年蜜蜂很少参加采粉工作。青年蜂是花粉采集适龄蜂，采集的花粉团比较大，蜂群中青年蜂多，蜂花粉产量也就大。因此，蜂花粉生产群，是以产卵力旺盛的优质蜂王和较多青年采集蜂组成的处于繁殖状态的中等蜂群。组织方法是，淘汰老、劣蜂王，换上健康的优良新王，使蜂群拥有强盛的繁殖力。生产蜂花粉前 45d 就着手培育大量的采集青年蜂。补充弱群，将强群的子脾调给弱群，使弱群也达到 8 ～ 10 框蜂的群势。解除蜂群的分蜂情绪，保持蜂群的繁殖势头。

2. 生产群的管理

（1）抽出花粉脾

进入花粉生产期，应将蜂群内原有的蜂花粉脾抽出（妥善保存，注意防霉防蛀，待缺粉时放还原群），人为地造成蛋白质饲料短缺，使蜂群处于蜂花粉不足状态。刺激蜜蜂积极采集花粉。

（2）保证蜂蜜充足

蜂蜜充足能促进蜂群的繁殖力，并避免了蜂群因饲料不足而投入更多的精力采集蜂蜜，保证蜂群有充足的力量投入蜂花粉生产。尤其外界没有蜜源泌蜜，只有粉源吐粉时（如玉米花期），可用稀薄的蜜汁奖励喂饲，刺激蜂王多产卵，蜜蜂多出勤，使蜂花粉增产。

（3）巢门方向

夏季蜂花粉生产群的巢门应面向西南方为好，因为蜂花粉生产多在上午进行，巢门如面向南方或东南方，在脱粉期间太阳直射巢门，会使巢门脱粉器热烫，蜜蜂不愿通过，影响蜂花粉产量。同时太阳直射也影响蜂花粉的质量。解决此问题，也可为蜂群实行遮阴，或者在箱上苫盖草帘，草帘要趋前 20 ～ 30cm，遮挡阳光不致直射巢门。

（4）发挥强群优势

为了提高蜂群蜂花粉的生产量，可从弱群调给卵、虫脾供其哺育，或者组成双王群，提高强群虫、卵脾的拥有量，能有效地促使强群积极采集蜂花粉。

（5）及时处理无王群和有病害群

无王群和交尾群蜂花粉产量很少。发现无王群应及时介绍蜂王或合并。不能用交尾群做蜂花粉生产群。为了避免蜂花粉污染，有病群、刚治过蜂螨或割杀雄蜂蛹的蜂群，1 ～ 2d 不可生产蜂花粉，以防蜜蜂将剩余残药（如卫生球小颗粒、敌螨熏烟剂未燃尽的余粉等）、螨尸、雄蜂蛹残片等清除出巢门时，污染新脱入脱粉器的新鲜蜂花粉。

（6）保持场内清洁

蜂场内注意防风和保持场地清洁，下雨前要及时收集蜂花粉，防止尘沙刮入或雨水冲进脱粉器内污染、渍湿蜂花粉。被尘沙污染了的蜂花粉给加工带来很大麻烦。

（7）注意收集花粉粒

平时为了预防盗蜂等原因，需要缩小巢门而致蜜蜂出进拥挤，巢门搭板上经常有零星花粉粒，这就需要随时注意收集，积少成多。

（三）脱粉器

用脱粉器生产蜂花粉是目前国内外广泛流行的主要脱粉方法。脱粉器的种类较多，主要有巢门脱粉器和箱底脱粉器两种。各种脱粉器的设计原理基本是一致的，即采粉蜂携带花粉团难以通过而只能脱下后才能进入蜂巢，采用金属薄板或竹条、塑料、铁丝等制成合适的小孔配以集粉盒而成。

1. 巢门脱粉器

巢门脱粉器是放置在蜂巢进出口处的脱粉装置。使用比较广泛的是4列119孔折叠式脱粉器和全铁或全塑制作的巢门脱粉器（图6–16）。巢门脱粉器主要有脱粉板（孔）、集粉盒和器体组成。长度与蜂箱的大巢门板相等，高为55mm，脱粉孔直径4.8～5.0mm，中蜂脱粉孔4.2～4.5mm。中国农业科学院蜜蜂研究所研制的FJ–I型全塑脱粉器，是一种多功能蜂具，采用组装式，维修方便，体积小，收存时折叠起来可缩小体积1/2，便于携带，适合转地放蜂应用。这种脱粉器可适用于各种活框蜂箱，脱粉时巢门通风良好，集粉盒尚可作喂饲器，既能巢内喂蜜，又能巢门喂水，安装简便灵活，各蜂具商店均有出售。

如一时买不到脱粉器，也可自己制作。方法一，选用塑料板或薄木板，分割成长300～340mm，宽30～55mm的长条，用钢钻或木钻平行钻孔2～5排，孔的多少可根据群势灵活掌握，孔直径4.8～5.0mm，制成脱粉片；方法二，制作一直径5.0mm的细棒，用22号铁丝缠绕数十圈，再抽出细棒将铁丝圆圈展开，即成4.8mm左右的脱粉圆孔，然后根据巢门的形状和大小予以固定安装。这种简易的连环脱粉圈，制作简单，使用方便，孔圈边缘光滑，便于蜜蜂通行，不伤蜂，脱粉效果较好。为了不致花粉团散失和污染，脱粉片或脱粉圈最好配一集粉盒。集粉盒是一个长方形的小盒子，其长短相同于脱粉片，高15～25mm，顶面有众多小孔（比花粉团稍大一点），内侧镶嵌、固定脱粉片或脱粉圈，脱粉孔暴露在顶面。使用时将脱粉孔正对巢门口，采粉蜜蜂必须脱下花粉团，方能通过脱粉孔进入蜂巢，脱下的花粉团随之漏进集粉盒中。目前市场上常见的塑料脱粉片使用比较广泛，其长度等同于蜂箱巢门洞，使用时镶嵌在巢门洞外侧比较方便。

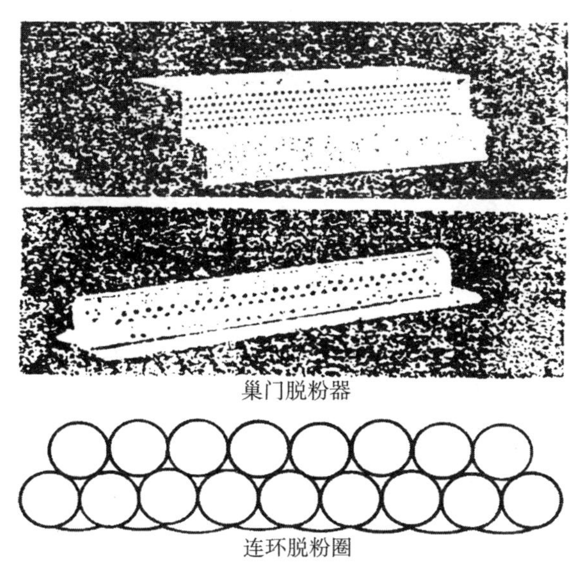

图6–16　巢门脱粉器

2. 箱底脱粉器

箱底脱粉器在国外流行较广，安装在箱体与箱底之间。这种脱粉器的外形尺寸与蜂箱外围相同，高55mm，3层纱网，外围用马口铁皮包边，便于拉出、推进和维修。每层纱网相距10mm，上、中两层为脱粉纱网，孔径4.8～5.0mm。下层纱网为漏粉层，蜜蜂从下、中层之间进入脱粉器，须通过中、上两次脱粉方能进入蜂巢，比一次脱粉效率高30%～50%。不需要脱粉时，可将上、中两道脱粉纱网抽出，并插进两根22mm高的木条，以利于蜜蜂进巢后通行。集粉盘在第三层纱网的下面，用白布悬挂在脱粉器底座上方10mm处，接收脱掉下来的花粉团，这样更有利于花粉的洁净和干燥（图6–17）。

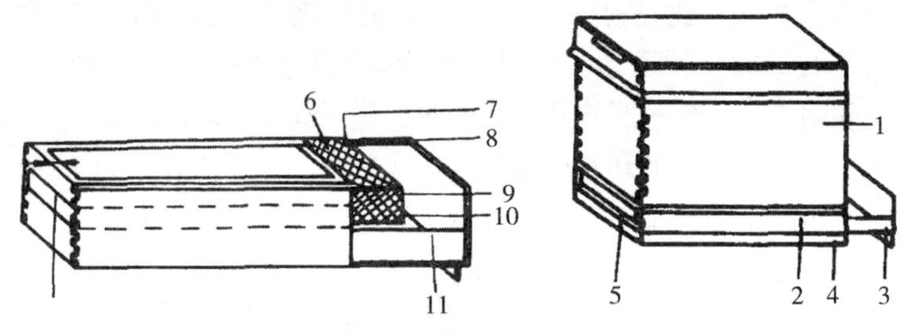

图6–17　箱底脱粉器

1. 巢箱；2. 脱粉器外框；3. 花粉收集盘；4. 翻面活动箱底；5. 采集蜂入口；6、9、10. 纱网；7. 雄蜂内出口；8. 雄蜂外出口；11. 活动集粉盘

（四）蜂花粉生产应注意事项

1. 安装脱粉器

目前，我国绝大多数蜂花粉生产者采用巢门脱粉器片或自制巢门脱粉器。安装巢门脱粉器需要提起巢门板，将脱粉器的脱粉片靠紧蜂箱前壁，对准巢门，垂直、稳固地摆放，不能有缝隙，严防蜜蜂从缝隙里出入，减少蜂花粉产量。使用巢门脱粉器须注意其巢门方向和遮阴，避免暴晒，影响产量和质量。取粉期间经常观察集粉器内的集粉情况，发现集粉较多要及时倒出，如遇雨天更应及时倒粉，以免雨水、尘沙污染和渍湿花粉团引起霉变。

使用箱底脱粉器生产蜂花粉，是将箱底脱粉器安装在巢箱体与箱底之间。其优点是，脱粉器的蜜蜂出入口就在蜂箱原来的巢门位置上，便于蜜蜂的出进，即使取粉时（从箱后方向拉出集粉盘）也不会影响蜜蜂出进。脱下的花粉团漏进底部的集粉盘内，避免了暴晒、雨淋等方面影响，有利于清洁和干燥。安装箱底脱粉器须注意牢稳，不能前后或左右错开，箱底要垫高，离地面 10cm 以上。安装好后不要随便拆卸，不需用时抽出一、二层脱粉纱网即可。

为了避免蜜蜂偏巢，生产蜂花粉的蜂群最好分组单列，以防对个别蜂群安装巢门脱粉器后，蜜蜂在巢门变异进出拥挤的情况下偏入邻群。

刚喷洒过农药的蜜粉源，在药效没有散失或未经过雨水冲浇时，不能生产蜂花粉。即使为了避免蜜蜂将农药污染的花粉团带进蜂巢，而使用脱粉器脱下的花粉团，也不能作为商品出售，以防造成不良后果。

2. 脱粉时间

脱粉时间，要视粉源吐粉情况、蜂群群势及各地日照情况灵活掌握，原则是在不影响蜂群繁殖和蜂蜜、王浆生产的前提下积极地、不失时机地开展蜂花粉生产。实行间断取粉法，即每天只在进粉较多的一定时间内脱粉，其余时间为繁殖或其他生产让路。在一般情况下，西南地区春季采收油菜、蚕豆、果树、山花花粉应在 8:00—12:00 安装脱粉器，冬季野巴子花期脱粉宜在 13:00—17:00 进行。华东、华北地区夏季采收荆条、草木樨、玉米等蜜粉源的花粉，可在 7:00—11:00 安装脱粉器。北方地区秋季采收向日葵、荞麦花粉宜在 9:00—14:00 进行。

安装脱粉器的时间，应根据各地各种蜜粉源特点决定，不可强求一致，需要因地、因时结合蜂场生产计划等主、客观因素合理安排。安装脱粉器之初，蜂群对脱粉器有一个适应阶段，为了不影响蜂花粉产量，有必要将这一消极因素解决在脱粉之前，在蜂花粉生产前期有目的地给蜂群安装脱粉器，使蜜蜂熟悉，逐渐适应。

3. 处理好蜂花粉生产与蜂群繁殖的关系

蜂花粉是蜜蜂幼虫和幼蜂的主要饲料，人为地截取其饲料，是否对蜂群的繁殖与生产产生影响？正确地处理好此问题是很重要的。据苏联学者报道，全天使用脱粉器生产蜂花粉，比不生产蜂花粉的同等蜂群减少育虫数 3.4%～13.5%，蜂蜜产量降低 7.6%～13.4%，造脾产蜡量降低 6%。然而，间断地使用脱粉器生产蜂花粉，即每天只在一定的时间内生产蜂花粉，只要时间掌握合适，对育虫、产蜜、取浆、造脾的影响甚微，甚至是没有影响。从经济收入看，由于生产了蜂花粉，即使其他方面稍有影响，但总的效益还是提高了。我国不少蜂场的实践证明，在主要流蜜期，每天上午安置脱粉器脱粉，中午取下脱粉器停止脱粉，使蜂群满足繁殖的需要。这样间断地生产蜂花粉法，对蜂群的育虫基本无影响，只是减少蜂蜜产量 2%～5%。但是，加上蜂花粉的收入，其总收入仍会高出 10%～20%。非取蜜期生产蜂花粉，其产值基本可作为蜂场的净增值，因为生产蜂花粉不需要额外成本，只需简单的脱粉器（或片）即可。积极开展蜂花粉生产，能保证蜂场的各项资金支出，是蜂场增收节支的重要途径。

（五）蜂花粉的干燥

经脱粉器截留（脱）下来的新鲜蜂花粉，含水量在 37%以上，在室温下，酵母菌及其他微生物会使蜂花粉很快发酵变质，如不及时处理会变成一堆废物。所以，新收集的蜂花粉需要及时干燥。干燥的方法主要有以下几种。

1. 远红外线干燥法

远红外线具有较强的穿透能力，干燥速度快，单位时间干燥量大，设备简单，投资少。中国农业科学院蜜蜂研究所研制的 YHG-1 型远红外蜂花粉干燥箱是比较理想的蜂花粉干燥设备。该干燥箱体积小，重量轻，携带方便，干燥能力强，投资少（140 元）。远红外线干燥蜂花粉效率高，成本低，省工时，缺点是蜂花粉中的某些有效成分特别是生物活性物质的一部分要受到损失。

2. 晾晒法

蜂花粉产量不大的小蜂场，如无干燥设备，可采用自然干燥。其方法是将蜂花粉薄薄地摊放在纱盖或较大面积的细纱网上，厚度不能超过 2cm，放在阴凉干燥处进行晾干。晾干时注意勤翻动，以便花粉团的水分充分蒸发。蜂花粉切忌在阳光下暴晒，以防紫外线敏感的成分损失，降低营养价值。若必须在室外晾晒时，可将摊摆蜂花粉的细纱网架垫高，离开地面数厘米，蜂花粉上方 1m 高处用白布或透明塑料布遮盖，这样可减少日光对蜂花粉营养成分的破坏，同时也可以减少灰尘、杂质的污染。

3. 化学干燥法

采用蜂场中常备的蜂蜜桶作干燥箱，选用硅胶、无水硫酸镁、无水氯化钙或熟石膏等作干燥剂，对蜂花粉进行干燥效果较好。方法是，将收集起来的新鲜蜂花粉，喷以 2%的蜂胶酒精浸出液或适量的 70%的酒精，目的是杀灭细菌或抑制其繁殖。之后把蜂花粉盛入托盘里放于置有干燥剂的蜂蜜桶中，密封 20 ～ 24h，水分会降到 10%以下。如认为有必要时，再进行第二次干燥，直至达到干度要求。

干燥剂用量，每干燥 1kg 蜂花粉，硅胶需用 2kg，无水硫酸镁或无水氯化钙 1kg，熟石膏需要 2.5kg。这 4 种干燥化学试剂商店均有售。硅胶或经过氯化钴处理的无水硫酸镁及氯化钙，使用一次失去吸水能力时变为红色，在锅内加热烘炒或用烘箱烘烤变为蓝色，仍能恢复吸水能力可继续使用。

这种方法的优点：①简便、易行；②无害；③避免加热，营养损失较低；④硅胶可重复使用；⑤干燥速度比露天快，并可消除杂质的污染。

4. 其他干燥法

蜂花粉干燥还有升华干燥法、强通风干燥法、真空冷冻干燥法等。这几种方法投资较大，适用于大型蜂场。实践证明，微波炉瞬间干燥效果较好，以小型微波炉，每次投料（蜂花粉）1kg，使用低挡（LOW）（180W 30%功率）1min，品温可达 55℃，取出摊晾 3 ～ 5min，再重复 1 ～ 2 次，可使水分含量降到 8%以下。须注意的是严格掌握干燥时间，不宜过长，以免烧焦。微波炉干燥的同时起到灭菌作用，效果较好，蜂花粉的营养成分不会损失。小型微波炉目前市场上十分畅销，价格低廉，使用方便，且用途广泛，不仅用作花粉干燥，还可用作养蜂人的热饭炊具，尤为理想。

（六）蜂花粉的包装与贮存

蜂花粉的贮存方法很重要，方法不当，容易损坏或降低营养价值，贮存得当，可保存相当长的时间不变质，其有效成分也不会损失。

已经过干燥处理的蜂花粉，在贮存前首先根据其品种、纯度、含水量等进行分级定等，剔除混入的沙粒、蜂残尸等杂质，予以称重分装。分装蜂花粉最好用较厚的食品塑料袋，不能有通洞，口要严密，每袋装量不可过多，以 1 ～ 5kg 为宜。包装外须得标明品名、净重、花种、产地、生产和经营单位、包装日期和检验员姓名等相关事项。蜂花粉贮存主要有以下几种方法。

1. 冷藏法

将干燥、分装好的蜂花粉放入冷库贮存，贮存温度在 -5 ～ -1℃即可，在这样的温度下，贮存 1 年其营养成分变化不大。在更低的温度下，其贮存效果更好。据报道，新鲜蜂花粉在 -18℃的冰箱中贮存 3 年取出喂蜂，与刚采收的新鲜蜂花粉收到相同的效果。

2. 二氧化碳气体贮存法

在密闭的容器（如桶、缸等）内装入蜂花粉，不要装满。放入一只较大的茶杯，倒进 1/4 20%的稀硫酸，再放几块石灰石，就会产生大量的二氧化碳气体催赶容器内的空气，当产生气体时将容器口封闭，留有一小排气孔，放进一支点燃的蜡烛，待空气被排完、蜡烛熄灭时，迅速取出茶杯与蜡烛，放入少量硅胶或其他干燥剂，封闭容器口（注意严密），可保持较长时间不变质。

有条件的单位可直接将二氧化碳气体充进盛装蜂花粉的容器内，只要封闭严密不透气，也可收到较好的效果。

3. 除氧剂保存法

除氧剂是一种新型食品保鲜剂，它可以把贮存容器内空气中的氧气吸掉，使微生物不能生存或活动，从而达到保鲜的目的。除氧剂在全国各大城市化工商店均能买到，价格低廉，使用方便。

4. 加糖贮存法

将蜂花粉与细砂糖按 1∶0.5 的比例混合，放在铁桶或瓷缸内捣实，然后在上面再撒上一层约 13mm 厚的糖，用双层塑料布密封容器口。这种贮存方法可适应养蜂户贮备喂蜂之用，1 ～ 2 年不会变质。

5. 常温贮存

如实在没有任何条件而只能在常温下贮存时，一定将蜂花粉干燥好。在贮存前，每 50kg 蜂花粉喷洒 95%酒精 1kg，立即用较厚的塑料袋分装，扎口密封，在通风良好干燥条件下贮存。

注意做到，不同产地、不同花种、不同等级和不同季节采集的蜂花粉要分别存放，不得与有异味、有腐蚀性、有毒和可能产生污染的物品同仓存放。

第七节　蜂毒的生产技术

一、蜂毒的产生

蜂毒是蜜蜂用其螯针刺向敌体时，从螯针内排出的毒汁。3 种类型的蜜蜂中，工蜂的毒汁较多，可以利用；蜂王毒囊虽大，贮量是工蜂的 5 倍，毒液的成分与工蜂毒液稍有差异，只因蜂王数量少，无生产意义；雄蜂根本没有毒腺和毒囊。工蜂的螯针，由已经失去产卵功能的产卵器特化而成，一对内产卵瓣演变并合成腹面具钩的中针；而产卵器演变组合成螯针，嵌接于中针之下，滑动自如。中针与螯针之间闭合成一毒液道，与储存毒腺分泌液的毒囊相通，毒液经毒液道至螯针端部注入敌体（图 6–18）。

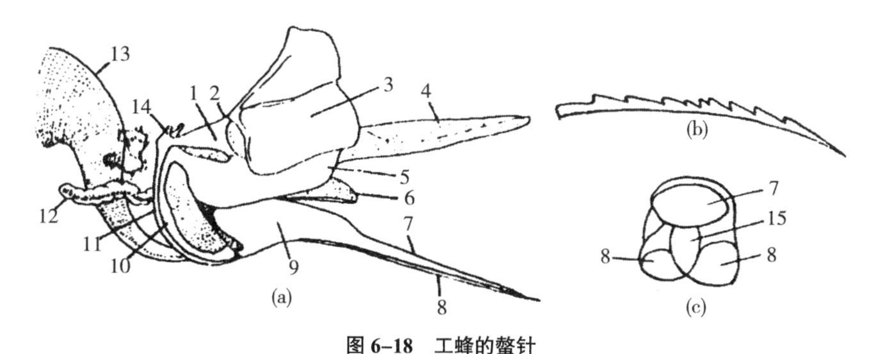

图 6–18　工蜂的螯针

（a）侧面观；（b）螯针上的倒钩；（c）螯针的横切面

1. 三角形板；2. 方形板和三角形板间的绞链；3. 方形板；4. 螯针鞘；5. 长方形板；6. 第 9 腹板；7. 螯针；8. 感针；9. 螯针球；10. 刺针和球基部的臂；11. 感针基部的臂；12. 碱腺；13. 毒囊；14. 感针连接的三角板的顶点；15. 毒液管

在生产中人们采用各种方式激怒蜜蜂，让蜜蜂排毒，将毒汁排入特定的接收盘中收集起来，成为有很高医疗价值的蜂毒。

蜜蜂的毒腺由酸性腺和碱性腺组成。酸性腺多称毒腺，它是一根长而薄、末梢有分枝的蟠曲小管，末端扩张形成小囊泡。毒腺管的内壁由分泌细胞及导管的鳞状上皮细胞组成，蜂毒的有效活性成分产生于此，毒腺产生的毒汁贮存在毒囊中。碱性腺短而厚，轻微弯曲，开口于螫针基部的球腔，内壁由上皮细胞组成，主要分泌报警激素。

蜂毒在蜜蜂出房后开始生成，随着日龄的增长而逐渐增加，到15日龄达最高，20日龄以后毒腺失去泌毒的功能，一经排毒，以后蜂毒量不再增加。马勒（E.Muller）1938年报道，新出房蜜蜂含毒量很少，6日龄工蜂干蜂毒仅有0.05mg，11日龄含0.07mg，15日龄高达0.10mg，最高可达0.30mg。日本井上秀雄在1984年对出房后不同日龄工蜂的蜂毒进行了分析，结果表明，工蜂出房后1～7d蜂毒量甚微，7～14日龄显著增多。通过对比试验发现，同一日龄的意大利蜜蜂毒囊里所含毒液比中蜂的多一些，同等条件、日龄的意蜂，比中蜂产毒量可高出30%～60%。

工蜂蜂毒的多少与饲料有着密切的关系，在蜂花粉充足的季节，工蜂体内的蜂毒量较多。在正常的情况下每只10日龄工蜂平均泌毒量为0.237mg，如出房后只供给糖类饲料，不供给蜂花粉饲料，10日龄工蜂的泌毒量仅为0.056mg，差异相当悬殊。这一点告诫我们，在蜂花粉充足的季节生产蜂毒可获得较高的产量。

蜜蜂毒囊内贮存毒液的多少不仅与蜜蜂的日龄、饲料、采毒的季节、采毒的次数以及蜜蜂的品种有很大关系，而且温度、湿度、光照、空气等环境因素均不同程度地影响着蜂毒采集量。因此，应避免在高温、高湿及阳光直射的情况下进行采集，以免破坏蜂毒的有效成分和影响蜂毒的凝固。

二、蜂毒的生产

蜜蜂的螫针上有倒钩齿，刺入敌体以后难以退出，而将整个螫针连带基部的毒囊等一并断裂，留在敌体上继续收缩排毒。最早生产蜂毒的方法是用镊子夹住蜜蜂的胸部或双翅，激怒蜜蜂，让它在一张滤纸上蜇刺，使毒液和蜇刺器官全部留在纸上，然后用水冲洗纸片，让蜂毒溶在水中，蒸发干燥，得到粉末状的蜂毒。这种取毒方法不仅牺牲了蜜蜂，而且劳动量大，取得的蜂毒量也少，不适于生产中推广。在蜂毒生产中，不能取一次蜂毒牺牲一只蜜蜂，这样的生产意义不大。经过多年的实践，人们摸索出多种取毒方法，既能让蜜蜂排毒，又不致伤害蜜蜂，较常用的方法有电刺激取毒法。

1960 年以后，国内外开始采用电刺激取毒的方法，采用的取毒设备几经换代，是目前生产蜂毒的较佳方法。

电取蜂毒器最早是由美国 Benton 发明的，我国自行研制成功了断续性直流电取毒器取蜂毒的方法，近 40 年来人们依照这一原理从各方面进行了改进，设计制造出了 Ny8201 型、n3Q–1 型等各种新型取毒器。

1. 电取蜂毒器的设计与制作

电取蜂毒器可以自己制做，其主要结构包括：626 综合医疗机、木框架、栅状电网、尼龙布、玻璃板、木底板、电线、开关、电池盒等。

木框架平面规格为：27.5cm×41.5cm、厚 1.2cm；玻璃板为 26.5cm×40.5cm；木底板大小同玻璃板，厚 0.4cm。

尼龙布：尼龙布选择得好坏直接影响取蜂毒的数量和质量。最理想的尼龙布纤维束要非常光滑，纤维束的横线 0.18 ～ 0.22mm 宽，竖线（垂直于横线）0.3 ～ 0.32mm 宽，纤维束小孔是长方形或正方形。每边平均长度 0.035mm。有一小部分（至多 5%）蜂毒可沉积在织物表面上，绝大部分则作为澄明结晶汇集在下面的玻璃板上。一箱蜂取毒后只有极少数的螯针留在织物表面，99%的蜜蜂仍然照常生存。

栅状电网用 14 ～ 16 号不锈钢丝制做，一根接正极，一根接负极，每根相间 6mm 成排排列，并拉直装平，切忌相邻（正、负极）两根钢丝相碰。当工蜂与任何两根钢丝相碰时，电路闭合，工蜂触电反抗蜇刺尼龙布而排毒。

控制器：在电路一端接连一只控制器（626 综合医疗机），使栅状电网每通电 3s，控制器自动切断电源 4s，使触电蜜蜂排毒后离开采毒器。电路连续不断工作，可连续不断采毒（图 6–19）。

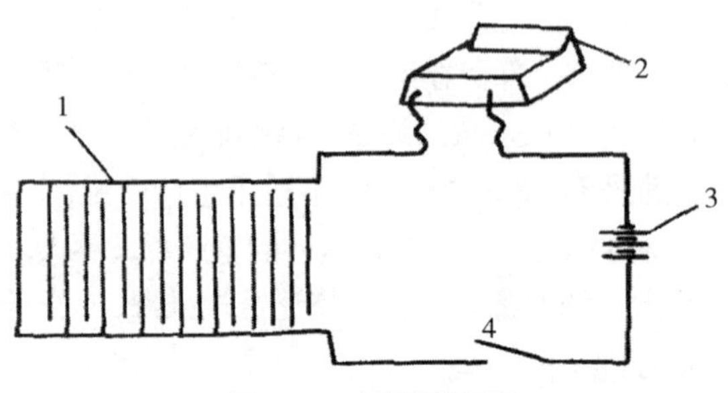

图 6–19　电取毒器示意

1. 栅状电网；2. 626 综合医疗机；3. 电源（30 伏）；4. 开关

2. 操作方法

（1）采毒

采取蜂毒前，将尼龙布平铺在玻璃板上，绷紧，使二者间隙为 2mm 左右。然后把尼龙布紧贴在电网之下，与电网空隙要不大于 2mm，以免工蜂钻入网底下，造成不必要的死亡。采毒时将取毒器放在蜂箱巢门口，或者放在框梁上。接通电源，用木棒敲击蜂箱，驱赶蜜蜂爬上取毒器。工蜂踩到电网上任何两根钢丝，触电蜇刺，将螯针刺透尼龙布，把蜂毒排在玻璃板上。因为工蜂在排毒时，发出的报警信号招引更多的工蜂扑向电网，使触电排毒蜂越来越多。不过，每群采毒 5 ～ 10min 以后应另换一箱继续采毒，一般 7 000 只蜜蜂一次可取毒 1g，间隔 1 周后可再次采毒。

（2）刮毒

采毒结束以后，将粘有蜂毒的玻璃板平放在阴凉通风处，蒸发掉水分，蜂毒凝结成固体，再用单面刀将它仔细刮下，装入小瓶内密封。

三、生产蜂毒应注意事项

①采毒后的蜜蜂处于激怒状态，随时都想报复，对人畜造成攻击，因而采毒的蜂场应设立在离公路较远的地方。参加采毒生产的工作人员要穿上特制的防护衣服。

②蜂毒具有强烈气味，对人体呼吸道有很强的刺激性，所以刮毒时

一定要戴上口罩。

③当尼龙布上沾染过多的蜂毒时，应该调换新布，否则，工蜂不肯蜇刺。

④采收蜂毒现场一定注意清洁并无风沙直吹；有条件时可制作一个大纱罩，傍晚采毒时将蜂群与取毒器一同笼罩起来，既防蜜蜂激怒胡乱攻击，又可起到防尘及防污染的效果。

⑤采收的蜂毒应放在干燥、避光、阴凉、无污染的地方贮存。

四、提高蜂毒产量的几项措施

1. 选择蜂种

不同的蜂种，蜂毒的产量是有差异的。抗逆性强、繁殖快的蜂群，蜂毒产量高。因此，要提高蜂毒产量，应选择繁殖快、能维持强群、自卫能力强的蜂群。

2. 培养和组织强群

饲养强群是提高蜂毒产量的最有效措施。群势壮、工蜂多、产毒量亦高。

3. 震动蜜蜂

取毒时为了调动更多的蜜蜂参与排毒，可用硬棒敲击蜂箱，受震动的蜜蜂随即产生强烈的抗敌情绪，内勤蜂紧护子脾，外勤蜂（尤其老龄蜂）纷纷涌出蜂巢，向着取毒器展开攻击，有利于提高蜂毒的产量。

4. 保证蜂群中有充足的蛋白质饲料——蜂花粉

蜂毒的产量与饲料的种类、数量有着直接关系。蜂花粉是蜜蜂合成蜂毒的主要原料，如蜂花粉供应不足，蜜蜂的泌毒力明显下降，影响蜂毒的产量和质量。

5. 气候

蜜粉源后期的晴天，气温在15℃以上，无风的天气是生产蜂毒的最好时机。采毒时间最好选择在出勤蜜蜂全部归巢以后的傍晚进行，取过毒的蜜蜂经过休整，不致影响第二天的正常活动。

6. 取毒介质

选择取毒介质是提高蜂毒产量的关键措施，一些蜂场的实践证明，将尼龙布改成尼龙纱，不仅减少了蜜蜂的伤亡，而且大大提高了产量。

第八节　蜜蜂幼虫的生产技术

蜜蜂幼虫泛指蜂王幼虫和雄蜂幼虫（蛹），它是蜜蜂卵孵化以后，吸食了蜂王浆和蜂粮，在一定条件下发育而成的。蜜蜂幼虫是蜂群中的自然产物，在繁殖、生产季节大量出现。开发利用蜜蜂幼虫，是增产挖潜增加养蜂收入的重要途径。

一、蜂王幼虫的生产

蜂王幼虫也称蜂王胎，是从王台里的王浆表面取出来的幼虫，属于生产蜂王浆的副产品。蜂王幼虫以蜂王浆为食，不但幼虫本身具有极丰富的营养，而且体表粘附着蜂王浆，其成分和蜂王浆相似，生产 1kg 蜂王浆可收 0.3kg 左右蜂王幼虫。然而，蜂王幼虫极少被应用于临床和加工利用，绝大多数被养蜂者炒食或者扔掉，未得到充分利用。近年来诸多学者报道了蜂王幼虫的医疗保健效用，大量的生活及临床实践也证实了蜂王幼虫的不凡作用，引起了人们的高度重视，市场及应用开发势头迅猛。

1. 蜂王幼虫的收集和贮藏

蜂王幼虫是一种活的动物体，体内含有丰富的酶类，这些酶很快使死去的蜂王幼虫腐败变黑，有效成分被破坏。因此在取蜂王浆时，尽量保证蜂王幼虫完整无缺，夹取蜂王幼虫的工具需要消毒，操作时，轻轻地一个一个从王台中的浆面上钩、夹出来，随即盛在装有 60%酒精的容器中，收集的幼虫存放在酒精中，密封，在 5℃避光条件下保存，或置于 –10℃以下的冷库里贮存。

在条件允许情况下，最好采用真空冷冻干燥的方法，除去幼虫体内大部分水分，这样处理的蜂王幼虫成分稳定，长期保存在常温条件下仍不失其医疗保健价值。

2. 蜂王幼虫的质量要求

为了保证蜂王幼虫的营养成分不被破坏，保持其新鲜程度是非常重要的。用于制作医疗保健药品的蜂王幼虫要求：虫体为乳白色，不得呈褐色、灰黑色或黑色；具有新鲜幼虫的特有腥味，不得有其他异味；具有光泽，幼虫体完整。蜂王幼虫不得用水或乙醇冲洗，不得掺入其他幼虫。重金属含量不得超过 20mg/kg，砷盐不得超过 lmg/kg。

二、雄蜂幼虫的生产

雄蜂幼虫是由未受精卵发育而成的，在繁殖季节，蜂群发展到一定程度会有大量产生。雄蜂的生长发育期为 24d，产卵后 3d 为卵，第 4d 变为幼虫，第 9.5d 封盖，产卵后 15d 变成蛹，24d 羽化出房。

雄蜂除极少数有幸与蜂王交配繁殖后代外，别无他用，又因其食量较大且不能自食，平时靠工蜂服侍，从而增加了蜂群负担。因此养蜂者首先选用雄蜂房少的巢脾减少其房舍，尽量控制其降生；在检查蜂群时发现未出房的雄蜂幼子，养蜂员也要用割蜜刀将其割杀除灭；对出房的雄蜂也不放过，往往采用雄蜂捕杀器或手捏的方法予以捕杀。总之，养蜂人是不允许大量雄蜂存活的。然而，雄蜂的繁殖却是不争的事实。这样不仅消耗了蜂群的精力和饲料，而且增加了生产者的劳动强度。但是，设法将雄蜂幼虫集中采收加以利用，不仅为人类提供营养价值很高的医疗保健食品，同时也增加了养蜂者的经济收入，可谓一举多得、两全其美。

（一）生产雄蜂幼虫的经济效益

雄蜂幼虫在哺育期间饲料消耗量比工蜂大，因此，生产雄蜂幼虫是否有经济效益，生产者对此比较关心。通过实践证明，开发利用这一产品能为养蜂者增加一笔可观的经济收入。

1. 生产雄蜂幼虫的前景

雄蜂幼虫作为名贵食品，已被制做成各种各样的片剂、粉末或其他形状的制品，还可以烹饪成菜肴或做成罐头食用。市场上雄蜂幼虫制品品种繁多，但产量很低，价格昂贵，供不应求。日本市场上 250g 的蜂蛹罐头售价高达 1 600 ～ 2 000 日元，折合人民币 42 ～ 52 元。湖北随州市陈尚发腌制的蜂蛹罐头，很受日本市场欢迎，但由于原料不足，产量有限，难以满足客商需求。近年来，蜜蜂幼虫特别是雄蜂幼虫的开发有了较大进展，经山西农业科学院等单位科技工作者的努力，已摸索出以雄蜂专用巢础生产雄幼虫的配套技术，改变了原来利用工蜂脾上的部分雄蜂房进行副业生产的落后状态，产量和品质均有较大提高。所以大量生产雄蜂幼虫，投放国内外市场，大有发展前途。

2. 生产雄蜂幼虫与蜂群繁殖的关系

雄蜂幼虫是在蜂群发展到一定阶段后组织生产的，生产雄蜂幼虫并不影响蜂群的正常繁殖。当蜂群产生分蜂情绪，即使人为地不生产雄蜂幼虫，蜜蜂也要积极创造条件培育雄蜂，这是蜜蜂的本能特性。我们利用这一特性，加入雄蜂脾，不仅可以增加收入，同时可以减少割除雄蜂的麻烦。作者在生产实践中发现，蜂群中加入专用雄蜂脾以后，蜂王集中在雄蜂脾上产未受精卵，其他巢脾边角雄蜂房内很少产卵，这样更便于集中采收雄蜂幼虫。如果采用副群产雄蜂卵，强群哺育则更不会影响主群的繁殖，仅仅利用过剩的哺育蜂饲喂保温而已。蜂螨喜欢在雄蜂房内寄生、繁殖，在生产雄蜂幼虫时配合治螨措施，这样不仅不影响蜂群的繁殖，而且可以保证蜂群正常繁殖和健康生长，生产雄蜂幼虫还可一定程度地起到控制蜂群产生分蜂热的作用。

3. 生产雄蜂幼虫与产蜜取浆的关系

蜜蜂采集花蜜主要靠大量的外勤蜂，而外勤蜂基本上不参加幼虫的哺育工作，生产雄蜂幼虫主要靠内勤蜂饲喂，因此生产雄蜂幼虫对采蜜影响不大。生产雄蜂幼虫和生产蜂王浆的蜂群要求条件基本相同，产浆群可以同时生产雄蜂幼虫。

4. 生产雄蜂幼虫与采集蜂花粉的关系

蜜蜂生物学表明，由于生活需要，蜜蜂总是积极地出巢采集蜂花粉，假若蜂群不需要，蜜蜂采集的积极性就很低落。我们知道，幼虫脾多的蜂群采集蜂花粉的积极性比交尾群、失王群和发生分蜂情绪的蜂群高得多。生产雄蜂幼虫虽然增加了蜂花粉的消耗量，但蜂群会由此而积极采集蜂花粉来满足蜂群需要。倘若外界花粉缺乏，蜜蜂会自然减少或者拒绝饲喂雄蜂幼虫，从而保证工蜂幼虫正常发育所需要的饲料，由此可知生产雄蜂幼虫可以促进蜂群采集蜂花粉。

5. 生产雄蜂幼虫的经济效益

每群蜂一年能生产多少雄蜂幼虫？这要根据各地的蜜源条件、蜂种、群势等多种因素而论。在正常情况下，我国大部分地区全年有效生产时间一般为 100 ～ 180d，北方定地蜂群的有效生产时间较短，南方和转地放蜂时间较长。每个强群 10 ～ 11d 可哺育 1 脾雄蜂幼虫，每个雄蜂幼虫脾大约有 4 500 个巢房，单个雄蜂幼虫 10 日龄体重是 349mg 左右，22 日龄雄蜂蛹体重为 260mg 左右，每个脾可生产 10 日龄雄蜂幼虫 1.3kg 或雄蜂蛹 1kg。如果每个强群一年负担 1 个雄蜂脾，全年可哺育 9 ～ 16 个雄蜂幼虫脾，据此推算每个蜂群每年可生产雄蜂幼虫 10 ～ 13kg。按湖北随州市近年来暂行的收购价 10 ～ 15 元／kg 计算，每群蜂可增加收入 100 元以上。

养蜂的目的是获得蜂产品，增加收入，采蜜取浆是生产，采收雄蜂幼虫同样是生产。有人认为生产雄蜂幼虫不如生产蜂花粉、蜂蜜合算；还有人认为生产 1 脾雄蜂幼虫等于浪费两脾蜜蜂，陈尚发对此进行了尝试，结果表明生产雄蜂幼虫是增加蜂场收入的一条重要途径。

一个强群全年可哺育 50 张工蜂子脾，利用同样的时间也能哺育出 50 张雄蜂子脾，这是因为，每哺育一代工蜂出房，需要 21d，而生产雄蜂幼虫，每批只需 11 ～ 13d。况且依靠繁殖蜜蜂出售，还得为有没有用户发愁，而生产雄蜂幼虫不愁销路。目前市场上急需雄蜂幼虫产品，在不影响蜂群正常繁殖、生产的前提下，让一个蜂群哺育同期 3 ～ 5 个雄蜂脾，既满足了社会需要，又可为蜂农大大增加经济收入。

（二）生产雄蜂幼虫的条件

生产雄蜂幼虫是有条件的，在蜂群尚未繁殖强壮起来前，新蜂王初产卵，蜂群无分蜂情绪时不能生产雄蜂幼虫。生产雄蜂幼虫的蜂群应具备如下条件。

1. 蜂群强壮

蜂群经过早春繁殖，蜂数迅速上升，气温逐渐升高，巢内蜜蜂感觉拥挤，便产生分蜂的意向，具备了生产雄蜂幼虫的基本条件。这时加入雄蜂巢脾，蜂王很快在雄蜂房内产下未受精卵，工蜂积极哺育，从而使大批雄蜂幼虫发育成熟。笔者在试验中，将产满雄蜂卵的小脾放在小群内哺育，数次均未成功。实践证明，处于繁殖状态的弱小群或小交尾群，都不宜用于生产雄蜂幼虫。

2. 蜜粉源充足

蜜蜂哺育幼虫需要消耗蜂蜜和蜂花粉，特别是生产雄蜂幼虫的蜂群，由于负担加重，饲料消耗也相应增加，如果蜜粉源不足，工蜂哺育雄蜂幼虫的积极性不高，幼虫发育不良，哺育出来的雄蜂幼虫个体小，营养价值较低。试验证明，培育雄蜂所消耗的饲料比培育同等数量的工蜂所消耗的饲料多 1 ～ 2 倍。因此，外界蜜粉源不足时应进行奖励饲喂，提高蜂群的育虫能力。

3. 品种的选择

不同的蜂种，分蜂特性强弱不一致，生产雄蜂幼虫的多少也不同，分蜂性强的蜜蜂哺育雄蜂积极性大，用来生产雄蜂幼虫较为理想。欧洲黑蜂、卡尼鄂拉等蜂种分蜂性强，适宜生产雄蜂幼虫。生产雄蜂幼虫，可与生产蜂王浆联合起来，同期兼顾可获双丰收。这是因为，产浆群具有轻微的分蜂热，正好满足了生产雄蜂蛹的需要。

4. 彻底治螨

蜂螨是蜜蜂的一大敌害。雄蜂房是蜂螨寄宿的主要场所，如果治螨不彻底，不仅影响雄蜂幼虫的生长发育，而且影响产量和质量。作者在1986 年的试验中，5 月份开始取第一批雄蜂幼虫，发现蜂螨很多，所以将这批幼虫和无蜂螨的幼虫体重进行了比较，30 只有蜂螨的幼虫干物质，比无蜂螨的同样数量的幼虫干物质减少了 257mg。寄生在幼虫身上的蜂螨，在加工时也很难被除掉，严重影响着制品的质量。

（三）工具设计与制作

生产雄蜂幼虫无需特殊的专用设备，蜂场少量生产时，所需工具完全可以就地取材，自己制作，即使大批量生产，也只需用以贮存产品的冰箱和取幼虫用的小型空气压缩机及专用雄蜂脾等。

1. 空气压缩机

空气压缩机是为采收 7 日龄幼虫提供压缩空气，将幼虫从蜂巢中吹出来。在小型空气压缩机气源接头上连接一根直径为 8mm 的胶管，其长度可根据空气压缩机与工作点的距离而定。在另一头接一个内径为 5mm 的“Y”形玻璃管（图 6–20），在两个分叉上接一个锥型玻璃管。锥型玻璃管是由内径为 4mm 的玻璃管加热后，拉伸而成的，小头的内径为 2mm，气流从此喷出，喷向巢房内的幼虫。分叉的另一根胶管用来调节气流的速度。

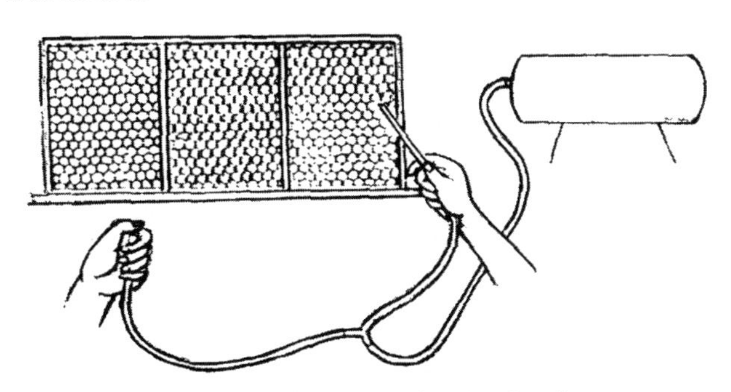

图 6–20　空气压缩机采收雄蜂幼虫示意

2. 雄蜂脾

为了提高生产效率，集中收集雄蜂幼虫，在生产中需要制作整张的雄蜂脾。给蜂群中加入带有雄蜂巢础的框架，可以引诱蜜蜂筑造规格统一的雄蜂脾，这样做成的雄蜂脾最为理想。在流蜜期按常规筑造巢脾的方法，将雄蜂巢础框架加入蜂群中，让蜜蜂筑造，可以制作出雄蜂巢房整齐一致的雄蜂脾。雄蜂巢础各蜂具商店均有销售。若一时没有雄蜂巢础时，也可生产出雄蜂巢脾，方法是：选用空巢础框，横串 5 ～ 6 道细铁丝，拉紧固直，插入蜜蜂比较拥挤的蜂群内，两侧的蜂路可适当放宽，达 15mm 左右，经过 2 ～ 3d，便可生产出一张比较完好的雄蜂巢础。

为了获取日龄一致的雄蜂幼虫，应将一张雄蜂脾分成 3 个小格，3 个小格外围尺寸之和等于巢框的内围尺寸，小格用薄木板锯成条后制成，其尺寸为 190mm×135mm，一个小格有 1 500 左右雄蜂房（图 6–21）。

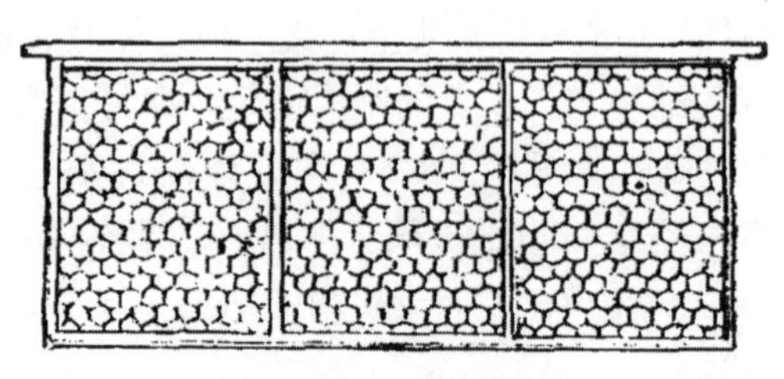

图 6-21　雄蜂巢脾示意

(四) 蜂王的选择

要获得大批日龄一致的雄蜂卵，选择产雄蜂卵的蜂王是关键。产卵率高的蜂王一昼夜可产 2 500 粒卵，足能产满一小格雄蜂脾。

老蜂王产雄蜂卵的积极性较高，这是养蜂者人所皆知的，老蜂王贮精囊内的精液耗尽之后，所产出的卵多数为未受精卵。

超过交尾期的老处女王所产的卵全部是未受精卵。处女王体质好，日产卵量比较高，利用时间长。但是利用处女王生产雄蜂幼虫，从出房到产卵需要的时间很长（30d 左右），可采用二氧化碳处理处女王，能促使它提早产卵。其方法是：将处女王关进密闭的盒子里，通入二氧化碳气体使其麻醉，等处女王复苏以后放入蜂群，时隔 1～2d 后再重复 1 次。处理后的处女蜂王很快开始产卵，所产卵子都是未受精卵。为了提高处女王的产卵量，用雌激素“己稀雌酚”片饲喂蜂群，可以收到理想的效果。可将产雄蜂卵的处女王放在小群内组成产雄蜂卵群，巢门口钉上隔王片，防止处女王出巢交配，并定期补充封盖工蜂子脾或幼蜂，不断奖励喂饲蜂花粉、蜜和糖浆。每天将所产的雄蜂卵转移到大群内哺育。

在生产中还发现，产雄蜂卵好的蜂王不仅是老蜂王和处女王，有一点分蜂情绪强群中的健康蜂王，产雄蜂卵的积极性也很高，一昼夜可产满一小格雄蜂脾。专业生产雄蜂幼虫时，将蜂王隔离在一个小区内，小区设立在蜂箱的一侧，共放 2 张巢脾，其中一个蜂花粉脾，一个大蜜脾，中间放专用雄蜂巢脾，蜂王在隔离区产 1d 雄蜂卵后，放出来让其产 2d 工蜂卵，3d 为 1 个周期，既不影响蜂群的繁殖，又能获得大批日龄一致的雄蜂卵。为了控制蜂王产卵，使之在适宜的地方、时间产下适宜的卵，保证有足够的雄蜂卵，我国养蜂研究所研究成功“蜂王产卵控制器”（图 6–22）。该控制器已大量上市，需要者可参照说明书应用。

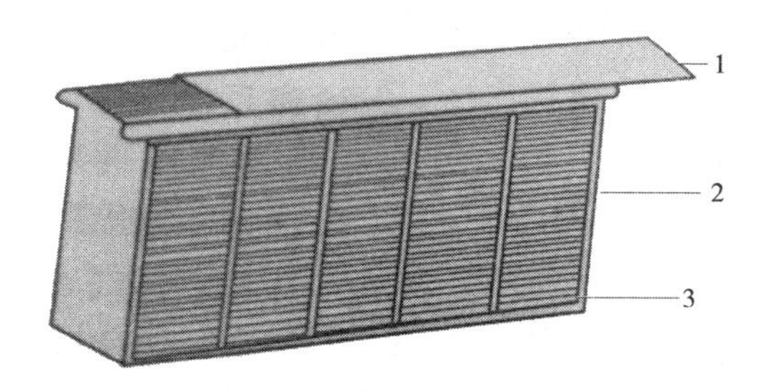

图 6–22　蜂王产卵控制器

1. 盖板；2. 器体；3. 隔王珊

（五）生产操作与采收

1. 雄蜂卵的培养

在前一天下午将准备好的雄蜂脾（小格），插入产雄蜂卵的蜂群中，用隔王板将蜂王隔离在两张脾的小区内，其中一张是蜂花粉饲料脾，一张为幼虫脾，中间放入一小格雄蜂脾。第 2d 下午提出雄蜂脾，把 3 个从不同蜂群产满雄蜂卵的小格雄蜂脾组装成 1 个大雄蜂脾，放在哺育群中哺育，并在组装好的大雄蜂脾上标明产卵时间，同时作好蜂群记录，以便安排采收时间。雄蜂产卵群提走卵脾后，根据情况可另加一张雄蜂小格脾，如此循环可以获得足够的雄蜂卵。

2. 雄蜂幼虫的哺育

哺育群必须是强群，没有蜂螨。雄蜂脾应插在幼虫脾中间或幼虫脾与饲料脾之间，幼虫脾外放蜂花粉脾，在蜜粉源缺乏时，应奖励饲喂。处于繁殖状态的弱群、小群不能作雄蜂幼虫的哺育群。

3. 采收方法

雄蜂幼虫哺育成熟以后即可采收。采收是保证产品质量的关键，如采收方法不当，刺破幼虫，体液外流，幼虫在 1h 内变黑、腐败，失去营养价值。雄蜂幼虫日龄不同，采收方法亦不同。

7日龄的雄蜂幼虫，体躯较小，体重在60～100mg，平卧在巢房底部，这时可采用高速气流将其吹出巢房，此法效率高，不易污染，并能取出完整的虫体，适合大规模生产。其原理是采用空气压缩机生产的高速气流把幼虫从巢房中吹出来。方法是首先将幼虫脾固定在适当的架子上，下面接一个盘子，操作时一手捏住胶皮管，另一手掌握带有锥形玻璃喷嘴，并将其对准有幼虫的巢房。锥形玻璃喷头离巢脾表面应保持6～8cm，采用3 600mL/min流速的气流将幼虫从巢房中吹出来。

10日龄雄蜂幼虫营养价值最高，体态硕大丰满，几乎占据整个巢房，采取高速气流不易将其吹出来，用镊子夹取不仅易破，而且效率极低，目前尚未有理想的采收方法，有些方法目前正处在探索阶段。在生产实践中发现雄蜂幼虫在产卵后第10d停食，它在巢心内呈下弓式虫体上移，之后慢慢头朝上。这可能是雄蜂幼虫准备吐丝作茧的本能，直立的幼虫摇头吐丝，而且是先给巢房盖上吐丝。利用这一特性，在幼虫停食后及时阻止蜜蜂给幼虫封盖，从蜂群中提出未封盖的雄蜂幼虫脾放在室内，雄蜂幼虫在没有盖的巢房中一直往上移动，直至爬出巢房。通过对不同发育阶段雄蜂幼虫的活动进行观察，结果发现，这种特性与雄蜂幼虫的日龄以及发育阶段有关，6～8日龄的幼虫在室温放置4d也未能爬出巢房，而9.5～10日龄的幼虫常温下经过几个小时，大部分能自己爬出巢房，如果在停食以后将提出来的幼虫脾的巢房割去1/3，放在室温下，更有利于幼虫爬出巢房。从幼虫的体态来看，雄蜂幼虫在巢内开始活动呈下弓形，在未上升时将脾提到巢外，幼虫爬出来的数量较多。这一现象提示我们，如果能准确掌握雄蜂幼虫的发育状态，采取上述方法是可行的。由于此法属于初步观察结果，还需进一步研究雄蜂幼虫活动的外界因素，如果掌握了这些条件，借助这一活动规律来解决10日龄雄蜂幼虫的采收方法是可行的。

22日龄的雄蜂蛹，体躯较小，将巢房盖割去以后，容易采收。采收时用左手平端蛹脾，右手用木棒在巢框下敲击数下，上面的蜂蛹受到震动，蜂蛹下沉，头部与巢房盖之间的距离相对增加，利于用锋利的割蜜刀割去巢房盖，割开后翻转蛹脾使房口朝下，再用木棒敲击巢框上梁，蜂蛹会自然震落，掉进消毒过的盘子里。敲击时下面的蜂蛹从房口掉出，上面的蜂蛹受到震动又往下沉，再按前法割去另一面房盖收集蜂蛹。少数掉不出来的蜂蛹用镊子夹出来。

（六）采收时间的确定

雄蜂幼虫的采收时间应根据生产目的而定。罗马尼亚生产的“蜂胎灵”“蜂胎普乐灵”是在产卵后第7d采收；湖北随州市陈尚发腌制的蜂蛹在产卵后第22d采收。虽然采收时间不统一，但产品各具特色。从营养价值的角度来看，作者认为在产卵后第10d采收的雄蜂幼虫营养价值最高，早在我国古代就有记载，取蜂蛹“头足未成者”为好。

主张雄蜂幼虫的最佳采收时间在产卵后22d的学者认为，此时蜂蛹已经发育成熟，水分减少，幼虫体内的营养物质聚积到最高程度。但是通过对雄蜂幼虫发育过程进行观察后发现，在产卵后第9d巢内工蜂饲喂雄蜂幼虫的次数减少，进而完全停止。这一现象证明，产卵9d以后的雄蜂幼虫其营养来源中断，这时体内营养物质积累到最高程度。产卵后第9d进入前蛹期，巢房口被蜜蜂用蜂蜡封住进入变态过程，在变态过程中幼虫或多或少要消耗体内的营养物质来维持基础代谢。据此，22日龄雄蜂蛹的营养物质就不能是最高。为了证明这一点，我们对10日龄雄蜂幼虫与22日龄雄蜂蛹的营养成分进行了比较，结果表明，产卵后第10d采收的幼虫营养物质的含量最高。

1. 10日龄雄蜂幼虫保幼激素含量高

昆虫体内分泌系统分泌保幼激素的规律：在幼虫发育的前期，血液中循环的保幼激素浓度最高；当幼虫化蛹脱皮时，血液中的保幼激素减至中等程度；在化蛹蜕皮羽化为成虫时，血液内保幼激素的浓度降至零。22日龄雄蜂蛹已临近成虫期，这时蛹体内的保幼激素含量很少，几乎没有。而10日龄幼虫仍属幼虫末期，因而这时幼虫体内保幼激素含量较高，比22日龄高得多。

2. 10日龄雄蜂幼虫营养价值高

评价一种食品的营养价值高低，不仅要求营养物质含量高，而且要根据其被人体消化吸收的多少来评定。食品界通常用必需氨基酸的比例来评价食品的营养价值，我们采用科学的统计公式，对雄蜂幼虫的营养成分进行了分析统计，得出的结论是：10 日龄雄蜂幼虫蛋白质评分为 80.7 分，22 日龄雄蜂蛹蛋白质评分仅为 53.34 分，10 日龄比 22 日龄的蛋白质评分高 27.36 分。这充分说明 10 日龄幼虫体内的氨基酸搭配比例恰当，容易被人体消化吸收，22 日龄则较差。

3. 10 日龄雄蜂幼虫采收产量高

单个雄蜂幼虫在 10 日龄时干物质为 94.65mg，22 日龄为 49.21mg，10 日龄比 22 日龄高 45.38mg，因此 10 日龄采收的雄蜂幼虫产量可提高 92.1%。

4. 10 日龄采收缩短了生产周期

在产卵后第 10d 采收比产卵后第 22d 采收生产周期缩短了 12d，这不仅减轻了蜂群的负担，而且提高了蜂群和工具的利用率，产量和产值也会提高 1 倍。

5. 10 日龄采收商品性状好

10 日龄雄蜂幼虫呈乳白色，色泽一致，22 日龄雄蜂蛹复眼早已形成，并呈深紫色，胸部、腹部呈深褐色，翅已形成，两者相比前者明显优于后者。

6. 10 日龄采收减少了生产工序

在产卵后第 22d 采收，必须割掉巢房盖，才能将雄蜂蛹取出来，因为巢房盖和雄蜂蛹的头部十分接近，稍不注意会把雄蜂蛹的头和复眼割掉，这样不仅失去了商品的完整性，而且不容易保存。采收 10 日龄雄蜂幼虫是在未封盖以前进行，这样可减少削割巢房盖的工序。

（七）发育形态及日龄的识别

掌握雄蜂幼虫整个发育过程中的体色、体态和巢房特征等变化规律，利用各个发育时期的形态特征，来判断雄蜂幼虫的日龄，在生产上有一定的实际意义。

1. 体色

雄蜂幼虫的体色变化从白色透明变为灰白色、褐色、深褐色直至出房变为黑灰色。刚产出的卵为白色透明，3d 后卵破裂，孵化为幼虫，幼虫开始进食，随着食物成分的改变和雄蜂幼虫的生长，其体色逐渐变成灰白色。到10日龄时，雄蜂幼虫尾背部有黄色物质，可能是蜂粮聚集在幼虫的消化道内所致。15日龄雄蜂幼虫复眼出现。一开始为白色，随着日龄的增长，色泽逐渐由灰白色、粉红色、红色、棕色，最后变为成年雄蜂的复眼色。触角在20日龄以前为白色，随着日龄的增大变为褐色、棕色。雄蜂幼虫胸部、腹部颜色变化也是雄蜂幼虫发育后期日龄鉴定指标。20日龄以后先是胸部为褐色，继而腹部呈黑褐色，最后变为成年蜂体色。

2. 形态

雄蜂卵产出以后1～3d为卵期，3d以后卵破裂孵化成幼虫，直至第9d都为幼虫期。这一阶段幼虫躺卧在巢房底部，其主要变化是体形增大，同时还要蜕4次皮。由于蜜蜂幼虫在蜕皮过程中分解了外表皮，而被幼虫本身吸收，所以其蜕皮过程在一般情况下很难看到。10日龄以后进入前蛹期，外部形态和幼虫基本相似，但其体内进行了复杂的变化。这时外形像幼虫，内部已分化形成了蛹的器官，产卵后第10d雄蜂幼虫虫体上移，头朝上直立，然后吐丝结茧，在12～13日龄内部表皮溶解，从外面看，虫体内部结构模糊不清，体软，但外表皮韧力大，在第14d也就是前蛹末期，可以透过表皮辨认出正在发育的头、足各部分，胸和腹没有分开，但是有了明显界线，使幼虫呈“葫芦状”。从15日龄转入后蛹期，蜕完最后一次皮，变成一只纯白色的蛹，这时头、胸、腹都可清楚辨认，复眼和各附肢也显而易见。这时蛹的外皮很嫩，稍动即破。以后体态不再变化。到23日龄以后，蛹开始活动，24日龄活动灵活，翅展开，绒毛长出，咬破巢房盖，准备出房。

3. 巢房的变化

雄蜂幼虫在产卵第9d时，巢房口有新蜡片出现，工蜂开始给幼虫封盖，10d以后巢房口全部被蜡封严，11d雄蜂幼虫在蜡盖上吐丝作茧，10～15d巢房盖丰满，色泽浅，15d以后巢房盖颜色加深，变化不明显。

4. 体重

雄蜂幼虫体重的变化，以4～6日龄增重速度最快，每天以5倍于前1d体重的速度增重，7～9日龄增重最快。每天增加近100mg。10日龄达最高，以后逐日下降，到出房前为最低。

为便于掌握各日龄的特点，现总结如下。

1～3日龄卵直立巢房中，白色透明；2～3d卵有些倾斜，最后卧倒；4日龄卵破裂，小幼虫卧倒在巢房底部的饲料中，体重1mg，体长2mm；5日龄浆液增多，体长4mm；6日龄体长占巢房底部2/3，虫呈半圆形；7日龄幼虫头尾相接，在巢房底部呈“O”形，中间有空隙；8日龄虫体增大，占满巢房底；9日龄巢房口缩小，开始封口；10日龄巢房完全封盖，幼虫在巢房内上升，背朝上呈下弓形，看见有黄色物质在幼虫体尾内部，巢房盖上没有茧衣；11日龄幼虫头朝上直立在巢房中，头成尖形，开始作茧；12～13日龄内表皮溶解，虫体分节不明显；14日龄通过幼虫的表皮可辨认出正在发育为蛹的足、头各部分，呈“葫芦状”蜕完最后一层皮；15日龄后完全失去虫态，变成一个白嫩的蛹体，皮薄易破；16日龄复眼呈灰白色；17日龄复眼为粉红色；18日龄复眼呈红色；19日龄复眼变紫；20日龄胸部呈黄褐色；21日龄腹部呈黄褐色，触角白色；22日龄胸部呈黑褐色，触角呈黄褐色，蛹不动；23日龄腹部、触角变黑；24日龄腹部呈现黑环，出现绒毛，翅展开，咬破房盖，准备出房。

（八）雄蜂幼虫的贮运

雄蜂幼虫以蜂王浆和蜂粮为食。幼虫体内含有大量的生物活性物质，采收后的雄蜂幼虫体内酪氨酸酶的活性加强，在很短的时间内就会使幼虫发黑，腐败变质，失去营养价值，这是目前影响雄蜂幼虫大批量生产的关键问题。根据雄蜂幼虫的特性，具有怕热、怕光、怕震、怕空气、怕金属的特点，无论采取哪种贮存方法，快速及时是最为重要的。首先应挑选完整的雄蜂幼虫，用75%的酒精喷洒消毒灭菌，然后采用低温、盐水或干燥方法贮存。

1. 低温贮存

把用酒精喷洒灭菌后的雄蜂幼虫，装入不透气的聚乙烯塑料袋内，每袋放1～2kg幼虫，排出袋内空气，密封，放在–4℃的条件下贮存。如准备长期保存，温度可适当放低，如达到–18～–15℃的低温可贮存1年时间，其生物活性下降并不大。

2. 淡盐水贮存

采收的雄蜂幼虫，迅速放入20%的盐水中轻煮，时间应适宜。时间过长，产品硬化，盐味重，商品价值下降；时间过短，则不能杀死幼虫体内的酶，这些酶还可以继续分解体内的营养物质，使虫体腐败变质，达不到保鲜的目的。幼虫在盐水中轻煮后捞出，迅速冷却，放入冷盐水中装入密封的瓶子内，待售。

3. 干燥贮存

干燥雄蜂幼虫时，温度不得超过60℃，最好采用低温冷冻干燥或真空干燥。在一定的真空条件下，使幼虫体内的水分可以下降，这时虫体内的酶因失去活动所需要的水分，其活动力得到抑制，预防了虫体的腐败。这种贮存方法最为理想。

4. 运送雄蜂幼虫脾

巢房中的雄蜂幼虫离群后，在常温下能存活3～6h或更长时间，即使幼虫死在巢房内，由于幼虫保持了完整性，体液没有外流，所以不会立即发黑变质，因此交售雄蜂幼虫脾也是可行性措施。具体做法：用薄木板做一个小箱，将准备采收的雄蜂幼虫脾装在箱内，每箱可装6～8张脾，装好后及时送往加工厂。远离交售点的蜂场，可采用冰箱贮存运送。实在没有任何条件时，也可参照盐水法作简便处理后，再集中交送收购点。

（九）生产雄蜂蛹应注意的事项

①煮雄蜂蛹时，须用钢精锅或搪瓷锅，不能用铁锅，否则会使产品颜色变黑，降低经济效益。

②各种用具都要用75%的酒精消毒或煮沸消毒，不可造成感染。

③腌制用的盐要用精盐，不能用大盐，因其中含有泥土，会使蜂蛹颜色加深，质量受到影响。

④在生产与保鲜过程中要防止苍蝇、尘土等污染源的污染。

⑤生产雄蜂蛹要及时处理或送交收购部门或放入冷库、冰箱暂贮，严防腐败变质。

参考文献

陈润龙等，2008. 蜜蜂标准化生产技术 [M]. 杭州：浙江科学技术出版社 .
陈盛禄，2001. 中国蜜蜂学 [M]. 北京：中国农业出版社 .
冯峰，1995. 中国蜜蜂病理及防治学 [M]. 北京：中国农业科技出版社 .
龚一飞，方文富，1996. 蜜蜂机具学 [M]. 福州：福建科学技术出版社 .
黄文诚，2009. 养蜂技术 [M]. 北京：金盾出版社 .
刘进祖，杜宏业，2009. 科学养蜂实用技术指南 [M]. 北京：北京出版社 .
宋心仿，祁海萍，2008. 蜜蜂饲养新技术 [M]. 2 版 . 北京：中国农业出版社 .
宋心仿，2013. 实用养蜂法 [M]. 北京：金盾出版社 .
杨冠煌，2001. 中国蜜蜂 [M]. 北京：中国农业科学技术出版社 .
周冰峰，2002. 蜜蜂饲养管理学 [M]. 厦门：厦门大学出版社 .